வெளிச்சத்தின் நிறம் கருப்பு 2

முகில்

சிக்ஸ்த்சென்ஸ் பப்ளிகேஷன்ஸ்

10/2 (8/2) போலீஸ் குவார்ட்டர்ஸ் சாலை
(தியாகராயநகர் பேருந்து நிலையத்திற்கும்
காவல் நிலையத்திற்கும் இடைப்பட்ட சாலை)
தியாகராயநகர், சென்னை - 600 017
தொலைபேசி : 044 - 24342771, 29860070
கைபேசி : 7200050073

Publisher
K.S. Pugalendi

Managing Editor
P. Karthikeyan

Layout
R. Muthuganesan
S. Nisha

Cover Design
Creative Studio

Title:
Velichathin Niram Karuppu - 2

Author:
Mugil

Address:
Sixthsense Publications
10/2(8/2) Police Quarters Road,
(Between Thiyagaraya Nagar Bus Stop & Police Station)
Thiyagaraya Nagar, Chennai - 17
Phone: 044 - 24342771, 29860070
Cell: 72000 50073

Sixthsense Publications
6 th sense_karthi
e-mail : sixthsensepub@yahoo.com
Website: www. sixthsensepublications.com

Edition:
First : January, 2019
Second : January, 2021
© Mugil
E-mail : writermugil@gmail.com

writermugil

No part of this book may be reproduced or transmitted in any form without permission in writing from the author and publisher

Pages : 312
Price : Rs. 444

No part of this book may be reproduced or transmitted in any form without permission in writing from the author or publisher
நீங்கள் Smart Phone உபயோகிப்பவராக இருந்தால் QR Code Reader Application மூலம் இதை Scan செய்தால் நேரடியாக எமது இணையதளத்திற்கு சென்று மேலும் எங்கள் வெளியீடுகள் பற்றிய விவரங்களைப் பெறலாம்.

A4 ISBN : 978-93-88734-00-4

தலைப்பு ,
வெளிச்சத்தின் நிறம் கருப்பு – 2
நூலாசிரியர்
முகில்
முதற்பதிப்பு : ஜனவரி, 2019
இரண்டாம் பதிப்பு : ஜனவரி, 2021
பக்கங்கள் : 312
விலை : **ரூ. 444**
உரிமை: © முகில்
சிக்ஸ்த்சென்ஸ் பப்ளிகேஷன்ஸ்
10/2 (8/2) போலீஸ் குவார்ட்டர்ஸ் சாலை
(தியாகராயநகர் பேருந்து நிலையத்திற்கும் காவல் நிலையத்திற்கும் இடைப்பட்ட சாலை)
தியாகராயநகர், சென்னை – 600 017
தொலைபேசி : 044 – 24342771, 29860070
கைபேசி: 72000 50073
மின்னஞ்சல்: *sixthsensepub@yahoo.com*
Website: www. sixthsensepublications.com
இந்தப் புத்தகத்திலுள்ள எந்த ஒரு பகுதியையும் பதிப்பாளர் மற்றும் எழுத்தாளர் அனுமதியை எழுத்து மூலம் பெறாமல் பதிப்பிக்கக் கூடாது

வாசகர்களுக்கு நன்றி

டிசம்பர் 2012-ல் வெளியான வெளிச்சத்தின் நிறம் கருப்பு - மர்மங்களின் சரித்திரம் - புத்தகத்துக்கு அமோக ஆதரவு கொடுத்த ஒவ்வொரு வாசகருக்கும் அன்பும் நன்றியும். 'இதன் அடுத்த பகுதி வருமா?' என்று புத்தகம் வெளியான சில மாதங்களிலேயே கேள்விகள் எழ ஆரம்பித்துவிட்டன. 'பார்ட் 2 கண்டிப்பா எழுதியே ஆகணும்' என்ற அன்புக்கட்டளைகளும் உண்டு. பல்வேறு புத்தக விற்பனையாளர்களும் கருப்பை இப்போதுவரை கொண்டாடுகிறார்கள்.

ஆனால், பாகம் 2 எழுத இப்போதுதான் காலம் அமைந்திருக்கிறது. இந்தமுறை, எந்தப் பத்திரிகையிலும் தொடராக எழுதாமல், நேரடிப் புத்தகமாக இது உருவாகியிருக்கிறது. தமிழில் அதிகம் பேசப்படாத / பேசவேபடாத மர்மங்களை இதில் எழுதியிருக்கிறேன். இந்தப் பாகமும் நிச்சயம் உங்களைக் கவரும் என்று நம்புகிறேன்.

சிக்ஸ்த்சென்ஸ் பதிப்பகத்தில் எனது முதல் புத்தகம் வெளிச்சத்தின் நிறம் கருப்புதான். அதன்பின் பல்வேறு புத்தகங்கள் அங்கே எழுதிவிட்டேன். ஆறு வருடங்கள் கழித்து மீண்டும் கருப்பு பாகம் 2 வழியாக அனைவரையும் சந்திப்பதில் மகிழ்ச்சி. பதிப்பாளருக்கு என் நன்றி.

அன்புடன்,

30.12.2018

சென்னை.

முகில்

facebook : writermugil

writermugil@gmail.com

பதிப்புரை

சின்னஞ்சிறு வயதிலிருந்தே பாட்டியிடம் கதை கேட்டு வளர்ந்தவர்கள் நாம். பாட்டி சொன்ன கதைகள் மயிர்கூச்செறியச் செய்பவை. நம் கற்பனைக் குதிரையைச் சிறகடித்துப் பறக்க வைப்பவை. நம் தூக்கத்தைத் தொலைக்க வைத்தவையும்கூட. அவையெல்லாம் காற்றோடு காற்றாக இன்றும் உலவிக் கொண்டுதான் இருக்கின்றன. ஆனால், காலச் சக்கரத்தின் அசுர ஓட்டத்திற்கு ஈடுகொடுக்கும் முயற்சியில் நாம் அவற்றை யெல்லாம் மறந்தே போனோம். இன்றைய தலைமுறைக்கு அந்தக் கொடுப்பினையே இல்லை.

மனித அறிவுக்கும் உணர்வுகளுக்கும் அப்பாற்பட்டு மனத்தால் மட்டுமே உணர முடிகிற, உயிரை உறைநிலைக்குக் கொண்டு போகிற மர்மங்களும் அமானுஷ்யங்களும் இன்னும் உலகம் முழுவதும் நடந்தேறிக் கொண்டுதான் இருக்கின்றன.

இவையெல்லாம் நம்பத்தகுந்தவைதானா? அறிவியலால் இவற்றையெல்லாம் நிரூபிக்க முடியுமா? பகுத்தறிவு இதை யெல்லாம் ஏற்றுக் கொள்ளுமா? இவையெல்லாம் ஏன், எதற்காக, எப்படி நடந்தன, நடந்து கொண்டிருக்கின்றன என்று உங்கள் மனத்தில் ஆயிரமாயிரம் கேள்விகள் எழுவது இயற்கைதான். இவையெல்லாம் நடந்தவைதாம். அனைத்து ஊடகங்களிலும் விவாதிக்கப்பட்டவைதாம். அரசாங்கங்களையே ஆட்டங்காண வைத்தவைதாம்.

அதே சமயத்தில் இந்தப் புத்தகத்திலுள்ள கட்டுரைகளின் சாராம்சம் வெறும் பேய் - பிசாசு - பில்லி - சூனியம் - இவற்றால் நடந்தவற்றின் தொகுப்பு என்று தவறாக நினைத்துவிட வேண்டாம். அவற்றிற்கெல்லாம் அப்பாற்பட்ட, அமானுஷ்யமான, விடை கண்டறிய இயலாத சூழல்களின் சங்கமமே இவை.

நம்மைச் சுற்றிலும், நமக்குத் தெரிந்தும் தெரியாமலும் எத்தனையோ விபரீத நிகழ்வுக்கும் விநோத சம்பவங்களும் தினம் தினம் அரங்கேறிக் கொண்டுதான் இருக்கின்றன. ஆனால், இப்புத்தகத்தில் இடம்பெற்றுள்ள ரத்த சரிதங்களின் பின்னணியில் நாடுகளுக்கிடையே நிலவும் அதிகார வெறி,

அரசியல் தலைவர்களுக்கிடையிலான நாற்காலி ஆசை, தனி மனிதர்கள் தங்கள் விருப்புகளை நிறைவேற்றிக் கொள்வதற்காக நடத்துகிற நாடகங்கள், அவர்கள் மனத்தில் மறைந்திருக்கிற நயவஞ்சக எண்ணங்கள், காமுகர்களின் கயவாளித்தனங்கள், அழகுப் பதுமையரின் அட்டகாசத் தந்திரங்கள் என்று ஒவ்வொரு மர்மத்துக்குமான உத்தேசக் காரணங்களை வெளிச்சம் போட்டுக் காண்பித்திருக்கிறார் முகில். படிக்கும்போது மனத்தில் திகில் கூடிக்கொண்டே போனாலும், கீழே புத்தகத்தை வைக்க முடியாத அளவிற்கு இதிலுள்ள நிகழ்வுகளின் சுவாரஸ்யமும் முகிலின் எழுத்து நடையும் அட்டகாசமாக இருக்கின்றன.

வெளிச்சத்தின் நிறம் கருப்பு முதல் பாகத்திற்கு வாசகர்கள் தந்த வரவேற்பு அபரிமிதமானது. இதே வரிசையில் இன்னும் பல அரிய செய்திகளுடன் புத்தகம் ஒன்றை வெளியிடச் சொல்லி அதன் வரவை எதிர்பார்த்து வாசகர்கள் காத்திருந்தனர்.

திரைத்துறையிலும், புத்தகத் துறையிலும் இது Sequel *(தொடர்கள்)* களின் காலம். அதனால் இந்த இரண்டாம் பாகம் உங்கள் கைகளில் தவழ்கிறது. இதைப் படித்துவிட்டு மூன்றாம் பாகம் எப்போது வரும் என்று வாசகர்கள் காத்திருக்கத்தான் போகிறார்கள்.

எழுத்தாளர்களால் குறிப்பிட்ட ஏதாவது ஒரு துறை சார்ந்த புத்தகங்களில் மட்டும்தான் தங்கள் முத்திரையைப் பதிக்க முடியும். ஆனால், முகில் மற்றவர்களிலிருந்து வேறுபட்டவர். வாழ்க்கை வரலாறு, தன் முனைப்பு, பயண சரித்திரம், உணவு சரித்திரம், நாடுகளின் சரித்திரம் என்று தான் தொட்ட துறைகள் அனைத்திலும் தன் முத்திரையை ஆழமாகப் பதித்தவர். பெரிய பெரிய ஜாம்பவான்கள்கூட சிறுவர்களுக்கென்று எழுதும்போது திணறிப் போவார்கள். அதிலும் இவர் வெற்றிக் கொடி நாட்டியிருக்கிறார்.

ஒவ்வோர் ஆண்டு சென்னைப் புத்தகக் காட்சியிலும் முகிலின் புத்தகங்கள் விற்பனையில் சாதனை படைக்கத் தவறியதேயில்லை. இந்த ஆண்டும் அச்சாதனை தொடரும் என்பது நிச்சயம்.

சிக்ஸ்த் சென்ஸ் பப்ளிகேஷன்ஸ் வாசகர்களுக்கு புத்தாண்டு வாழ்த்துக்கள்.

க.சு. புகழேந்தி,
பதிப்பாளர்

மர்மப்பாதை

1.	ஒரு குதிரையின் கதை	07
2.	பேய்க்கப்பல்	33
3.	கடலும் கிழவனும்	43
4.	எட்டாவது அதிசயம் எங்கே?	59
5.	ஐந்து சிறுவர்கள்	75
6.	புல்லட் பாபா	93
7.	பயணங்கள் முடிவதில்லை	101
8.	ஒரு கோப்பை மர்மம்	115
9.	புதையல் தீவு	133
10.	மறுபிறவிக்கதைகள்	147
11.	கருப்பு ஆமை விட்ட சாபம்	181
12.	அவள் ஒரு முடிவிலி	189
13.	பரிஅசுத்த ஆவி	205
14.	கரை ஒதுங்கிய கால்கள்	215
15.	மர்மமான மண்டை ஓடுகள்	227
16.	சாத்தானும் டிராகனும்	243
17.	பொம்மைத் தீவு	255
18.	நிலவொளிக் கொலைகள்	267
19.	எஸ்கேப்	279
20.	சப்பாத்தி	293

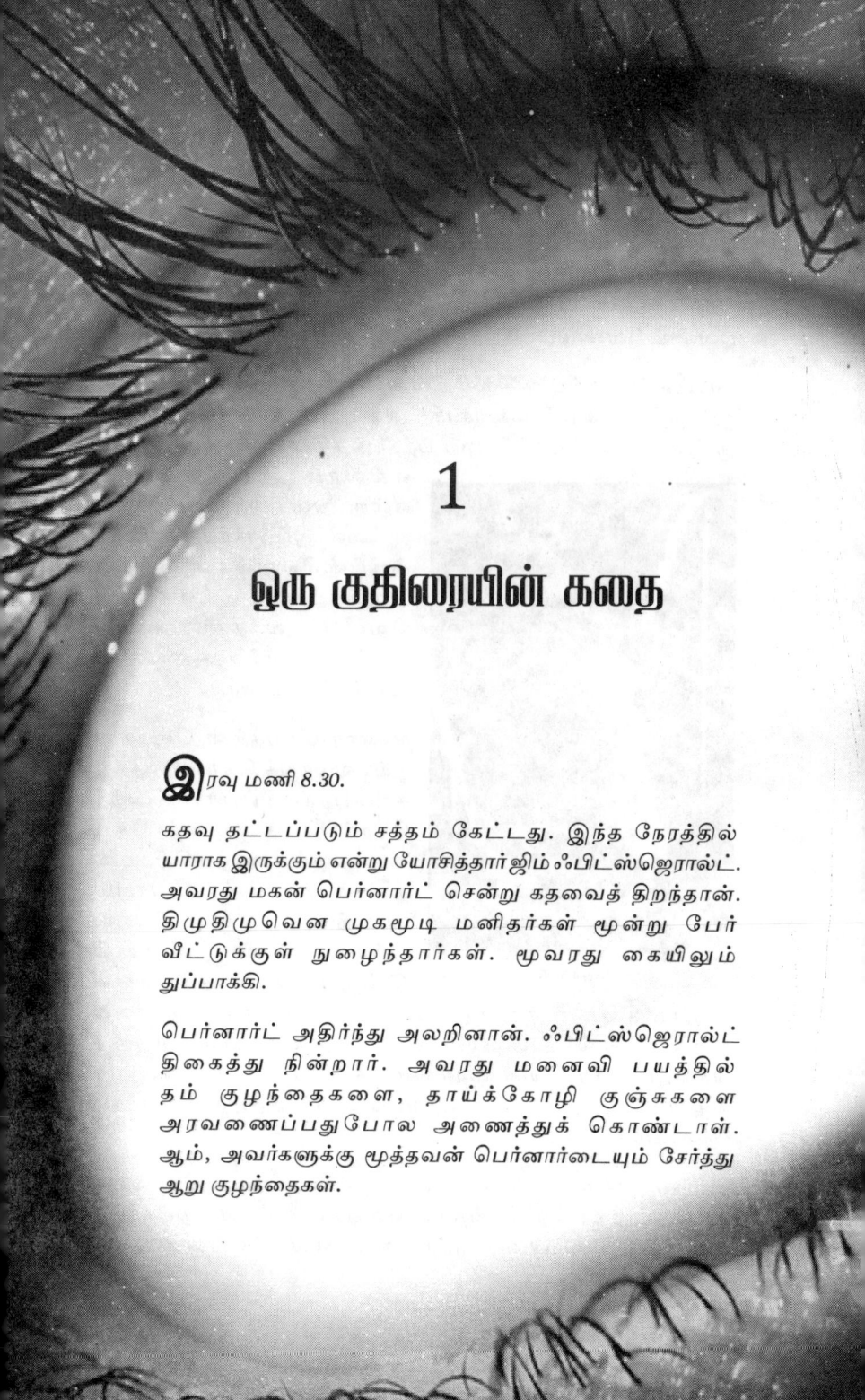

1
ஒரு குதிரையின் கதை

இரவு மணி 8.30.

கதவு தட்டப்படும் சத்தம் கேட்டது. இந்த நேரத்தில் யாராக இருக்கும் என்று யோசித்தார் ஜிம் ஃபிட்ஸ்ஜெரால்ட். அவரது மகன் பெர்னார்ட் சென்று கதவைத் திறந்தான். திமுதிமுவென முகமூடி மனிதர்கள் மூன்று பேர் வீட்டுக்குள் நுழைந்தார்கள். மூவரது கையிலும் துப்பாக்கி.

பெர்னார்ட் அதிர்ந்து அலறினான். ஃபிட்ஸ்ஜெரால்ட் திகைத்து நின்றார். அவரது மனைவி பயத்தில் தம் குழந்தைகளை, தாய்க்கோழி குஞ்சுகளை அரவணைப்பதுபோல அணைத்துக் கொண்டாள். ஆம், அவர்களுக்கு மூத்தவன் பெர்னார்டையும் சேர்த்து ஆறு குழந்தைகள்.

'யாரும் அசையக்கூடாது. எல்லோரும் ஓரிடத்தில் வந்து நில்லுங்கள்.'

அப்படியே செய்தார்கள். உடல் நடுங்கியது. குழந்தைகளின் பயம் கண்ணீராக வெளிப்பட்டது. ஒருவன் துப்பாக்கியை ஃபிட்ஸ்ஜெரால்டை நோக்கி நீட்டியபடியே சொன்னான். 'நாங்கள் ஷெர்காருக்காக வந்திருக்கிறோம். எங்களுக்கு இரண்டு மில்லியன் பவுண்ட் வேண்டும்.'

ஃபிட்ஸ்ஜெரால்ட் அதிர்ச்சியில் எச்சிலை விழுங்கினார். அவர் ஒரு குதிரைக்காரர். ஷெர்கார் - அவர் அன்புடன் பராமரிக்கும் குதிரை. உலகப்புகழ்பெற்ற பந்தயக்குதிரை. அதற்கு இப்படி எல்லாம் ஆபத்து வரும் என்று அவர் எதிர்பார்க்கவே இல்லை. துப்பாக்கியின் முனை ஃபிட்ஸ்ஜெரால்டின் முதுகை அழுத்த, அவர் வீட்டிலிருந்து வெளியே வந்தார். அவரது குடும்பத்தினர்வீட்டுக்குள்ளேயே முடக்கப்பட்டனர்.

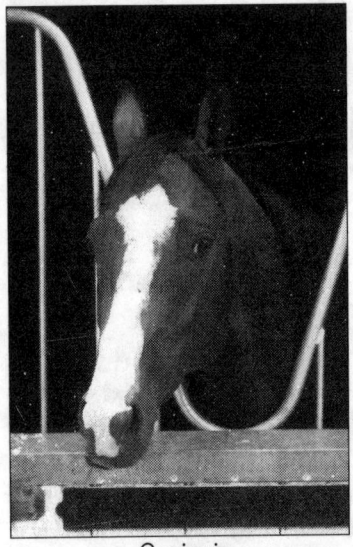
ஷெர்கார்

குதிரை லாயத்தில் ஷெர்கார் ஓய்வெடுத்துக் கொண்டிருந்தது. தன் பராமரிப்பாளர் அந்த நேரத்தில் தன்னைத் தேடி வருவதைப் பார்த்து மகிழ்வுடன் தலையை அசைத்தது. பாவம், அதற்குச் சூழ்நிலை புரியவில்லை. வெளியில் இன்னும் சில கடத்தல்காரர்கள் துப்பாக்கியுடன் காத்திருந்தார்கள். ஷெர்கார் அவர்களது வாகனத்தில் (Horsebox – குதிரைகளை ஏற்றிச் செல்லும் பிரத்யேக வாகனம்) ஏற்றப்பட்டது. ஃபிட்ஸ் ஜெரால்டும் வாகனத்தில் ஏற்றப்பட்டார். அவரது கண்களும் கைகளும் கட்டப்பட்டன.

'யாரும் கத்தக்கூடாது. யாரிடமும் எதையும் சொல்லக் கூடாது. ஏதாவது செய்தாய் என்றால் உன் வீட்டுக்காரன் உயிருடன் திரும்பி வரமாட்டான்' - கடத்தல்காரன் ஒருவன்

ஃபிட்ஸ்ஜெரால்டின் மனைவியை மிரட்டி விட்டு நகர்ந்தான். அவர்களுக்கு அதெல்லாம் கனவா, நினைவா என்றுகூட புலப்படவில்லை. அதற்குள் எல்லாம் முடிந்திருந்தது.

அது ஒரு செவ்வாய்க்கிழமை. அந்த நாள் 1983, பிப்ரவரி 8.

★

அயர்லாந்து தேசத்தை குதிரைகளும், குதிரை வளர்ப்பவர்களும் வாழும் பூமி எனலாம். அந்த மக்களுக்கு புரவிப்பாசம் என்பது உயிரிலே கலந்தது. கிமுவிலேயே அந்த மண்ணில் குதிரைப் பந்தயங்கள் நடந்ததற்கான குளம்படித் தடங்கள் வரலாற்றில் பதிவாகியிருக்கின்றன. அந்த மக்களின் புராணக் கதைகளிலும் குதிரைகள் சூப்பர் ஹீரோக்களாக சாகசங்கள் படைத்திருக் கின்றன. உலகின் பல நூற்றாண்டு குதிரைப் பந்தய வரலாற்றில் அயர்லாந்து குதிரைகள் எப்போதுமே நாலு கால் பாய்ச்சலில் முன்னணியிலேயே இருந்து வருகின்றன. அயர்லாந்துக் குதிரைகளுக்கும் பிரிட்டன் குதிரைகளுக்கும்தான் எப்போதும் போட்டியே. உலகப்போர் சமயங்களில்கூட அயர்லாந்தில் குதிரைப் பந்தயங்கள் நடைபெற்றன என்றால் அது அங்கே எவ்வளவு பெரிய தொழில் என்பதைப் புரிந்து கொள்ளலாம்.

இப்பேர்ப்பட்ட குதிரை தேசத்தில் அவதரித்த ஆண் குதிரை தான் ஷெர்கார். 1978, மார்ச் 3 அன்று பிறந்தது. அதன் உரிமை யாளர் நான்காம் அகா கான். முகம்மது வழித்தோன்றலாகக் கருதப்படுபவர். ஷியா பிரிவு இஸ்லாமியர்களின் 49-வது இமாம். பிரிட்டன் குடியுரிமை பெற்ற மிகப்பெரிய வியாபாரக்காந்தம். உலகப்பெரும் பணக்காரர்களில் ஒருவர். குதிரைப் பந்தயங் களில் இவரது வளர்ப்புக் குதிரைகள் பல்வேறு சாதனைகள் புரிந்துள்ளன. அதில் தன்னிகரற்ற சாதனைகளைச் செய்தது ஷெர்கார்தான்.

அகா கான், ஷெர்காரை இங்கிலாந்துக்கு அனுப்பி பயிற்சி எடுக்க வைத்தார். 1980-ல் தனது இரண்டாவது வயதில் ஷெர்கார் பந்தயக் களத்தில் கால்கள் பதித்தது. தன் முதல் பந்தயத்திலேயே முதலாவது இடம்பெற்று வெற்றியோடு கனைத்தது. இரண்டாவது பந்தயத்தில் இரண்டாவது இடம் பிடித்தது. 1981-ல் ஷெர்கார் கலந்துகொண்ட ஆறு போட்டிகளில்

எப்சம் டெர்பியில் முன்னேறி வரும் ஷெர்கார்

ஐந்தில் முதலிடம் பிடித்து முன்னங்கால்களை உயர்த்தி ஹீரோயிஸம் காட்டியது. அதில் எப்சம் டெர்பி பந்தயம் மிக முக்கியமானது.

டெர்பி என்றால் குதிரைப் பந்தயம். எப்சம் டெர்பி என்பது மூன்று வயது நிரம்பிய குதிரைகளுக்காக இங்கிலாந்தின் எப்சம் டௌன்ஸ் மைதானத்தில் வருடந்தோறும் நடத்தப்படும் குதிரைப் பந்தயம். இது 1780 முதல் நடத்தப்படுகிறது. இதில் வெல்லும் குதிரைகளுக்கு மஞ்சள் ஒளியும் உலகப்புகழும் உடனடியாகக் கிடைத்துவிடும். 1982, ஜூன் 3 அன்று, எப்சமில் 202-வது ஆண்டு டெர்பி பந்தயம் நடந்தது. பந்தயம் ஆரம்பித்த போது பின் தங்கியிருந்த ஷெர்கார், பின் மூன்றாவது இடத்துக்கு முன்னேறியது. முதலிரண்டு குதிரைகளுக்கும் அதற்கும் பெரிய இடைவெளி இல்லை. பந்தயத்தின் இறுதி நிமிடத்தில் அசுர வேகம் எடுத்தது. சட்டென முதலிடத்துக்கு முன்னேறியது. பின் எந்தக் குதிரையாலும் ஷெர்காரை நெருங்கவே முடியவில்லை. 'ஒரே ஒரு குதிரைதான் முதலிடத்தில் வருகிறது. பிற குதிரைகளைத் தேடிக் கண்டு பிடிக்க டெலஸ்கோப்தான் வேண்டும்' என்று உற்சாகக் குரல் எழுப்பினார் பிபிசி வானொலியின் நேர்முக வர்ணனையாளர் பீட்டர் புரோம்லே. ஷெர்கார் வெற்றிக் குதிரையாக எல்லையைத்

தொட்டபோது, அதற்கும் இரண்டாவது வந்த குதிரைக்குமான இடைவெளி பத்து குதிரை நீளம்★. எப்சம் டெர்பியின் 202 ஆண்டு கால வரலாற்றில் அதுவே மிகப்பெரிய சாதனை. ஒரே வெற்றியில் அயர்லாந்து தேசத்தின் நாயகன் ஆனது ஷெர்கார். அந்த வருடத்தின் ஐரோப்பியக் கண்டத்தின் மிகச் சிறந்த குதிரை என்ற பட்டம் ஷெர்காருக்குக் கிடைத்தது.

பந்தயத்தில் மூன்றாவது அல்லது நான்காவது இடத்தில் பின்தங்கியிருந்துவிட்டு, பின் மின்னல் வேகத்தில் முதலிடத்தை நோக்கி முன்னேறி வெல்வது என்பது ஷெர்காரின் தனித்துவ ஸ்டைல் ஆகிப்போனது. அதே ஆண்டில் செப்டெம்பர் 12 அன்று செயிண்ட் லெகெர் ஸ்டேக்ஸில் நடைபெற்ற பந்தயத்தில் ஷெர்கார் வழக்கமான பாணியில் ஓடி வெற்றி பெறும் என்று நினைத்த ரசிகர்களுக்கு ஏமாற்றமே மிஞ்சியது. ஷெர்கார் நான்காவது இடத்தைப் பிடித்து அதிர்ச்சியளித்தது. இருந்தாலும் 1981-ல் மட்டும் ஷெர்கார் வென்ற பரிசுத்தொகை 2,95,000 பவுண்ட்கள்.

அகா கான் ஷெர்காருக்கு ஓய்வு கொடுக்க முடிவெடுத்தார். ஆம், அதுவே ஷெர்கார் கலந்து கொண்ட இறுதிப்பந்தயம். அதற்குப்பின் அது பெண் குதிரைகளை அம்மாவாக்கும் பணியில் பொலிக்குதிரையாகக் களமிறங்கியது. தவிர, பந்தய வெற்றிகளால் ஷெர்காரின் மதிப்பும் பல மடங்கு அதிகரித்திருந்தது. அமெரிக்காவில் இருந்து பல குதிரை வளர்ப்பாளர்கள் ஷெர்கார் மீது பங்குகளை வாங்க முன் வந்தார்கள். அகா கான் அதை நிராகரித்தார். அவரே ஒரு விலை நிர்ணயம் செய்தார். 10 மில்லியன் பவுண்ட்கள். அதில் ஒரு பங்கின் விலை 2,50,000 பவுண்ட்கள். மொத்தம் நாற்பது பங்குகளில் 6 பங்குகளை அகா கான் தன் வசம் வைத்துக் கொண்டார். மீதிப் பங்குகளை ஒன்பது நாடுகளைச் சேர்ந்த வெவ்வேறு நபர்கள் வாங்கிக் கொண்டார்கள். அகா கானும் சேர்த்து ஷெர்காருக்கு மொத்தம் 35 முதலாளிகள் உருவாகினார்கள். ஷெர்கார் உரிமையாளர்கள் கூட்டமைப்பு (சிண்டிகேட்) ஒன்று

★ குதிரை நீளம் என்பது அதன் மூக்கின் முனை முதல் வால் வரையில் கணக்கிடப் படுவது. உத்தேசமாக 8 அடி. பந்தயத்தில் ஒரு குதிரைக்கும் இன்னொரு குதிரைக்குமான இடைவெளியை குதிரை நீளத்தைக் கொண்டு (Horse Length) கணக்கிடுவார்கள். ஷெர்கார், எப்சம் டெர்பியில் சுமார் 80 அடி இடைவெளியில் முதலிடம் பிடித்து சாதனை படைத்தது.

எப்சம் டெர்பியில் வென்றபின்.

உருவானது. அயர்லாந்தின் பாலிமெனி குதிரைப் பண்ணையில், ஃபிட்ஸ்ஜெரால்ட் பொறுப்பில் ஷெர்கார் வளர்ந்தது.

ஊடிப் பெறுகுவதும் கொல்லோ நுதல்வெயர்ப்பக் கூடலில் தோன்றிய உப்பு என்கிறது குறள் எண் 1328. நெற்றி வியர்க்கும்படி கலவியில் தோன்றும் சுகத்தை, இன்னொரு முறை இவளுடன் ஊடிப் பெறுவோமா என்று ஆண் நினைப்பதாக இதன் பொருள் சொல்கிறார் சாலமன் பாப்பையா. அப்படியெல்லாம் ஒருத்தியை மட்டும் நினைத்து ஏங்குவதற்கு ஷெர்காரின் வாழ்வில் இடமிருக்கவில்லை.

ஒரு பெண் குதிரையுடன் ஒரே ஒருமுறை கூடிக்கலக்க சுமார் 80,000 பவுண்டுகள் கட்டணம். 1982-ல் மட்டும் ஷெர்கார், 44 பெண் குதிரைகளுடன் பேரின்ப நிலை எய்தியது. அதில் 36 பெண் குதிரைகள் தாயாகின. பிறந்தவற்றில் 17 குதிரைக் குட்டிகள் (ஆண்), 19 குதிரைமறிகள் (பெண்). 1983-ல் கலவி சீஸன்2-க்கும் 55 பெண் குதிரைகள் இந்த ராச குதிரைக்காகக் காத்திருந்தன. அந்தச் சமயத்தில்தான் ஷெர்கார் கடத்தப்பட்டது.

★

வாகனம் சென்று கொண்டே இருந்தது. ஃபிட்ஸ்ஜெரால்டுக்கு ஒன்றும் புரியவில்லை. எங்களை எங்கே கொண்டு செல்கிறார் கள்? என்ன செய்வார்கள்? நான் யாரிடம் செய்தி சொல்ல

வேண்டும்? கத்தலாமா? தப்பிக்க முயற்சி செய்யலாமா? ஆனால், துப்பாக்கி வைத்திருக்கிறார்களே? என் உயிரையும், என் உயிருக்கு உயிரான ஷெர்காரின் உயிரையும் பறிக்கச் சில தோட்டாக்கள் போதுமே! ஃபிட்ஸ்ஜெரால்ட் குழப்பத்துடன் உறைந்துபோய் அமர்ந்திருந்தார். அவருக்குள் நினைவுகள் அலைபாய்ந்தன.

அவரது தந்தையும் குதிரைக்காரர்தான். நினைவு தெரிந்த நாள் முதலே குதிரைகளின் ஸ்பரிசத்தோடும் வாசனையோடும் தான் ஃபிட்ஸ்ஜெரால்ட் வளர்ந்தார். பாலிமெனி குதிரைப் பண்ணையில் தனது பதினாறாவது வயதிலேயே (1960) வேலைக்குச் சேர்ந்துவிட்டார். அவரது தந்தைக்குப் பிறகு தலைமைக் குதிரைக்காரராகவும் பொறுப்பேற்றார். அதுவரை அவர் பராமரித்த குதிரைகளிலேயே அதிகம் சமர்த்து என்றால் அது ஷெர்கார்தான். அமைதியானது. அன்பானது. சொன்னபடி கேக்கும். மக்கர் பண்ணாது. அதற்குப் பயிற்சியளிப்பதும் எளிதாகத்தான் இருந்தது. தவிர, அந்தப் பண்ணைக்கே உலகப் புகழ் பெற்றுத்தந்ததும் ஷெர்கார்தான்.

அடர் பழுப்பு நிறம். நெற்றியில் வெள்ளைப் பட்டை. தவிர நான்கு கால்களிலும் குளம்புக்கு மேலே சாக்ஸ் அணிந்தது போல வெள்ளை நிறத்தில் இருக்கும். இவற்றைக் கொண்டு ஆயிரம் குதிரைகளுக்கு மத்தியிலும் ஷெர்காரை எளிதில் அடையாளம் கண்டுகொள்ளலாம். வேகமாக ஓடும்போது, வாயைப்பிளந்தபடி, கீழ்த்தாடையை ஒருபுறமாகத் தள்ளியபடி, நாக்கையும் வெளியே நீட்டியபடி ஓடுவது ஷெர்காரின் தனித்துவமான பாணி.

வாகனம் திடீரென பிரேக் போட்டு நிறுத்தப்பட்ட நொடியில், ஃபிட்ஸ்ஜெரால்ட் பின்னோக்கிய நினைவுகளிலிருந்து இயல்புக்கு வந்தார். இறங்கு என்றார்கள்.

'குதிரை இதேபோல முழுதாக வேண்டுமெனில் எங்களுக்கு இரண்டு மில்லியன் வேண்டும். போ! திரும்பிப் பார்க்காமல் ஓடிப்போ!' என்றார்கள்.

அவருக்குள் நடுக்கம். வேறு வழியில்லை. இறங்கித்தான் ஆக வேண்டும். அவர்கள் பாலிமெனியிலிருந்து கிளம்பி மூன்று மணி நேரத்துக்கும் மேலிருக்கும். சாலை ஒன்றில் இறக்கிவிட்டார்கள். அவரது கைக்கட்டு அவிழ்க்கப்பட்டது.

'குதிரை இதேபோல முழுதாக வேண்டுமெனில் எங்களுக்கு இரண்டு மில்லியன் வேண்டும். போ! திரும்பிப் பார்க்காமல் ஓடிப்போ!' என்றார்கள்.

ஓட ஆரம்பித்தார் ஃபிட்ஸ்ஜெரால்ட். வாகனங்கள் கிளம்பிச் சென்ற சத்தம் கொஞ்சம் கொஞ்சமாகக் காற்றில் கரைந்தது. தன்

கண் கட்டை அவிழ்த்தார். திரும்பிப் பார்த்தார். யாருமற்ற இருள்வெளி. அதற்குள் இருந்து ஷெர்கார் கதறலாகக் கனைப்பது போன்ற ஒலி ஒன்று அவருக்கு மட்டும் கேட்டது. அது பொய்தான். இனி ஒருமுறை என் ஷெர்காரைக் காண்பேனா?

கண்ணீரைத் துடைத்தபடி அங்கிருந்து ஓட ஆரம்பித்தார் ஃபிட்ஸ்ஜெரால்ட். அந்த இடத்திலிருந்து பாலிமெனி சுமார் 30 கிமீ தொலைவில் உள்ளது என்று கண்டறிந்தார். அருகில் ஒரு ஊர் தென்பட்டது. தொலைபேசி ஒன்றைக் கண்டறிந்து தன் சகோதரருக்குப் பேசினார். வார்த்தைகள் நடுங்கின. விரைந்து புறப்பட்டு வந்த சகோதரர், ஃபிட்ஸ்ஜெரால்டையும் அழைத்துக் கொண்டு பாலிமெனி பண்ணைக்குச் சென்றார். வீட்டில் யாருக்கும் நடுக்கம் குறையவில்லை. ஃபிட்ஸ்ஜெரால்டைக் கண்ட நொடியில் கதறியழுதனர்.

ஃபிட்ஸ்ஜெரால்ட் வீட்டுக்குத் திரும்பிய பிறகே, அதாவது ஐந்து மணி நேரத்துக்குப் பிறகே, ஷெர்கார் கடத்தப்பட்ட தகவல் மற்றவர்களுக்குத் தெரிவிக்கப்பட்டது. அயர்லாந்து குதிரைகள் வளர்ப்போர் சங்கத் தலைவர், தேசத்தின் நிதி அமைச்சர், நீதி அமைச்சர் எல்லோரும் இந்தச் செய்தி கேட்டு அன்றைய இரவின் தூக்கத்தைத் தொலைத்தனர். ஷெர்கார் கடத்தப்பட்டு எட்டு மணி நேரம் கழித்து, கார்டா என்றழைக்கப் படும் அயர்லாந்து போலீஸார் தேடுதல் வேட்டையை ஆரம்பித்திருந்தனர். ஆனால், அவர்களுக்கு மிகப்பெரிய சவால் காத்திருந்தது. மறுநாள் அயர்லாந்தின் மிகப்பெரிய குதிரைச்சந்தை கைல்டேர் நகரத்தில் நடைபெறவிருந்தது. அதனால் குதிரைகளை ஏற்றிச்செல்லும் வாகனங்களின் போக்குவரத்து அப்போது அதிகமாக இருந்தது. அதையெல்லாம் கணக்கில் கொண்டுதான் கடத்தல்காரர்கள் துல்லியமாகத் திட்டம் போட்டுச் செயல்பட்டிருக்கிறார்கள் என்பது புரிந்துபோனது.

அன்றைய காலகட்டத்தில் அயர்லாந்தின் எந்தக் குதிரைப் பண்ணையிலும் பாதுகாப்பு என்பது பெரிதாகக் கிடையாது. உலகின் மோஸ்ட் வான்டட் ஹீரோ குதிரையான ஷெர்கார் வாழ்ந்த பாலிமெனி பண்ணையிலும் அதே கதிதான். காவலுக்கு என்று ஒருவர்கூட கிடையாது. பண்ணையில் வேலை பார்க்கும் ஆள்கள் மட்டுமே. அவர்களும் மாலை நேரத்துக்குமேல் இருக்க

மாட்டார்கள். மின்வேலியோ, கண்காணிப்பு கேமராவோ அப்போது இல்லை என்பதால் கடத்தல்காரர்களுக்கு எல்லாம் சுலபமாகவே இருந்தது.

போலீஸார், அயர்லாந்திலிருக்கும் ஒவ்வொரு பண்ணைக்கும் சிரமப்பட்டு தகவல் அனுப்பினார்கள். 'உங்கள் பண்ணைக் கருகில் ஏதாவது சந்தேகத்துக்கிடமான வாகன நடமாட்டம் இருந்தால் தகவல் கொடுங்கள். ஷெர்கார் குதிரையை எங்காவது கண்டால் தெரிவியுங்கள். உங்கள் குதிரைகளையும் பத்திரமாகப் பார்த்துக் கொள்ளுங்கள்.'

★

பிப்ரவரி 9. அன்றைய நாளை உற்சாகமாக ஆரம்பித்த அயர்லாந்து மக்கள், ஷெர்கார் கடத்தப்பட்ட செய்தி அறிந்ததும் பதைபதைத்துப் போனார்கள். அன்றைக்கு மதிய வேளையில் உலகமெங்கும் இந்தச் செய்தி பரவியது. ஐரோப்பிய

Armed kidnappers demand £2m ransom for Shergar

HUNT FOR THE SUPER-HORSE

A MASSIVE hunt was under way throughout Ireland last night for the kidnapped wonder horse Shergar. But detectives were forced to admit that they had no leads so far.

தேசங்களில் இருந்து பல செய்தியாளர்கள் அயர்லாந்தை நோக்கி வர ஆரம்பித்தனர்.

கைல்டேர் மாகாணத்தின் இன்ஸ்பெக்டர் ஜிம் மர்பி என்பவர் தலைமையில் ஒரு குழுவினர் தீவிரமாக விசாரணையில் இறங்கியிருந்தார்கள். 'குதிரையைக் கையாள்வது என்பது சாதாரணமான விஷயமல்ல. அதில் கைதேர்ந்த ஒரு குழுதான் இந்தக் கடத்தலைச் செய்திருக்கிறார்கள்' என்று தன் சந்தேகத்தைச் செய்தியாளர்களிடம் தெரிவித்தார் மர்பி. ஆனால், 24 மணி நேரம் ஆகியும் எந்த ஒரு தகவலும் தடயமும் சிக்கவில்லை.

தலைநகரமான டப்ளினைச் சார்ந்த போலீஸார் இன்னொரு பக்கம் தனியாகத் தேடுதலை நடத்திக் கொண்டிருந்தார்கள். தாங்களே குதிரையைக் கண்டுபிடித்து பெயர் வாங்க வேண்டும் என்ற நினைப்பு அவர்களுக்கு இருந்தது. குதிரை குறித்து சரியான துப்பு கொடுப்பவர்களுக்கு பரிசுத்தொகை வழங்கப் படும் என்று அவர்கள் அறிவித்திருந்தார்கள். மர்பியுடன் அவர்கள் எதற்கும் தொடர்பு கொள்ளவில்லை. துறைக்குள் ஒற்றுமை இல்லாததால், ஒருவொருக்கொருவர் தங்களுக்குக் கிடைத்த தகவல்களைப் பகிர்ந்து கொள்ளவில்லை. இதெல்லாமே தேடுதல் நடவடிக்கையில் பின்னடைவை உண்டாக்கியது.

இருந்தாலும் அயர்லாந்து தேசமே சந்தேகப்பட்டது அந்த ஒற்றை அமைப்பைத்தான். Irish Republican Army (IRA). பிரிட்டிஷ் காலனியாதிக்கத்தை எதிர்த்து அயர்லாந்தின் சுதந்திரம் முதற்கொண்டு பல்வேறு போராட்டங்களில் முன் நின்ற துணைராணுவ அமைப்பு. அரசியல் ரீதியாகவும் பலமான அமைப்பு. 1980-களில் IRA அமைப்பினருக்கு ஆயுதங்கள் வாங்க அதிகம் பணம் தேவைப்பட்டது. அதற்காக ஆள்கடத்தல், மிரட்டல், கொள்ளையடித்தல் போன்ற பல்வேறு குறுக்குவழிகளிலும் பணம் சம்பாதிக்க ஆரம்பித்தனர். அதன் ஒரு திட்டமாகத்தான் இப்போது ஷெர்காரைக் கடத்தி யிருக்கின்றனர் என்று அழுத்தமான யூகம் வெளியானது.

ஷெர்கார் - உலகின் அதிசிறந்த குதிரை. பில்லியனர் அகா கான் அந்தக் குதிரைக்காக எவ்வளவு பணம் வேண்டுமானாலும் தரத் தயாராக இருப்பார். ஆக, ஷெர்கார் என்பது வெறும் குதிரையல்ல; பணம் கறக்கும் பசு! இப்படி நம்பித்தான் IRA அமைப்பினர் இந்தக் கடத்தலை அரங்கேற்றியிருக்கக்கூடும்

IRA அமைப்பினர்

என்று செய்திகள் வெளிவந்தன. IRA அமைப்பைச் சேர்ந்தவர்கள் என்று சந்தேகப்படக்கூடிய நபர்களின் இடங்களில், வீடுகளில் எல்லாம் அதிரடி சோதனைகளை போலீஸார் மேற்கொண்டனர். குதிரை சிக்கவில்லை. சட்டவிரோதமாகப் பதுக்கி வைத்த ஆயுதங்கள் சிக்கின.

ஃபிட்ஸ்ஜெரால்ட், போலீஸாரிடம் கூடுதல் தகவல் ஒன்றைச் சொன்னார். 'கடத்தல்காரர்கள் கிங் நெப்டியூன் என்ற சங்கேத வார்த்தையை என்னிடம் சொன்னார்கள். அவர்கள் அடுத்து தொடர்பு கொள்ளும்போது அகா கானின் பிரதிநிதி இந்த வார்த்தையைச் சொல்லி பேச வேண்டுமாம்.'

கடத்தல்காரர்களிடமிருந்து அழைப்பு வருவதற்காகக் காத்திருந் தார்கள். புதன்கிழமை மாலை வேளையில் பெல்ஃபாஸ்ட் நகரத்தின் பிபிசி அலுவலகத்துக்கு அழைப்பு ஒன்று வந்தது. கடத்தல்காரர்கள் மூலம் அந்த அழைப்பில் சொல்லப்பட்ட விஷயம் இதுதான். குறிப்பிட்ட மூன்று பேரை உடனடியாக மத்தியஸ்தர்களாக நியமிக்கச் சொல்லியிருந்தார்கள் லார்ட் ஓக்ஸே - டெய்லி டெலிகிராப் பத்திரிகையில் குதிரைப் பந்தயங்கள் பற்றி எழுதும் செய்தியாளர். பீட்டர் கேம்ப்லிங் - பந்தயத்தில் ஏந்தக்குதிரை மீது பணம் கட்டலாம் என்று

சன் பத்திரிகையில் டிப்ஸ் எழுதும் அனுபவஸ்தர். டெரெக் தாம்ப்ஸன் - ஐடீவி நிறுவனத்தைச் சேர்ந்த குதிரைப் பந்தயச் செய்தியாளர். கடத்தல்காரர்கள் கட்டளையிட்டபடி இந்த மூவரும் உடனடியாக பெல்ஃபாஸ்ட் நகரத்துக்கு விமானம் மூலம் வரவழைக்கப்பட்டனர். அந்நகரத்திலுள்ள ஐரோப்பா ஹோட்டலில் மூவரும் காத்திருக்க வேண்டும் என்பது அடுத்த கட்டளை.

ஏகப்பட்ட செய்தியாளர்கள். எங்கெங்கும் கேமராக்கள். பிப்ரவரி 10, வியாழன் அன்று மாலையில் ஐரோப்பா ஹோட்டலுக்குள் நுழைந்த மூவரும் திகைத்துத்தான் போயினர். சூப்பர் ஸ்டார் குதிரையை மீட்கக் களமிறங்கும் தூதர்களுக்குக் கிடைத்த மரியாதை அது. தாம்ப்ஸன் ஹோட்டலுக்குள் நுழைந்ததுமே, வரவேற்பிலிருந்து குரல் வந்தது. 'மிஸ்டர் தாம்ப்ஸன், அந்த போனை எடுங்கள். உங்களுக்கான அழைப்பு காத்திருக்கிறது.'

எடுத்தார். மறுமுனையில் பேசிய குரல் அதிர அதிர மிரட்டியது. 'நாங்கள் உங்களைக் கவனித்துக் கொண்டேதான் இருக்கிறோம்.' தாம்ப்ஸன் உடனே சுற்றும் முற்றும் பார்த்தார். ஹோட்டலின் ஜன்னல் வழியே சாலையைப் பார்த்தார். யார், எவர் என்று அவருக்குப் புலப்படவில்லை. மறுமுனையில் அந்த ஆண் குரல் அடுத்தடுத்த கட்டளைகளைப் பிறப்பித்தது. புதிய சங்கேத வார்த்தை சொல்லப்பட்டது. அடுத்து தாம்ப்ஸன் என்ன செய்ய வேண்டும் என்று குறிப்புகளும் கொடுக்கப் பட்டன. அழைப்பு துண்டிக்கப்பட்டது.

'இங்கிருந்து 30 மைல்கள் தொலைவிலிருக்கும் மேக்ஸ்வெல் என்பவரது குதிரைப்பண்ணைக்கு உடனே வரச் சொல்கிறார்கள். நம்மைத் தவிர வேறு யாரும் வரக்கூடாதாம்!' என்று தாம்ப்ஸன், சக மத்தியஸ்தர்களிடம் சொன்னார். மூவரும் ஹோட்டலின் கிச்சன் வெளியே பின் வாசலுக்கு வந்தார்கள். அங்கே ஒரு கார் தயாராகக் காத்திருந்தது. கிளம்பினார்கள்.

பெல்ஃபாஸ்ட் நகரத்தை எல்லாம் தாண்டி, சில மைல்கள் கழித்து ஒற்றையடிப்பாதை போன்றதொரு சாலையில் கார் சென்று கொண்டிருந்தது. மூவருக்கும் எதுவும் புரியவில்லை. ஷெர்காரை அந்தப் பண்ணையில்தான் வைத்திருக்கிறார்களா? நாம் அங்கே சென்றால் நம்மையும் பணயக்கைதியாகப் பிடித்து வைத்துவிடுவார்களா? என்ன நடக்கப் போகிறது?

தாம்ப்ஸன்

பண்ணையை நெருங்கும் வேளையில் ஐந்து பேர் காரை மறித்தனர். அவர்கள் கையில் மிஷின் கன். மூவருக்கும் நாக்கு வறண்டு போனது. உயிர் பயம் அவர்களது கண்களில் தெரிந்தது. 'பயப்படாதீர்கள், நாங்கள் போலீஸ்' என்று அவர்கள் சொன்னபோது, தாம்ப்ஸனின் இதயம் மீண்டும் துடிக்க ஆரம்பித்தது. மூவரும் மேக்ஸ்வெல்லின் பண்ணைக்குச் சென்றனர். அங்கே ஷெர்காரோ, கடத்தல்காரர்களோ இல்லை. போலீஸார் சிலர்தான் இவர்களுக்காகக் காத்திருந்தனர்.

முந்தைய நாள் பிபிசி அலுவலகத்துக்கு அழைப்பு வந்த பிறகு, மேக்ஸ்வெல்லின் பண்ணைக்கும் அநாமதேய அழைப்பு ஒன்று வந்திருந்தது. அதில் ஒரு குரல், ஷெர்கார் தங்களிடம் இருப்பதாகவும், உடனே 40000 பவுண்டுகள் ஏற்பாடு செய்யச் சொல்லியும் மிரட்டியது. ஆனால், அது நிஜமான கடத்தல் கும்பல்தானா, அல்லது வேறு யாரும் இந்தச் சூழலைப் பயன்படுத்தி ஏமாற்ற நினைக்கிறார்களா என்பதைக் கண்டறிய முடியவில்லை.

'மிஸ்டர். தாம்ப்ஸன், அடுத்த அழைப்பு வரும்போது எப்படி யாவது 90 நொடிகளுக்கு மேல் பேசுங்கள். அப்போதுதான் எங்களால் எதிர்முனையில் பேசும் நபரின் இருப்பிடத்தைக் கண்டறிய முடியும்' - போலீஸார் கேட்டுக் கொண்டனர். மேக்ஸ்வெல்லின் பண்ணைக்கு அழைப்பு வந்தது. தாம்ப்ஸன் எடுத்துப் பேசினார். புதிய சங்கேத வார்த்தையுடன் பேசிய நபர்,

பணத்தை ஏற்பாடு செய்யச் சொல்லி மிரட்டினார். தாம்ப்ஸன் அந்த உரையாடலை நீட்டிக்க முயற்சி செய்தார். ஆனால், எண்பத்தியிரண்டாவது நொடியில் அழைப்பு துண்டிக்கப்பட்டது. தாம்ப்ஸன் ஏமாற்றத்துடன் பெருமூச்சுவிட்டார்.

பிப்ரவரி 11, வெள்ளி. அன்றைக்கு முழுக்க கொஞ்ச நேரத்துக்கு ஒருமுறை மீண்டும் மீண்டும் அழைப்புகள் வந்து கொண்டேயிருந்தன. ஆனால், எல்லாமே 90 நொடிகளுக்கு முன்பாகவே துண்டிக்கப்பட்டன. இரவு ஒரு மணிக்கு மீண்டும் போன் ஒலித்தது.

'நீங்கள் கேட்டது நிச்சயம் கிடைக்கும். ஷெர்கார் உங்களிடம் தான் இருக்கிறது என்று நாங்கள் தெரிந்துகொள்ள புகைப்படம் ஒன்றை மட்டும் எடுத்து அனுப்புங்கள்' - தாம்ப்ஸன் இந்தமுறை தெளிவாகப் பேசினார். முடிந்தவரை அழைப்பை நீட்டிக்க முயற்சி செய்தார். அழைப்பு 95 நொடிகள் தாண்டியே துண்டிக்கப் பட்டது.

தாம்ப்ஸன், அங்கே உறங்கிக் கொண்டிருந்த போலீஸ்காரரை உற்சாகத்துடன் எழுப்பினார். 'இந்த அழைப்பில் 95 நொடிகள் பேசிவிட்டேன். கடத்தல்காரனின் இடத்தைக் கண்டுபிடித்து விட்டார்களா என்று கேளுங்கள்.'

ஒரு கொட்டாவிக்குப் பின் அந்த போலீஸ்காரர் சாவகாசமாகப் பதில் சொன்னார். 'மன்னிக்கவும். கண்டுபிடிக்க வேண்டிய

ஷெர்காருடன் அகா கான்

நபர் இரவுப்பணிக்குச் சென்றுவிட்டார்.' தாம்ப்ஸனின் முகம் சுருங்கிப் போனது.

அதுவரை அங்கே சுமார் 10 அழைப்புகள் வந்திருக்கும். அனைத்திலும் கடத்தல்காரர்கள் கேட்டது ஒரே விஷயம்தான். அட்வான்ஸ் பணம் நாற்பதாயிரம் பவுண்ட்கள் உடனே வேண்டும். மற்ற கோரிக்கைகள் பற்றியெல்லாம் அவர்கள் தெளிவாகச் சொல்லவில்லை. சரி, இந்தச் சூழலில் ஷெர்காரை மீட்க அகா கான் தரப்பு என்ன செய்வதாக இருந்தது?

ஒன்றும் செய்வதாக இல்லை என்பதே உண்மை. காரணம், இப்படி இந்தக் குதிரைக்காக பணம் கொடுக்க ஒப்புக்கொண்டால், அவர்கள் கேட்டபடி பணத்தைக் கொடுத்து அதனை மீட்டால், இது மிக மோசமான முன்னுதாரணம் ஆகிவிடுமல்லவா. நாளைக்கு, இன்னொரு பந்தயக்குதிரை கடத்தப்படலாம். அயர்லாந்தில் மட்டுமல்ல, உலகிலிருக்கும் ஒவ்வொரு பந்தயக்குதிரைக்குமே இதேபோன்ற ஆபத்து நேரலாம். ஆகவே, அகா கான் சல்லிக்காசு கொடுக்கக்கூட தயாராக இல்லை.

தவிர, குதிரையின் மதிப்பில் ஆறு ஷேர்கள் மட்டும்தானே அகா கானிடம் இருந்தன. ஷெர்கார் உரிமையாளர்கள் மீதி 34 பேருடைய கருத்தும் கேட்கப்பட வேண்டுமே. அப்படியே பணயத்தொகை கொடுத்து மீட்பதென்றால் எல்லா முதலாளிகளும்தானே காசு போட வேண்டும். அதெல்லாம் நடக்கிற காரியமா?

இப்படிப்பட்டச் சூழலில்தான் ஷெர்காரை எப்படி மீட்பது என்று தாம்ப்ஸனும் கையைப் பிசைந்து கொண்டிருந்தார். அடுத்த சில மணி நேரங்களுக்கு அழைப்பு எதுவும் வரவில்லை. பிப்ரவரி 12, சனி அன்று காலை ஏழு மணி இருக்கும். தொலைபேசி ஒலித்தது. தாம்ப்ஸன் எடுத்தார். இந்த முறை சங்கேத வார்த்தைகள் எதுவும் சொல்லவில்லை. கோரிக்கையோ, மிரட்டலோ எதுவும் இல்லை. எதிர்முனையில் இருந்து ஒன்பதே ஒன்பது வார்த்தைகள் மட்டும் சொல்லப்பட்டன. உடனே அழைப்பு துண்டிக்கப்பட்டது.

'The horse has had an accident. He's dead.'

ஃபிட்ஸ்ஜெரால்ட்

என்ன விபத்து? எப்படி இறந்துபோனது? தாம்ப்ஸனால் அந்த வார்த்தைகளை நம்ப முடியவில்லை. நம்பாமலும் இருக்க முடியவில்லை. ஏனென்றால், அவருக்கு அதற்குப் பிறகு கடத்தல்காரர்களிடமிருந்து எந்த அழைப்பும் வரவில்லை.

இந்தச் செய்தி வெளியே பரவியது. விஷயம் கேள்விப்பட்ட நொடியில் உடைந்து உட்கார்ந்தார் ஃபிட்ஸ்ஜெரால்ட். ஷெர்கார் வாழ்ந்த லாயத்தில் சென்று அமர்ந்தார். இனி என் ஷெர்கார் இங்கே திரும்பி வரவே வராதா? கண்ணீர் கொட்டியது. யாராலும் அவரைத் தேற்ற முடியவில்லை. ஷெர்கார் கொல்லப்பட்டதா? இந்தக் கோணத்தில் செய்தித்தாள்கள் பரபரப்பைக் கூட்டின. அயர்லாந்தே சோகத்தில் மூழ்கியது.

★

பிப்ரவரி 9 அன்று பாலிமெனி பண்ணைக்கும் கடத்தல்காரர்களிடம் இருந்து அழைப்பு ஒன்று வந்தது. பண்ணையாள்கள் பாரிஸில் இருக்கும் அகா கானின் அலுவலக எண்ணைக் கொடுத்தனர். அங்கே அழைப்பு சென்றது. அங்கிருப்பவர்களிடம் கடத்தல்காரர்கள் பேரம் பேச ஆரம்பித்தனர். அதே சமயத்தில் தாம்ப்ஸனுடனும் கடத்தல்காரர்கள் பேரம்

முகில் ◐ 23

பேசிக் கொண்டிருந்தனர். அவர்களும் இவர்களும் ஒரே கும்பலைச் சேர்ந்தவர்களா அல்லது வேறு வேறு கும்பலா, இதில் யார் உண்மையிலேயே ஷெர்காரைக் கடத்தியது போன்ற குழப்பங்கள் நீடிக்கவே செய்தன.

பிப்ரவரி 11 அன்று மாலையில் அகா கான் சார்பில் பேசியவர்கள், கடத்தல்காரர்கள் அழைத்தபோது தெளிவாக ஒரு விஷயத்தைக் கேட்டார்கள். 'ஷெர்கார் உயிருடன்தான் இருக்கிறதா என்பதற்கு என்ன ஆதாரம்? அதைக் காண்பியுங்கள்.'

கடத்தல்காரர்கள் குறிப்பு ஒன்றைச் சொன்னார்கள். 'டப்ளின் நகரத்திலுள்ள குரோஃப்டன் ஹோட்டலுக்கு உங்கள் ஆள்களை அனுப்புங்கள். அங்கிருப்பவர்களிடம் ஜானி லோகனுக்கான செய்தி வேண்டும் என்று கேட்கச் சொல்லுங்கள்.' ஜானி லோகன் என்பவர் அயர்லாந்தின் புகழ்பெற்ற பாடகர். அப்படியே செய்தார்கள். ஆனால், எந்தச் செய்தியும் அந்த ஹோட்டலில் கிட்டவில்லை. அன்று இரவு தொலைபேசியில் பேசிய கடத்தல்காரப் பிரதிநிதி கோபத்தில் கத்தினான். 'போலீஸ் அதிகம் தென்படுகிறார்கள். எங்கள் குழுவினருக்கு ஏதாவது ஆபத்து என்றால் உங்கள் பக்கமும் பலத்த உயிர்ச் சேதம் உண்டாகும்.'

ஷெர்கார் விபத்தில் இறந்துவிட்டது என்று தாம்ப்ஸனுக்கு செய்தி வந்த அதே பிப்ரவரி 12 அன்று, அகா கானின் பாரிஸ் அலுவலகத்துக்குப் போன் செய்த கடத்தல்காரப் பிரதிநிதி, 'ரோஸனரா ஹோட்டலில் உங்களுக்கான செய்தி காத்திருக்கிறது' என்று தகவல் சொன்னான். அங்கே விரைந்தார்கள். அங்கே ஒரு கவர் காத்திருந்தது. அதில் ஷெர்காரின் புகைப்படங்கள் சில இருந்தன. பிப்ரவரி 11, 1983 தேதியிடப்பட்ட தி ஐரிஷ் நியூஸ் நாளிதழும் கவருக்குள் இருந்தது. அது நிச்சயம் ஷெர்காரின் புகைப்படம்தான் என்பதை உறுதி செய்தார்கள். ஆனால், எல்லா புகைப்படங்களிலும் ஷெர்காரின் தலை மட்டுமே தெரிந்தது. உடல் தெரியவில்லை. அது எப்போது எடுக்கப்பட்ட புகைப்படம் என்பதும் தெரியவில்லை. ஷெர்கார் உயிருடன்தான் இருக்கிறது என்பதற்கான நம்பிக்கையைப் அந்தப் புகைப்படங்கள் தரவில்லை.

அந்த சனி அன்று இரவு 10.40-க்குக் கடத்தல்காரர்களிடம் இருந்து அழைப்பு வந்தபோது, அகா கானின் பிரதிநிதி, 'உங்கள்

ஆதாரம் எங்களுக்குத் திருப்தி தரவில்லை' என்றார் அழுத்தமாக. எதிர்முனையில் பேசிய குரல் கோபமாகப் பதில் சொன்னது. 'திருப்தி தரவில்லையா? சரி, அவ்வளவுதான்.'

அழைப்புதுண்டிக்கப்பட்டது. அதற்குப் பிறகு அகாகானின் பாரிஸ் அலுவலகத்துக்கு எந்தவிதமான அழைப்பும் வரவில்லை. பேரம் படியாததால் ஷெர்காரைக் கடத்தல்காரர்கள் கொன்று விட்டார்கள் என்று அனைவருமே நம்ப ஆரம்பித்தனர். இருந்தாலும் அடுத்த சில வாரங்கள் ஷெர்காரைத் தேடும் பணி தொடரவே செய்தது. சுமார் 70 துப்பறியும் நிபுணர்களும் தனியாகக் களமிறங்கியிருந்தனர். ஆனால், அதன் உடலாவது கிடைத்துவிடும் என்ற நம்பிக்கையும் கொஞ்ச காலத்திலேயே பொய்த்துப் போனது.

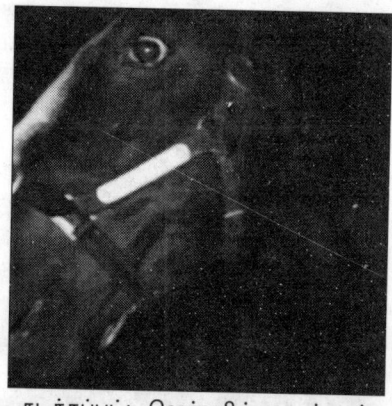

கடத்தப்பட்ட ஷெர்காரின் புகைப்படம்

★

ஷெர்காருக்கு என்னதான் ஆனது?

பலவிதமான அனுமானங்கள் உண்டு. கடத்தல்காரர்கள் ஷெர்காரை, அயர்லாந்தின் தென்பகுதியில் கடற்கரை யோரமாக ஒரு மறைவிடத்தில் கடத்தி வைத்திருந்தார்கள். பேரம் இழுத்துக்கொண்டே போனது. அதேசமயம் அவர்களால் குதிரையைக் கட்டுப்படுத்தவும் முடியவில்லை. குதிரையைக் கட்டுப்படுத்தும் பொறுப்பு ஒப்படைக்கப்பட்டிருந்த ஒருவன், கடைசி நேரத்தின் அவனது மனைவிக்குப் பயந்து வராமல் போய்விட்டான். ஆகவே, கடத்தல்காரர்கள் ஷெர்காரைக் கட்டுப்படுத்தத் தவறியதில், அது விபத்தைச் சந்தித்தது. அதனுடைய கால் உடைந்துபோனது. உலகின் மதிப்பு வாய்ந்த குதிரையே என்றாலும் காலுடைந்துவிட்டால் காலணாவுக்குப் பிரயோசனப்படாதல்லவா? அதைக்காட்டி எங்கே காசு சம்பாதிக்க? ஆகவே, ஷெர்காரைக் கொன்றார்கள். கடலில் தூக்கிப்போட்டுவிட்டார்கள்.

பாலின்னமோர் என்ற ஊருக்கு அருகில் உள்ள காட்டில் ஷெர்காரின் உடல் போடப்பட்டது. அது சதுப்பு நிலக்காடு என்பதால் அதன் உடலைக் கண்டுபிடிக்க முடியாமல் போனது என்றும் சொல்கிறார்கள். ஆனால், இவற்றை நிரூபிக்க எந்தவித ஆதாரமும் கிடையாது. இதைப்போல பல்வேறு அனுமானங்கள் உண்டு. அதில் முக்கியமானது ஸீன் ஓ'கல்லாஹன் என்பவர் எழுதிய புத்தகம்.

ஓ'கல்லாஹன், முன்னாள் IRA உறுப்பினர். பின்பு, போலீஸ் இன்ஃபார்மராக மதம் மாறியவர். அவர், தன் அனுபவங்களைத் தொகுத்து ஒரு புத்தகமாக எழுதி வெளியிட்டார். அதில் ஷெர்கார் கடத்தல் காண்டமும் இடம்பெற்றிருந்தது. ஷெர்காரைக் கடத்தியது IRA ஆள்களே என்று காட் பிராமிஸாக எழுதி யிருந்தார். கெவில் மாலோன் என்ற IRA பெருந்தலைதான் கடத்தல் கும்பலின் தலைவன் என்று குறிப்பிட்டிருந்தார். மாலோன் மீது ஏகப்பட்ட வழக்குகள் உண்டு. 1973-ல் சிறையிலிருந்து அடாவடித்தனமாக ஹெலிகாப்டரில் தப்பிய அப்பாடக்கர் வில்லன் அவர்.

ஓ'கல்லாஹன் மாலோனின் கடத்தல் திட்டம் இதுதான் என்று பக்கம் பக்கமாகத் தன் புத்தகத்தில் எழுதியிருந்தார்.

ஓ'கல்லாஹன்

அகா கானின் குதிரையைக் கடத்தினால், அவர் தன் கௌரவத்தைக் கட்டிக் காப்பாற்ற எவ்வளவு மில்லியன் வேண்டுமானாலும் கொடுப்பார். அப்படியே திட்டம் தோல்வியடைந்தாலும் பிரச்னையில்லை. குதிரையை விட்டுவிடலாம். அது வெளியே சென்று, கண்களைக் கசக்கியபடி இன்னார் இன்னார்தாம் தம்மைக் கடத்தியதாக மீடியா முன்பு பேட்டி கொடுக்கப் போவதில்லை. ஆகவே, தங்கள் பாதுகாப்புக்கு பங்கமில்லை என்று மாலோன் திட்டமிட்டதாகவும், அது முற்றிலும் சொதப்பியதாகவும் ஓ'கல்லாஹன் விவரித்திருக்கிறார்.

காட்டுப்பகுதி ஒன்றில் குதிரை ஒன்றின் மண்டை ஓடு ஒன்று கண்டெடுக்கப்பட்டது. அதில் இரண்டு தோட்டாக்கள் துளைத்ததற்கான அடையாளங்களும் இருந்தன. அது ஷெர்காராக இருக்குமோ என்று சந்தேகம் எழுந்தது

ஓ'கல்லாஹன் IRA அமைப்பிலும் இருந்திருக்கிறார், போலீஸ் ஏஜெண்டாகவும் இருந்திருக்கிறார் என்பதால் அவர் சொல்வது எதையும் நம்ப முடியாது என்ற விமரிசனமும் உண்டு. ஓ'கல்லாஹனின் குற்றச்சாட்டை மாலோன் திட்டவட்டமாக மறுத்திருக்கிறார் என்பதையும் குறிப்பிட்டாக வேண்டும். தவிர, IRA அமைப்போ, அதன் உறுப்பினர்கள் வேறு எவருமோ இந்தக் கடத்தலுக்கு எப்போதுமே பொறுப்பேற்கவில்லை.

கடத்தல்காரர்கள் ஒரு விஷயத்தை மட்டும் தவறாகக் கணித்துவிட்டார்கள், அகா கானின் குதிரை தமக்கு அட்சய பாத்திரமென்று. அதற்கு இத்தனை உரிமையாளர்கள் இருப்பார்கள் என்று அவர்கள் நினைக்கவே இல்லை. அதனால் பேரம் இவ்வளவு இழுக்கும் என்றும் எதிர்பார்க்கவில்லை. அவர்களது தப்புக்கணக்கால், பாவம் ஐந்து வயது ஷெர்காரின் வாழ்க்கை தீரா மர்மமாகிப் போனது.

கடத்தல்காரர்கள் இதுபோலத்தான் ஷெர்காரைக் கொன்றனர் என்று உறுதியற்ற தகவல்கள் உண்டு. சுடத் தெரியாமல் சுட்டனர். அதுவும் மிஷின் கன்னால் சராமரியாகச் சுட்டனர்.

லிபியாவின் சர்வாதிகாரியான கடாஃபி

அதன் உடலிலிருந்து ரத்தம் குபுகுபுவென வெளியேறி, அதிலேயே அந்தக் குதிரை பரிதாபமாக விழுந்து புரண்டு அலறி, சில மணி நேரங்கள் துடிதுடித்தே இறந்து போனது. குதிரைக்கு வலிக்காமல் கொல்ல வேண்டுமென்றால், அதன் நெற்றியில் ஒரு குறிப்பிட்ட இடத்தில் துப்பாக்கியால் சரியாகச் சுட வேண்டும். அப்படிச் சுட்டால் உடனடியாக உயிர் பிரிந்துவிடும். ஆனால், கடத்தல்காரர்களுக்கு அந்த அறிவெல்லாம் இல்லை. ஷெர்கார் மணிக்கணக்கில் மரண வேதனையை அனுபவித்தே இறந்திருக் கிறது என்று சிலர் பதிவு செய்திருக்கிறார்கள்.

இன்னொரு சுவாரசியமான கோணம் உண்டு. லிபியாவின் சர்வாதிகாரியான கடாஃபிதான், அகா கானின் மதிப்புமிக்க குதிரையான ஷெர்காரைக் கடத்தச் சொன்னாராம். அதை வெற்றிகரமாகக் கடத்தி கடாஃபியிடம் ஒப்படைத்த IRA அமைப்பினர், பதிலாக ஆயுதங்களைப் பெற்றுக் கொண்டனராம்.

ஷெர்கார் போன்ற அதிமதிப்பு வாய்ந்த குதிரைக்கு இன்ஷூரன்ஸ் எடுக்காமல் இருப்பார்களா. அதெல்லாம் சிலரிடம் இருந்தது. அகா கான் உள்ளிட்ட சிலர் இன்ஷூரன்ஸ் எடுக்கவில்லை.

எடுத்தவர்களில் சிலர், குதிரை திருடு போனாலும் இன்ஷூரன்ஸ் செல்லுபடியாகும் என்ற சட்ட உட்பிரிவைச் சேர்க்கவில்லை. அந்த உட்பிரிவைத் தெளிவாகச் சேர்த்த ஒரு சிலருக்கு இன்ஷூரன்ஸ் தொகை கிடைத்தது. ஷெர்கார் இறந்துவிட்டது என்று சொல்லி இழப்பீட்டுத் தொகை கோரிய பிற உரிமையாளர்களிடம், இன்ஷூரன்ஸ் நிறுவனம் இரண்டு கேள்விகளை எழுப்பியது. ஷெர்கார் இறந்ததற்கு என்ன சாட்சி இருக்கிறது? அதன் உடல் எங்கே? உரிமையாளர்களிடம் இதற்கான பதில் இல்லாததால் அவர்கள் அதுவரை கட்டிய இன்ஷூரன்ஸ் பணம்கூட தேறவில்லை.

1984, பிப்ரவரி 6 அன்று, அதாவது ஷெர்கார் காணாமல் போய் 363 நாள்கள் கழிந்த பிறகு, அகா கான் உள்ளிட்ட அதன் உரிமையாளர்கள் அனைவரும் கூட்டாக ஓர் அறிக்கை வெளியிட்டனர். 'இனியும் ஷெர்கார் பிழைத்திருக்க வாய்ப்பில்லை.'

ஷெர்கார் காணாமல்போய் சில வருடங்கள் கழித்து ஏதாவது ஒரு புதிய குதிரை வெற்றிகரமாகப் பந்தயக் களத்தில் வலம் வந்தால் கிசுகிசுப்புகள் எழுந்தன. 'இன்னிக்கு ஜெயிச்ச புது குதிரை ஷெர்காரோட வாரிசுதான். அதைக் கடத்தி எங்கியோ மறைச்சு வைச்சு இனப்பெருக்கம் மட்டும் பண்ணிக்கிட்டிருக்காங்க. ஆனா, இதெல்லாம் அதோட வாரிசுன்னு வெளில சொல்ல மாட்டேங்கிறாங்க.'

கிசுகிசுக்களைத் தாண்டியும், ஷெர்காரின் வாரிசு என்று ஓர் ஆண் குதிரை பின்னாளில் புகழ்பெற்றது. அது ஷெர்கார் காணாமல் சென்று சுமார் மூன்று மாதம் கழித்து பிறந்தது. ஷெர்காரால் கருவுற்ற, பிரிட்டன் தாய்க்குதிரை கிரேட் நெப்யூ ஈன்ற அந்த குதிரைக்குட்டியின் பெயர் Authaal.

★

ஒரு குதிரையின் ஆயுள் என்பது 25 முதல் 30 ஆண்டுகள் வரை. அப்போதே ஷெர்கார் கொல்லப்படாமல் எங்காவது வாழ்ந்திருந்தாலும் இப்போது உயிருடன் இருக்க வாய்ப்பே இல்லை. குதிரைப் பிரியர்களின் மத்தியில் இன்றைக்கும் ஷெர்காரின் புகழ் அப்படியேதான் இருக்கிறது. அது யாரால் கடத்தப்பட்டது? கடத்திக் கொல்லப்பட்டதா? அதன் உடல் எங்கே? இந்தக் கேள்விகளும் விடையின்றி அப்படியேதான் மிதக்கின்றன.

ஷெர்காரின் குட்டி Authaal

தன் செல்லக்குதிரை ஷெர்காரைக் கௌரவப்படுத்தும் விதமாக ஆகா கான், 1999-ல் அதன் பெயரில் பந்தயம் ஒன்றை நடத்த ஆரம்பித்தார். அதன் உருவத்தில் பரிசுக் கோப்பையும் ஜெயித்த குதிரைக்கு வழங்கினார். ஷெர்கார், எப்சம் டெர்பி வென்ற இருபதாவது ஆண்டில், தன் பண்ணையில் அதற்குச் சிலை ஒன்றை நிறுவினார். இதுவரை ஷெர்கார் மர்மம் குறித்த ஏகப்பட்ட புத்தகங்கள், ஆவணப் படங்கள் வெளியாகியுள்ளன.

ஷெர்கார் காணாமல் போய் பல வருடங்கள் கழித்து, அயர்லாந்தின் ட்ராலி நகரத்துக்கு வெளியே காட்டுப்பகுதி ஒன்றில் குதிரை ஒன்றின் மண்டை ஓடு ஒன்று கண்டெடுக்கப் பட்டது. அதில் இரண்டு தோட்டாக்கள் துளைத்ததற்கான அடையாளங்களும் இருந்தன. அது ஷெர்காராக இருக்குமோ என்று சந்தேகம் எழுந்தது. அந்த மண்டை ஓட்டை ஆராய்ந்த நிபுணர்கள் அது ஷெர்கார் இல்லை என்று மறுத்தார்கள். காரணம், அது இரண்டே வயதான குதிரையின் மண்டை ஓடு.

ஷெர்கார் கடத்தப்படுவதற்குச் சில நாள்கள் முன்பு இரண்டு இளைஞர்கள் பாலிமெனி பண்ணைக்கு வந்தார்கள். ஷெர்காரைப் புகைப்படம் எடுத்தார்கள். அதன் பிடரியிலிருந்தும் வாலிலிருந்தும் கொஞ்சம் மயிரை வெட்டி எடுத்துக்

கொண்டார்கள். காணாமல் போன ஷெர்காரின் மிச்சமாக இருப்பது அந்த மயிர் மட்டுமே. என்றைக்காவது ஷெர்காரின் மிச்சங்கள் கண்டுபிடிக்கப்பட்டால் மரபணு சோதனை செய்து உறுதிப்படுத்த அவை மட்டுமே எஞ்சியிருக்கின்றன.

★

இறுதியாக ஒரு சம்பவம்.

ஷெர்கார் கடத்தப்பட்டு எட்டு வாரம் கழித்து ஸ்டான் காஸ்குரோவ் என்ற சீனியர் டிடெக்டிவிடம் போலீஸார் ஒருவரை அனுப்பி வைத்தனர். டெனிஸ் மினோக் என்ற அந்த நபர் தன்னை குதிரைப் பயிற்சியாளர் என்று அறிமுகப்படுத்திக் கொண்டார். IRA நபர்கள் தன்னைத் தொடர்பு கொண்டதாகவும், ஷெர்காரின் புகைப்படம் கொடுத்ததாகவும், எண்பதாயிரம் பவுண்ட்கள் கொடுத்தால் குதிரையை விட்டுவிடுவதாகச் சொன்னதாகவும் விவரித்தார். தான் ஷெர்காரை மீட்க உதவுவதாகச் சொன்னார். டெனிஸின் உதவியுடன் ஸ்டிங் ஆபரேஷன் நடத்தி கடத்தல்காரர்களைப் பிடிக்கலாம் என்று போலீஸார், ஸ்டானிடம் சொன்னார்கள்.

அதை நம்பி ஸ்டான் பணத்துடனும் டெனிஸுடனும் காரில் கிளம்பினார். காரின் டிக்கியினுள் பணம் பாதுகாப்பாக வைக்கப்பட்டது. டெனிஸ் அனைவரையும் ஒரு குறிப்பிட்ட

கிராமத்துக்கு, யாருமற்ற பகுதிக்கு அழைத்துச் சென்றார். டெனிஸ் கடத்தல்காரர்களிடம் சென்று, பணத்தைக் கொடுத்து குதிரையை மீட்டுவிட்டதாக சிக்னல் கொடுக்க வேண்டும். உடனே அங்கே மறைந்திருக்கும் போலீஸ் படை ஒன்று, கடத்தல்காரர்களைச் சுற்றி வளைக்க வேண்டும் என்று திட்டம் போட்டிருந்தார்கள். அன்றைக்கு இரவெல்லாம் அங்கே காத்திருந்தார்கள்.

மறுநாள் காலை, காரின் டிக்கியில் வைக்கப்பட்டிருந்த பணம் காணாமல் போயிருந்தது. டெனிஸும் மாயமாகி இருந்தார்.

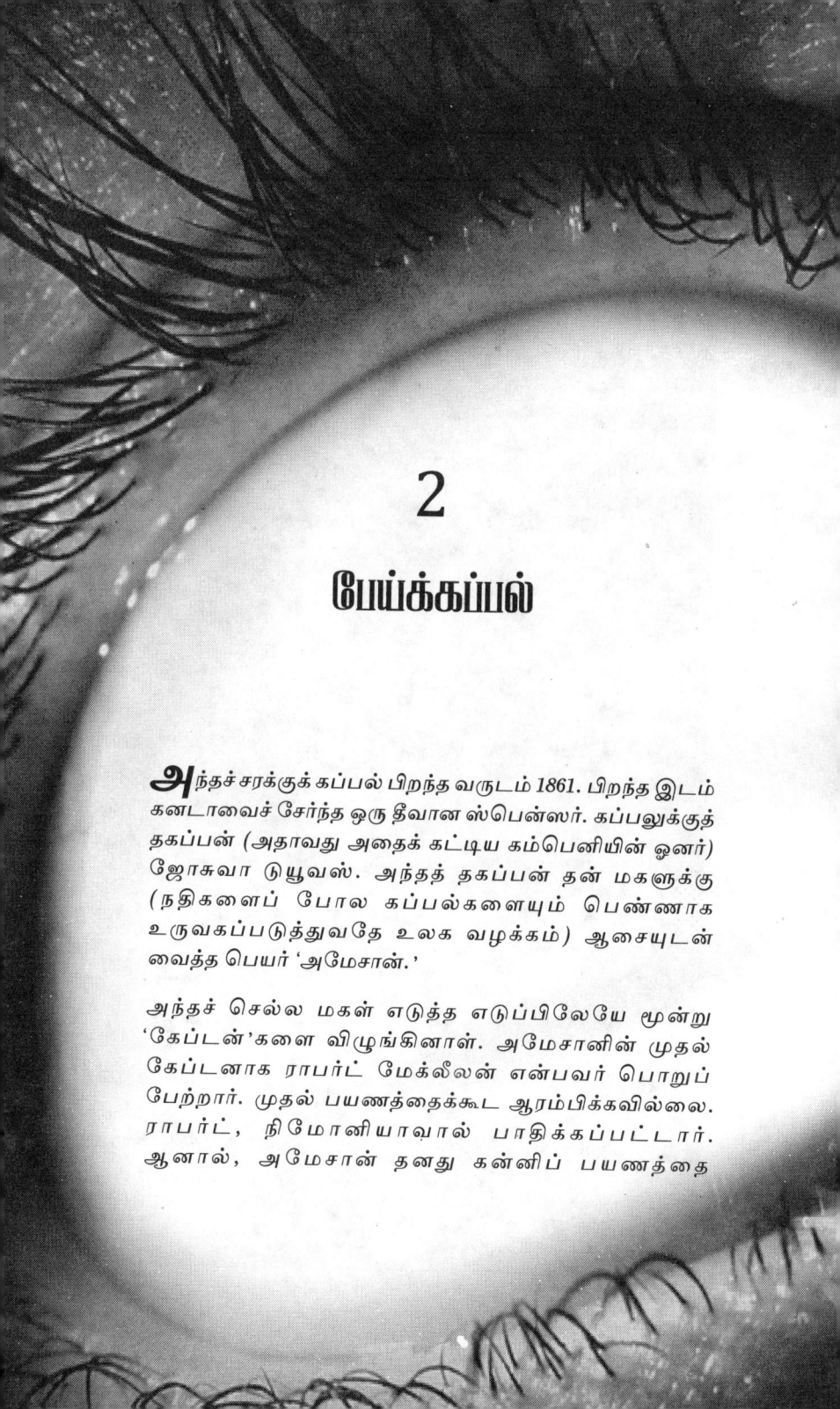

2

பேய்க்கப்பல்

அந்தச்சரக்குக் கப்பல் பிறந்த வருடம் 1861. பிறந்த இடம் கனடாவைச் சேர்ந்த ஒரு தீவான ஸ்பென்ஸர். கப்பலுக்குத் தகப்பன் (அதாவது அதைக் கட்டிய கம்பெனியின் ஓனர்) ஜோசுவா டியூவஸ். அந்தத் தகப்பன் தன் மகளுக்கு (நதிகளைப் போல கப்பல்களையும் பெண்ணாக உருவகப்படுத்துவதே உலக வழக்கம்) ஆசையுடன் வைத்த பெயர் 'அமேசான்.'

அந்தச் செல்ல மகள் எடுத்த எடுப்பிலேயே மூன்று 'கேப்டன்'களை விழுங்கினாள். அமேசானின் முதல் கேப்டனாக ராபர்ட் மேக்லீலன் என்பவர் பொறுப் பேற்றார். முதல் பயணத்தைக்கூட ஆரம்பிக்கவில்லை. ராபர்ட், நிமோனியாவால் பாதிக்கப்பட்டார். ஆனால், அமேசான் தனது கன்னிப் பயணத்தை

ஆரம்பிக்கவிருந்ததால் உடல்நிலையைப் பொருட்படுத்தாது கப்பலேறினார். பிணமாகத் தரையிறக்கப்பட்டார்.

அமேசானின் அடுத்த கேப்டன் ஜான் பார்க்கர். அவரது முதல் பயணத்தில் மீன்பிடிப்படகு ஒன்று கப்பலில் மோதியது. கப்பல், பழுதுபார்க்கக் கரைக்குக் கொண்டுவரப்பட்டது. எதிர்பாராமல் நிகழ்ந்த தீ விபத்தில் பார்க்கர் மேலோகப் பதவி பெற்றார். மூன்றாவதாக கேப்டன் பதவியேற்ற பெருமகனார், வடக்கு அட்லாண்டிக் பெருங்கடலில் அமேசானை முதன்முதலாகச் செலுத்தினார். அப்போது அமேசான், இன்னொரு கப்பலுடன் மோத, அதற்கு மிகப்பெரிய சேதாரமில்லை. மூன்றாவது கேப்டனின் உயிர் செய்கூலியானது.

அமேசான் அதன்பின் சரக்குக் கப்பலாக மேற்கிந்தியத் தீவுகள், தென் அமெரிக்கா, மத்திய அமெரிக்கா என பல நாடுகளுக்கு வெற்றிகரமான பயணங்களைமேற்கொண்டது. 1867-ல் ஒரு புயலில் சிக்கித் தரை தட்டியது. இனி அதனால் பிரயோசனமில்லை என்று நினைத்த முதலாளி, 1750 டாலருக்கு (பேரிச்சம்பழத்துக்கு) விற்றார். அதை வாங்கிய நியுயார்க்கைச் சேர்ந்த ரிச்சர்ட் என்பவருக்கு கப்பலை உடைக்க மனமில்லை. அன்றைக்கு சரக்குக் கப்பல் என்பது குபேரனின் வாகனம். கொட்டிக் கொடுக்கும். எனவே, செலவு அதிகமானாலும் பரவாயில்லை. கப்பலைச் சரி செய்து விட்டால் நல்ல விலைக்கு விற்கலாம் என்று முடிவெடுத்து முழுவீச்சில் பழுதுபார்க்க ஆரம்பித்தார். எட்டாயிரம் டாலருக்கும் மேல் செலவானது. 'மேரி செலஸ்டி' என்ற புதிய பெயருடன் புத்தம்புது கப்பலாக நிமிர்ந்து நின்றது.

...எங்கள் புதிய கப்பல் 'அழகி'யாக மிளிர்கிறது. எங்கள் பயணம் இனிமையானதாக இருக்கும் என்று நம்புகிறேன். ஆனால், இதற்குமுன் நான் இதில் சென்றதில்லை என்பதால் இவளைப் பற்றி எனக்குத் தெரியவில்லை...

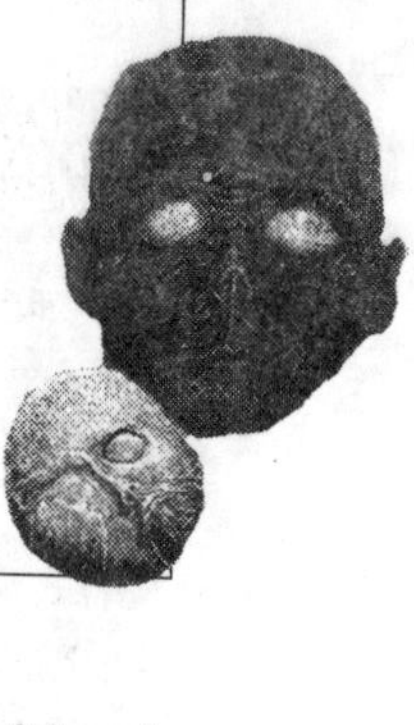

மேரி செலஸ்டியை நான்கு பேர் சேர்ந்து வாங்கினார்கள். மொத்தம் 24 பங்குகள். அதில் கேப்டன் பெஞ்சமின் பிரிக்ஸ¬னுடையது எட்டு பங்குகள். இதற்கு முன்பே நான்கு

கப்பல்களுக்கு கேப்டனாக இருந்தவர். கடல் பயணங்களில் அனுபவசாலி.

நியு யார்க்கின் நோவா ஸ்காட்டியா துறைமுகத்திலிருந்து மேரி செலஸ்டியாகத் தனது முதல் பயணத்துக்குத் தயாராகிக் கொண்டிருந்தது அந்தக் கப்பல். பேரல் பேரல்களாகச் சரக்குகள் ஏற்றப்பட்டுக் கொண்டிருந்தன. நிஜமாகவே 'சரக்கு'தான். மதுபானங்கள் தயாரிப்பதற்கான ஆல்கஹால். கிளம்ப ஓரிரு நாள்கள் ஆகும் என்ற நிலையில் பிரிக்ஸ், தன் தாயாருக்குக் கடிதம் எழுதினார்.

'நவம்பர் 3, 1872

பிரியத்துக்குரிய அம்மாவுக்கு,

...எங்கள் புதிய கப்பல் 'அழகி'யாக மிளிர்கிறது. எங்கள் பயணம் இனிமையானதாக இருக்கும் என்று நம்புகிறேன். ஆனால், இதற்குமுன் நான் இதில் சென்றதில்லை என்பதால் இவளைப் பற்றி எனக்குத் தெரியவில்லை...'

கிளம்புவதற்கு முன் பிரிக்ஸ், தனது நண்பர் டேவிட் மோர்ஹவுஸை அந்தத் துறைமுகத்தில் சந்தித்தார். 'அட, நீங்களும் இங்கேதான் இருக்கிறீர்களா!'

மோர்ஹவுஸ், பிரிட்டன் சரக்குக்கப்பலான 'டெய்கிராட்டியா'வின் கேப்டன். இருவருமே சிறுவயதில் ஒன்றாகப் பணியாற்றியவர்கள். பிரிக்ஸ் குடும்பத்தினரும் மோர்ஹவுஸ் குடும்பத்தினரும் சேர்ந்து உணவருந்தினார்கள். 'நண்பரே, சரக்குகள் எங்கே செல்கின்றன?'

'ஜெனோவா - இத்தாலி' என்றார் பிரிக்ஸ்.

'அட, என் கப்பல்கூட அங்கேதான் வருகிறது. நான் கிளம்ப பத்துநாள்கள் வரை ஆகலாம். இன்னும் சரக்குகள் வரவில்லை' மோர்ஹவுஸ் சொன்னார். 'இத்தாலியில் சந்திக்கலாம்' என்று சொல்லிக் கொண்டு விடைபெற்றார்கள்.

நோவா ஸ்காட்டியாவிலிருந்து 1701 ஆல்கஹால் பேரல்களை ஏற்றிக் கொண்டு மேரி செலஸ்டி கிளம்பிய நாள் 1872, நவம்பர் 5. சரக்கின் மொத்த மதிப்பு 35,000 டாலர். கப்பலையும் சரக்கையும் சேர்த்து 46,000 டாலர்களுக்குக் காப்பீடு செய்திருந்தார்கள்.

மேரி செலஸ்டி

கப்பலில் கேப்டன் பிரிக்ஸ், அவர் மனைவி சாரா, இரண்டு வயது மகள் சோஃபியா, துணை கேப்டன் அல்பர்ட் ரிச்சர்ட்ஸன், உதவியாளர்கள், சமையல்காரருடன் சேர்த்து மொத்தம் பத்து பேர் இருந்தார்கள். அன்னியோன்யமான குழுவினர். ஆறு மாதங்களுக்குத் தேவையான உணவுப் பொருள்கள், குடிநீர். கச்சிதமான முன்னேற்பாடுகள். பாய்மரங்கள் படபடக்க, வட அட்லாண்டிக் பெருங்கடலில் மேரி செலஸ்டியின் பயணம் இனிமையாகவே ஆரம்பித்தது. 'வானிலை ஒத்துழைத்தால் இருபது நாள்களில் ஜெனோவாவை அடைந்துவிடலாம்' - டெலஸ்கோப்பைத் திருகியபடியே சொன்னார் பிரிக்ஸ்.

நவம்பர் 15, 1872 அன்றுதான் டெய் கிராட்டியா சரக்குகளுடன் நோவா ஸ்காட்டியாவிலிருந்து கிளம்பியது. அதே பயண வழி. அதில் 1735 பெட்ரோல் பேரல்கள் ஏற்றப்பட்டிருந்தன. வட அட்லாண்டிக் பெருங்கடலில், கண்ணில் சிறு தீவுகூடவில்லை. நீல வானம். நீளும் கடல். நீண்ட பயணம் தொடர்ந்தது.

டிசம்பர் 4. விடிந்தது. வடக்கில் போர்ச்சுகல் 600 கடல் மைல் தொலைவில் இருந்தது.

டெய் கிராட்டியாவிலிருந்து டெலஸ்கோப் வழியாக பார்த்துக் கொண்டிருந்த மோர்ஹவுஸுக்கு சுமார் ஐந்து மைல் தொலைவில் ஒரு கப்பல் தெரிந்தது. கூர்ந்து நோக்கினார். அந்தக் கப்பலின் பாய்மரத்துணிகள் ஆங்காங்கே கிழிந்திருந்தன. ஒருவேளை ஆபத்திலிருப்பார்களோ... தன் கப்பலை அந்தக் கப்பல் நோக்கிச் செலுத்தினார். அந்தக் கப்பல் ஒருமாதிரி சாய்ந்து ஜிப்ரால்டர் ஜலசந்தியின் திசையில் சென்று கொண்டிருந்தது. மேலும் நெருங்கிப் பார்த்த போது அதிர்ச்சிக்குள்ளானார். அது மேரி செலஸ்டி.

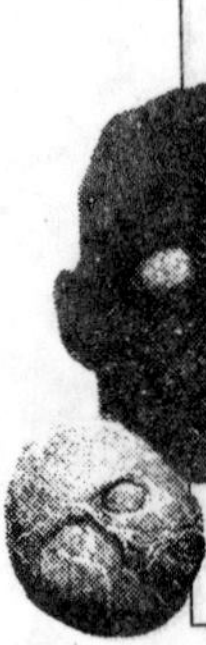

கையில் ஆயுதத்துடன் மேரி செலஸ்டிக்கு சென்று ஆராய்ந்து திரும்பிய ஆலிவரின் முகம் வெளிறிப் போயிருந்தது. 'கப்பலில் யாருமே இல்லை. அது தானாகவே சென்று கொண்டிருக்கிறது.'

'அய்யோ, இது ஏன் இங்கே இருக்கிறது? இந்நேரம் ஜெனோவாவை அடைந்திருக்க வேண்டுமே? நண்பர் பிரிக்ஸுக்கு எதுவும் பிரச்னையா? கடற் கொள்ளையர்கள் சிறை பிடித்திருப்பார்களோ?'

மோர்ஹவுஸ், சட்டென அதை நெருங்காமல் பாதுகாப்பான தூரத்தில் பின்தொடர்ந்தார். நோட்டமிட்டார். கப்பலின் மேல்தளத்தில் யாரும் தட்டுப்படவில்லை. ஒருவேளை உள்ளே பதுங்கியிருக்கிறார்களா? ஆபத்தைக் குறிக்கும் குறியீடுகள் எதுவும் கப்பலில் ஏற்றப்படவில்லை. இரு மணி நேர நோட்டத்துக்குப் பிறகு, தனது துணை கேப்டன் ஆலிவரை, மேரி செலஸ்டிக்கு அனுப்பினார் மோர்ஹவுஸ்.

கையில் ஆயுதத்துடன் மேரி செலஸ்டிக்கு சென்று ஆராய்ந்து திரும்பிய ஆலிவரின் முகம் வெளிறிப் போயிருந்தது. 'கப்பலில் யாருமே இல்லை. அது தானாகவே சென்று கொண்டிருக்கிறது.'

படபடப்பான மோர்ஹவுஸ், தன் உதவியாளர்கள் இருவருடன் மேரி செலஸ்டிக்குள் குதித்தார். கப்பலில் பல இடங்களில் நீர் தேங்கியிருந்தது. ஆனால், அது மூழ்காமல் அசால்ட்டாக மிதந்து கொண்டிருந்தது. கப்பலில் குழுவினரது பொருள்கள் எல்லாம் அப்படியே இருந்தன. கயிறுகள் ஆங்காங்கே முடிச்சுகள் அவிழ்ந்து

38 வெளிச்சத்தின் நிறம் கருப்பு - 2

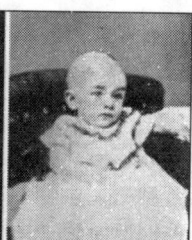

கேப்டன் பிரிக்ஸும் குடும்பத்தினரும்

தொங்கிக் கொண்டிருந்தன. மோர்ஹவுஸ், கேப்டன் அறைக்குள் சென்றார். கப்பலின் கடிகாரம் நின்றிருந்தது. திசைகாட்டி உடைந்து போயிருந்தது. தொலைநோக்கியைக் காணவில்லை. கப்பல் குறித்த ஆவணங்கள் தொலைந்துபோயிருந்தன. கப்பல் கேப்டனின் குறிப்பு புத்தகம் (Log Book) அதனிடத்திலேயே இருந்தது. மோர்ஹவுஸ் அதை அவசரமாகப் புரட்டினார். நவம்பர் 25, காலை எட்டு மணிக்கு கப்பல் எந்த இடத்தில் இருக்கிறது என்பது குறித்த கடைசிக் குறிப்பு எழுதப் பட்டிருந்தது.

அதன்படி, மேரி செலஸ்டி குறிப்புப் புத்தகத்தில் குறிப்பிடப்பட்ட இடத்திலிருந்து சுமார் 400 கடல் மைல்கள் (740 கிமீ) தள்ளி வந்திருந்தது. இத்தனை மைல்கள் கப்பல் தனியே தன்னந் தனியே மிதந்து வந்திருக்கிறா? மோர்ஹவுஸுக்கு ஒன்றும் புரியவில்லை. கப்பலின் கீழ்த்தளத்துக்கு வந்தார். உணவுப் பொருள்கள், குடிநீர், ஆல்கஹால் பேரல்கள் அப்படியே இருந்தன. ஆனால், கப்பலிலிருந்த 'உயிர்காக்கும் படகு' மட்டும் காணாமல் போயிருந்தது.

நவம்பர் 25 அன்றோ, அல்லது அதற்குப் பின்போதான் ஏதோ அசம்பாவிதம் நடந்திருக்கவேண்டும். எல்லோரும் கப்பலிலிருந்து அவசர அவசரமாகத் தப்பித்துப் போயிருக்கிறார்கள். அதன்பின் அவர்களுக்கு என்ன ஆயிருக்கும்? மோர்ஹவுஸின் சிந்தனையில் ஏதேதோ தோன்றி பயமுறுத்தின. நண்பர்களைத்தான் காணவில்லை. கப்பலையாவது காப்பாற்றுவோம் என மேரி செலஸ்டிக்கும் தானே பொறுப்பேற்றுக் கொண்டு ஜெனோவா நோக்கிப் பயணத்தைத் தொடர்ந்தார்.

இரு கப்பல்களும் பாதுகாப்பாக ஜெனோவாவை அடைந்தன. ஆல்கஹால் பேரல்களை பத்திரமாக இறக்கினார்கள். அப்போது

ஒரு துப்பு கிடைத்தது. 1701 பேரல்களில் ஒன்பது மட்டும் காலி பேரல்களாக இருந்தன. மேரி செலஸ்டி குறித்த கற்பனைகளும் அனுமானங்களும் இறக்கை கட்டிப் பறக்க ஆரம்பித்தன.

முதல் சந்தேக அம்பு மோர்ஹவுஸ் மீதுதான் பாய்ந்தது. அவரும், அவரது ஆள்களும்தான் மேரி செலஸ்டி குழுவினரைக் கொன்று விட்டு நாடகமாடுகிறார்கள். அதிலுள்ள சரக்குகளைக் கள்ளச் சந்தையில் விற்க நினைத்த அவர்களது திட்டம் பலிக்கவில்லை என்று. இரண்டாவது சந்தேகம் கடற்கொள்ளையர்கள் மீது படர்ந்தது. மூன்றாவதாக கேப்டன் பிரிக்ஸின் ஆள்களைச் சந்தேகப்பட்டனர். கேப்டன் பிரிக்ஸின் ஆள்கள் பேரல்களி லிருந்த ஆல்கஹாலைக் குடித்துள்ளனர். போதையில் கேப்டன் பிரிக்ஸையும் அவரது குடும்பத்தினரையும் கொன்று விட்டனர். பின் வானிலை சரியில்லாமல் போகவே, கப்பல் கவிழ்ந்துவிடுமோ என்று பயந்து படகில் ஏறித் தப்பித்துக் காணாமல் போய்விட்டனர்.

இந்த மூன்று சந்தேகங்களுமே ஒரு விஷயத்தால் பிசுபிசுத்தன. கப்பலில் மோதலோ, வன்முறையோ நடந்ததற்கான சிறு தடயம்கூட கிடைக்கவில்லை. தவிர, பிரிக்ஸும் மோர்ஹவும் நல்ல நண்பர்கள். மோர்ஹவுஸ் சரக்குகளைப் பொறுப்பாக கொண்டு வந்தும் சேர்த்திருந்தார். கடற்கொள்ளையர்கள் ஆள்களைக் கொன்றிருந்தால், சரக்குகளைக் கொள்ளையடித்துச் சென்றிருப்பார்கள். அது நிகழவில்லை. பிரிக்ஸின் குழுவினர், ஆல்கஹாலை அப்படியே குடித்திருந்தார்கள் எனில் கண்பார்வை போயிருக்கும் அல்லது உயிரே போயிருக்கும். எனவே அதற்கும் வாய்ப்பில்லை.

கேப்டன் பிரிக்ஸ்தான் காப்பீட்டு நிறுவனத்தை ஏமாற்றிப் பணம் பெறுவ்தற்காகக் காணாமல் போனதுபோல நாடகம் ஆடுகிறார் என்று பத்திரிகைகள் சில எழுதின. காப்பீட்டுப் பணத்தைப் பெற வேண்டுமானால் பிரிக்ஸ், கப்பலை மட்டும் மூழ்கடித்து விட்டு, நேரில் வந்தல்லவா நாடகம் ஆடியிருக்கவேண்டும். ஆனால், கப்பலும் சரக்குகளும் இருக்கின்றன. பிரிக்ஸைத்தான் காணவில்லை.

கடலில் வாழும் விநோத மிருகம் ஒன்று குழுவினரை விழுங்கி விட்டது. மோர்ஹவுஸ் கடலில் மேரி செலஸ்டிக்குள் நுழைந்த போது அங்கே கோப்பையில் இருந்த டீ சூடு ஆறாமல் இருந்தது.

நினைவுக் கல்வெட்டு

கப்பலில் சமைத்து வைக்கப்பட்டிருந்த உணவுகள் எல்லாம் சூடு குறையாமல் இருந்தன. எல்லாம் ஆவிகளின் வேலை. இஷ்டத்துக்குக் கதைகட்டிய பத்திரிகைகள் கல்லா கட்டின.

'இப்படி இருக்குமோ' என்று ஓரளவு நம்பும்படியான ஓரிரு காரணங்களும் வெளிவந்தன. கடலுக்கடியில் நிலநடுக்கம் வர, சுனாமியை ஒத்த பெரிய அலைகள் எழும்ப, கப்பல் ஏகத்துக்கும் தடுமாற, ஆல்கஹால் பேரல்கள் ஒன்றொடொன்று உரசி, உடைந்து தீப்பிடிக்கும் நிலைமைக்குச் செல்ல, கேப்டன் பிரிக்ஸும் குழுவினரும் உயிர் பிழைப்பதற்காக, மேரி செலஸ்டியை அப்படியே கைவிட்டு படகில் ஏறித் தப்பித்திருக்கலாம். படகு கவிழ்ந்து ஜல சமாதி ஆகியிருக்கலாம். ஆனால், எதையும் உறுதியாகச் சொல்ல முடியவில்லை.

மேரி செலஸ்டி குறித்த அனுமானங்கள் காலத்தைப் போல வளர்ந்துகொண்டே போனது. கேப்டன் பிரிக்ஸையோ, அவரைச் சார்ந்தவர்களையோ அதற்குப்பின் எங்கும் கண்டுபிடிக்கவே முடியவில்லை. அடுத்த 13 ஆண்டுகளில் அந்த மர்ம மேரி செலஸ்டி, 17 பேரிடம் கைமாறியது. வாங்கிய அனைவருமே ஏதேதோ பிரச்னைகளைச் சந்தித்தார்கள். இத்தனைக்குப் பிறகும் 1889-ல்

பார்கர் என்பவர் அதை விரும்பியே வாங்கினார், தகிடுதத்தம் பண்ணுவதற்காக.

மேரி செலஸ்டியில் பூனைகளுக்கான உணவுகளையும், வேறு மதிப்பற்ற பொருள்களையும் சரக்காக ஏற்றி கடலில் அனுப்பினார். அதற்கு முன் முப்பதாயிரம் அமெரிக்க டாலருக்குக் காப்பீடு செய்துகொண்டார். நடுக்கடலில் மேரி செலஸ்டியை மூழ்கடிக்க அவர் செய்த முயற்சி தோல்வியடைந்தது. கரையில் வைத்து அதனைத் தீக்கிரையாக்க செய்த முயற்சியும் அரைகுறையாக முடிந்தது. காப்பீட்டு நிறுவனத்தினர், பார்கரைக் கைது செய்தனர். கொஞ்ச நாள் சிறைவாசத்துக்குப் பின் விடுவிக்கப்பட்டார். வழக்கு முடியும் முன்பே பார்கர், விரக்தியின் எல்லைக்கே சென்றார். வறுமையில் உழன்று மூன்றே மாதங்களில் செத்துப்போனார். பார்கருக்கு கப்பலில் உதவியாக இருந்த ஒருவரது மனநிலை முற்றிலும் பாதிக்கப்பட்டது. இன்னொரு உதவியாளர் தற்கொலை செய்துகொண்டார். அதற்குப் பின் மேரி செலஸ்டி முற்றிலுமாகக் கைவிடப்பட்டது.

இன்றைக்கு வரை திகில் எழுத்தாளர்களின் கற்பனையில் 'பேய்க் கப்பலாக' மேரி செலஸ்டி வெற்றிகரமாக வலம் வந்துகொண்டிருக்கிறது. அதன் மர்மங்களை மையமாகக் கொண்டு தயாரிக்கப்பட்ட திரைப்படங்களும் வெளிவந்து வெற்றி பெற்றிருக்கின்றன. ஆம், அந்தத் துரதிர்ஷ்டம் பிடித்த கப்பலைக் கொண்டு கேப்டன்கள் ஜெயித்ததில்லை. படைப்பாளர்கள் மட்டும் ஜெயித்திருக்கிறார்கள்.

3
கடலும் கிழவனும்

1967, டிசம்பர் 17. ஞாயிற்றுக்கிழமை.

ஆஸ்திரேலியாவின் மெல்போர்னுக்கு தென்கிழக்கில் அமைந்துள்ள போர்ட்ஸீ என்ற கடற்கரை நகரம். அங்கே கடலை ஒட்டி ஒரு மாளிகை.

அப்போது அங்கேதான் தங்கியிருந்தார் ஹரால்ட் ஹோல்ட். அன்று காலையில் சூரியனோடு எழுந்துவிட்டார். கடல் என்றால் அவருக்கு அவ்வளவு பிடிக்கும். கடலில் மீன்பிடிப்பது பிடித்தமான பொழுதுபோக்கு. இருபத்து நான்கு மணி நேரமும், 365 நாள்களும் கடலைப் பார்த்தபடி, கடற்காற்றைச் சுவாசித்தபடி நெய்தல் மனிதனாக வாழ்வதென்றாலும் அவருக்கு இஷ்டம்தான். தன் பணிகளுக்கு இடையில் ஓய்வெடுக்கத் தோன்றினால் இந்தக் கடல் மாளிகைக்கு வந்துவிடுவார். போர்ட்ஸீயில்

மட்டுமல்ல, விக்டோரியா, பிங்கில்பே, குயின்ஸ்லேண்ட் நகரங்களிலும்கூட அவருக்கு கடலை ஒட்டி மாளிகைகள் இருந்தன.

அன்றைக்கு சூரியன் பிரகாசமாகத் தோன்றியது. கடலின் அழகை ரசித்தபடி அன்றைய திட்டங்களை மனத்துக்குள் ஓட்டினார் ஹோல்ட். காலைக்கடன்களை முடித்தபின் மனைவி ஸராவுடன் போனில் கொஞ்ச நேரம் பேசினார். கிறிஸ்துமஸ் நெருங்கிக் கொண்டிருந்ததால், ஸரா இன்னொரு நகரத்தில் பண்டிகைக்கான முன் தயாரிப்புகளில் மும்முரமாக இருந்தார்.

ஹோல்ட், காலை உணவை முடித்துக் கொண்டு அருகிலிருந்த கடை ஒன்றுக்குச் சென்றார். பூச்சிகளை விரட்டும் மருந்து, கொஞ்சம் நிலக்கடலை, அப்புறம் சில செய்தித்தாள்களை வாங்கினார். அதில் 'தி ஆஸ்திரேலியன்' என்ற செய்தித்தாளை மேய்ந்தபோது, 'பிரதமர் அதிகம் நீந்தக்கூடாது என்று மருத்துவர் ஆலோசனை கூறியிருக்கிறார்' என்ற செய்தி கண்ணில்பட்டது. ஹோல்ட், மீண்டும் கடற்கரை மாளிகைக்கு வந்தார். சில வேலைகளை முடித்துக் கொண்டு காரில் வெளியே கிளம்பினார்.

அலெக் ரோஸ் என்பவர் இங்கிலாந்தைச் சேர்ந்தவர். அப்போது தனி ஒருவராகத் தன் படகில் உலகைக் கடல் வழியாகச் சுற்றி வந்து கொண்டிருந்தார். அன்றைக்கு ரோஸ், போர்ட் பிலிப் விரிகுடா வழியாக போர்ட்ஸீ பகுதியைக் கடப்பதாக

மனைவி ஸராவுடன் ஹோல்ட்

1966-ல் போர்ட்ஸீ கடற்கரையில் ஹோல்ட்

இருந்தது. ஹோல்ட், தன் பெண் தோழியான மார்ஜோரி, அவரது மகள் வய்னெர், மற்றும் ஸ்டீவர்ட், சிம்ஸன் ஆகியோருடன் இணைந்து கொண்டார். எல்லோரும் அலெக் ரோஸைக் காண்பதற்காகச் சென்றனர்.

கடற்கரையில் இருந்து பார்த்தபோது, தூரத்தில் ரோஸின் படகு அசைந்து அசைந்து வருவது தெரிந்தது. அப்போது வெயில் அதிகமாக இருந்ததால் அவர்களால் அதிக நேரம் அங்கே நிற்க இயலவில்லை. மீண்டும் காரில் ஏறிக் கிளம்பினார்கள். வரும் வழியில் சேவியோட் (Cheviot) கடற்கரையில் ஹோல்ட் காரை நிறுத்தச் சொன்னார். அவருக்குப் பிடித்த இடங்களில் அதுவும் ஒன்று. ஏற்கெனவே அங்கே சில முறை குளித்திருக்கிறார்.

'இன்றைக்கு வெயிலின் தாக்கம் அதிகம். நான் மதிய உணவுக்கு முன்பாக கடலில் குளிக்க விரும்புகிறேன். யாரெல்லாம் வருகிறீர்கள்?' என்று கேட்டபடி அந்தக் கடற்கரையில் இறங்கினார் ஹோல்ட். சூரியன் தலைக்கு மேல் செங்குத்தாகச் சிரித்துக் கொண்டிருந்தான். ஸ்டீவர்ட் மட்டும் குளிக்கச் சம்மதித்தார். வேறு யாருக்கும் விருப்பமில்லை.

ஹோல்ட்டின் உடைகள், உடைமைகள்

ஹோல்ட், கடற்கரையில் ஷூக்களைக் கழற்றினார். தன் உடைகளைக் களைந்து வைத்தார். தன் பொருள்களை எடுத்து வைத்தார். நீல நிற நீச்சல் உடையுடன் வெகு உற்சாகமாகக் கடலை நோக்கிச் சென்றார். மணி பகல் 12.15. அந்தச் சமயத்தில் அலைகள் அதிகமாக இருந்தன. கடற்கரையை ஒட்டிய நீரோட்டமும் வேகமாக இருந்தது.

அலைகளின் மூர்க்கத்தைப் பார்த்த ஸ்டீவர்ட்டுக்குத் தயக்கம். ஆகவே கரையோரமாகவே நின்று கொண்டார். அவர் ஹோல்ட்டை எச்சரித்தார். 'என் பின்னங்கையைப் போல் இந்தக் கடற்கரை. இதை நான் நன்கறிவேன்' என்றபடி அலைகளைக் கடந்து ஆழமான பகுதியை நோக்கி முன்னேறினார் ஹோல்ட். தன் 59 வயது வரை அவர் பல கடல்களைப் பார்த்திருக்கிறார். அலையோடு அலையாக ஆர்ப்பரிப்புடன் விளையாடியிருக்கிறார். கடல் தன்னை எதுவும் செய்யாது என்று எப்போதும் நம்பினார். நீரினுள் குதித்து நீந்த ஆரம்பித்தார். படையெடுத்து வந்த அலைகள் அவரைப் புரட்டிப் போட்டன. ஸ்டீவர்ட்டின் முகத்தில் பயம் படர்ந்தது. மார்ஜோரியும் மற்றவர்களும் ஹோல்ட்டை நோக்கி அச்சத்துடன் குரல் கொடுத்தார்கள். 'வேண்டாம், வெளியே வந்து விடுங்கள்!'

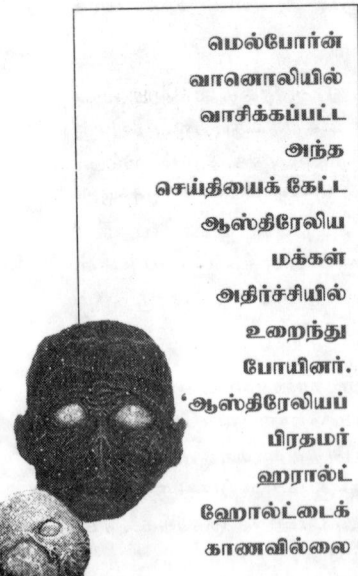

மெல்போர்ன் வானொலியில் வாசிக்கப்பட்ட அந்த செய்தியைக் கேட்ட ஆஸ்திரேலிய மக்கள் அதிர்ச்சியில் உறைந்து போயினர். 'ஆஸ்திரேலியப் பிரதமர் ஹரால்ட் ஹோல்ட்டைக் காணவில்லை

அடுத்த நிமிடம். ஹோல்ட், நீரினுள் சென்ற பகுதியில் அவர் தென்படவில்லை. உதவி கேட்டு அவர் கத்தும் குரலும் கேட்கவில்லை. கத்த இயலாத பட்சத்தில் நீருக்கு மேலே வந்து கைகளை உயர்த்தி சைகையாவது காண்பிப்பாரே? ம்ஹூம். அதுவும் இல்லை.

நொடிகள் படபடத்துக் கடந்தன. நிமிடங்கள் தடதடத்துக் கரைந்தன.

ஹோல்ட் நீச்சல் தெரிந்த ஆசாமிதான். நீரிலிருந்து திமிறி எங்கேயாவது, எப்படியாவது வெளியே வந்துவிடுவார் என்று நம்பிக்கையுடனும் பதைபதைப்புடனும் காத்திருந்தார்கள்.

ஹோல்ட் தென்படவில்லை. மீண்டும் தென்படவே இல்லை.

பகல் *1.45*. மெல்போர்ன் வானொலியில் வாசிக்கப்பட்ட அந்த செய்தியைக் கேட்ட ஆஸ்திரேலிய மக்கள் அதிர்ச்சியில் உறைந்து போயினர்.

'ஆஸ்திரேலியப் பிரதமர் ஹரால்ட் ஹோல்ட்டைக் காணவில்லை. கடலில் குளிக்க இறங்கியவர் மீண்டும் கரைக்குத் திரும்பவில்லை.'

★

1908, ஆகஸ்ட் 5-ல் ஆஸ்திரேலியாவின் சிட்னியில் பிறந்தவர் ஹரால்ட் ஹோல்ட். சட்டம் படித்தவர். இளவயதிலேயே அரசியலில் தன்னை ஈடுபடுத்திக் கொண்டவர். *1935*-ல் நடந்த இடைத்தேர்தல் ஒன்றின் மூலம் யுனைடெட் ஆஸ்திரேலிய கட்சியின் பிரதிநிதியாக, தன் இருபத்தியேழாவது வயதிலேயே பாராளுமன்ற உறுப்பினர் ஆனவர். ராபர்ட் மென்ஸீஸ், ஹோல்ட்டின் அரசியல் குரு. *1939*-ல் ராபர்ட் முதன் முறையாக ஆஸ்திரேலிய பிரதமர் ஆனபோது ஹோல்ட்டுக்குத் தன் அமைச்சரவையில் அமைச்சர் பதவி கொடுத்தார். பின் ராபர்ட் தொடங்கிய லிபரல் கட்சியில் இணைந்து கொண்டு, அரசியலில் அடுத்தடுத்த வளர்ச்சியை எட்டினார் ஹோல்ட்.

இளம்வயதில் ஹோல்ட்

1966 ஜனவரியில் ஹோல்ட் ஆஸ்திரேலியாவின் *17*-வது பிரதம மந்திரியாகப் பொறுப்பேற்றார். அப்போது அவர், லிபரல் கட்சியின் தலைவரும்கூட. இருபதாம் நூற்றாண்டில் பிறந்த ஆஸ்திரேலியாவின் முதல் பிரதமரும் அவர்தான். அதனால் தான் என்னவோ அவரது நடவடிக்கைகள் முற்போக்காக இருந்தன.

தேடும் பணி

1901-ல் உருவான ஆஸ்திரேலியக் கூட்டமைப்பின் முதல் நாடாளுமன்றத்தில் முக்கியமான சட்டம் ஒன்று நிறைவேற்றப் பட்டது. White Australian Policy. அதாவது, ஐரோப்பியர் அல்லாதோர், அதுவும் வெள்ளையர் அல்லாதோர் ஆஸ்திரேலியாவில் குடியேற முடியாது என்பதே அந்தச் சட்டம். பல ஆண்டுகள் நீடித்த இந்தச் சட்டத்தை, பிரதமர் ஹோல்ட்தான் தளர்த்தினார். ஆஸ்திரேலிய ரிஸர்வ் வங்கியை உருவாக்கிய ஹோல்ட், அதுவரை புழக்கத்தில் இருந்த குழப்ப மான நாணய முறையை மாற்றியமைத்தார். ஆஸ்திரேலியன் டாலர் முறையை அறிமுகப்படுத்தினார். ஆஸ்திரேலியாவிலும் அதனைச் சுற்றியிருக்கும் தீவுகளிலும் வாழும் பழங்குடி மக்களையும் ஆஸ்திரேலியப் பிரஜைகளாக அங்கீகரித்தார்.

அதற்காக ஹோல்ட் நடத்திய பொது வாக்கெடுப்பு சுமார் 90% ஆதரவைப் பெற்றது.

தான் பதவியேற்ற இரண்டு ஆண்டுகளிலேயே ஆக்கபூர்வமான பிரதமர் என்று பெயரெடுத்திருந்த ஹோல்ட், அமெரிக்காவின் செல்லப்பிள்ளையாகவும் இருந்தார். அமெரிக்க அதிபர் லிண்டன் B. ஜான்ஸனுடன் நெருக்கமான உறவு கொண்டிருந்தார். அதனால் வியட்நாம் போரில் அமெரிக்காவுக்கு உதவ ஆஸ்திரேலியப் படைகளையும் அனுப்பி வைத்தது சர்ச்சைகளைக் கிளப்பியது.

ஹோல்ட் மீது சிலமுறை கொலை முயற்சிகளும் நடந்துள்ளன. பாதிப்பின்றி தப்பியிருக்கிறார். பாதுகாவலர்களை உடன் வைத்துக் கொள்வது ஹோல்டுக்குப் பிடிக்காத விஷயம். ஆனாலும் தேசத்தின் பிரதமர் என்பதால் அவரால் பாதுகாவலர்களைத் தவிர்க்க முடியவில்லை. தனது விடுமுறை தினங்களில் மட்டும் பாதுகாவலர்களைக் கிட்டச் சேர்த்துக் கொள்ளாமல் இருந்தார் ஹோல்ட். அந்த டிசம்பர் 17 அன்றும் ஹோல்ட் உடன் எந்தப் பாதுகாவலரும் இல்லை.

★

ஹோல்ட் கடலுக்குள் மாயமான கொஞ்ச நேரத்திலேயே, ஸ்டீவர்ட்டும் மற்றவர்களும் அருகிலிருந்த உயரமான

தேடிக் களைத்த வீரர்கள்

பாறைகளின் மீது ஏறினார்கள். பைனாகுலர் மூலம் ஹோல்ட் தென்படுகிறாரா என்று தவிப்புடன் தேடினார்கள். நேரம் கடந்து கொண்டே இருக்க, அவர்களைப் பயம் சூழ்ந்தது. ஸ்டீவர்ட் அருகிலிருந்த ராணுவப் பயிற்சிப் பள்ளி ஒன்றுக்கு ஓடோடிச் சென்றார். அங்கே பலரும் கிறிஸ்துமஸ் விடுமுறையில் சென்றிருந்தனர். விக்டோரியா நகர போலீஸுக்குத் தகவல் சொல்லப்பட்டது. பிரதமரின் காரியதரிசி, அவரது மனைவி ஸரா, லிபரல் கட்சியின் முக்கியஸ்தர்களுக்குத் தகவல் சென்று சேர்ந்தது.

நண்பகல் 1.30.

அதுவரை ஹோல்ட் கரைக்கு வந்து சேரவில்லை. பிரதமரைத் தேடும் பணிக்காக போலீஸும் ராணுவத்தினரும் அங்கே குவிய ஆரம்பித்திருந்தார்கள். முதற்கட்டமாக மூன்று மூழ்காளிகள் (Divers), முதுகில் ஆக்ஸிஜன் சிலிண்டர்களுடன் கடலுக்குள் குதித்திருந்தனர். ராணுவ ஹெலிகாப்டர்கள் பறந்து பறந்து தேடின. படகுகளும் மிதந்து மிதந்து தேடின. சுமார் 340 பேர் அங்கே தேடுதல் பணியில் தவிப்புடன் இயங்கிக் கொண்டிருந் தார்கள். அதில் 50 மூழ்காளிகள் அந்தக் கடற்கரைப் பகுதியில் இருந்த பாறைகளின் இண்டு, இடுக்குகளில் தீவிரமாகத் தேடிக் கொண்டிருந்தார்கள். இரவு நெருங்க நெருங்க, அவர்கள் ஒவ்வொருவரது முகத்திலும் களைப்புடன் அவநம்பிக்கையும் அழுத்தமாகப் படிந்திருந்தது. கமாண்டர் பில் ஹாக் என்பவர் தன் குழுவினருடன் உட்கார்ந்து பேசிக் கொண்டிருந்தார். அவரது சொற்களில் சோகம் அப்பியிருந்தது. 'பிரதமரை மீட்க முடியும் என்ற வாய்ப்பு மிகவும் குறைந்துவிட்டது.'

டிசம்பர் 18. திங்கள். அதிகாலை 5 மணிக்கே மீண்டும் ஹோல்ட்டைத் தேடத் தொடங்கினார்கள். ஆனால், சிறிது நேரத்திலேயே அலைகளின் வேகம் அதிகமானது. கடும் காற்றும் வீசத் தொடங்கியிருந்தது. அத்துடன் மழையும் பொழிய ஆரம்பித்ததால் ஹோல்ட்டைத் தேடும் பணி தாற்காலிகமாக நிறுத்தி வைக்கப்பட்டது. இருந்தாலும் 50 பேராவது கடலில் தேடும் பணியில் இருந்தார்கள். அவர்கள் களைப்படைந்து கடலை விட்டு வெளியே வரும்போது அடுத்த 50 பேர் கடலில் குதித்தார்கள். மறுநாள் ஹெலிகாப்டர்களும் களைப்படைந்திருந்தன.

டிசம்பர் 19. செவ்வாய் அன்று மிக மோசமான வானிலை காரணமாக தேடுதல் பணி மிகக் குறைந்த நேரமே நடை பெற்றது. யாருக்கும் நம்பிக்கை இல்லை. பிரதமரின் உடலாவது, எங்கேயாவது கிடைத்துவிடாதா என்ற அளவில்தான் தேடிக் கொண்டிருந்தனர்.

டிசம்பர் 20. புதனன்று வானிலை சாதகமாக இருந்தது. ஆனால், தேடுபவர்களின் எண்ணிக்கை குறைக்கப்பட்டிருந்தது. அடுத்தடுத்த நாள்களில் ரோந்துப் படையினர் மட்டும் உடலைத் தேடிக் கரையோரமாகத் திரிந்து கொண்டிருந்தார்கள்.

டிசம்பர் 22. மெல்போர்ன் செயிண்ட் பால் தேவாலயம். ஹோல்ட்டின் குடும்பத்தினர் கூடியிருந்தார்கள். அமெரிக்க அதிபர் லிண்டன், இங்கிலாந்து இளவரசர் சார்லஸ், பிரிட்டிஷ் பிரதமர் ஹரால்ட் வில்சன், நியு ஸிலாந்து பிரதமர் கெய்த் ஹோலியோக் ஆகியோர் அந்த தேவாலயத்தில் அமைதியாகக் கூடியிருந்தார்கள். ஆசிய நாடுகளின் முக்கியத் தலைவர்கள் அங்கே வந்திருந்தார்கள். தவிர, சுமார் 2000 பேர் தேவாலயத்தினுள் கூடியிருந்தனர். அந்தப் பகுதி முழுக்க ஒலிப் பெருக்கிகள் ஏற்பாடு செய்யப்பட்டிருந்தன. ஆயிரக்கணக்கான மக்கள் வெளியே திரண்டிருந்தார்கள். ஹோல்ட்டின் உடல் கண்டெடுக்கப் படவில்லை. எனவே அதற்கான பிரார்த்தனைகள் எதுவும் மேற்கொள்ளப்படவில்லை. ஹோல்ட் குறித்த நினைவுகளை முக்கியஸ்தர்கள் பகிர்ந்து கொண்டார்கள். அந்தப் புகழஞ்சலிக் கூட்டத்தில் உதிர்க்கப்பட்ட சொற்களால் காற்றில் ஹோல்ட்டின் மணம் வீசியது.

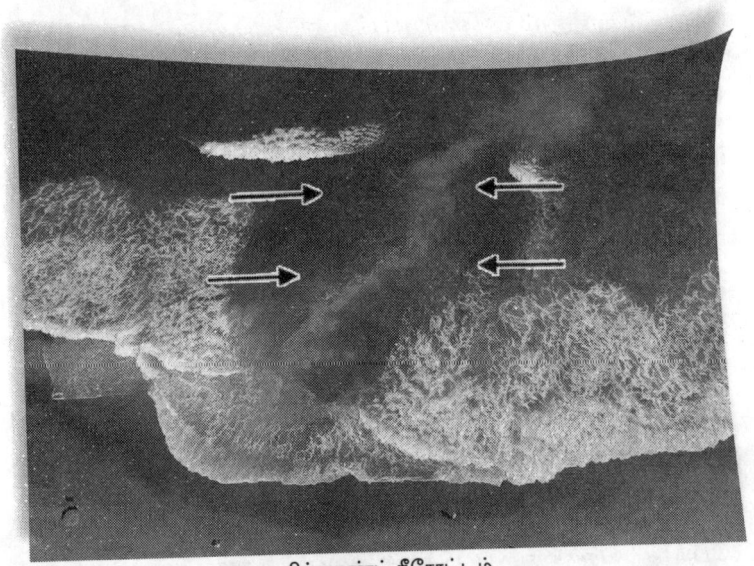

ரிப் கரண்ட் நீரோட்டம்

புது வருடம் பிறந்தது. அதுவரை ஹோல்ட்டின் உடல் கிடைக்கவில்லை. 1968, ஜனவரி 5 அன்று பிரதமர் ஹோல்ட்டின் உடலைத் தேடும் பணி முடித்து வைக்கப்பட்டதாக அரசு அறிவித்தது. ஆஸ்திரேலிய தேசத்தின் மிகப்பெரிய தேடுதல் வேட்டைக்கு முற்றுப்புள்ளி வைக்கப்பட்டது.

★

ஹோல்ட் எப்படி இறந்து போனார்?

இதுகுறித்து ஏகப்பட்ட வாதங்கள் உண்டு. புனைவுகளும் உண்டு. இப்படித்தான் இறந்திருக்கக்கூடும் என்று அறிவியல் பூர்வமான விளக்கம் ஒன்றை கடலின் தன்மை குறித்து அறிந்த சில ஆய்வாளர்கள் முன் வைக்கிறார்கள்.

கடற்கரைப் பகுதிகளில் இரண்டு விதமான வலுவான நீரோட்டங்கள் அடிக்கடி தோன்றும். அதில் ஒன்று Undertow. இது அடிமட்ட இழுப்பு நீரோட்டம். அதாவது கடலின் அடி மட்டத்தில் தோன்றும் இந்த நீரோட்டம் மேலே இருக்கும் பொருள்களை உள்ளே இழுக்கும். இன்னொன்று RIP Current. இது கடலின் மேல்பகுதியில் நீரோட்டமாகத் தோன்றி பொருள்களை உள்ளே இழுத்துச் செல்லும்.

இந்த இரண்டிலும் மிகவும் ஆபத்தானது ரிப் கரண்ட் நீரோட்டம் தான். இதை இயற்கைச்சீரழிவு என்றே சொல்லலாம். ரிப் கரண்ட், கடலின் மேற்பகுதியில் சுமார் 30 அடி முதல் 150 அடி வரை நீளமாகத் தோன்றுகிறது. நுரைத்து வரும் வெண் அலைகளுக்கு மத்தியில் ரிப் கரண்ட் நீரோட்டம் தோன்றிய பகுதி மட்டும் துண்டாக நுரையின்றித் தெரியும். இந்தக் கொலைகார நீரோட்டம், மேற்புறத்தில் நீந்தும் மனிதர்களை உள்நோக்கி இழுக்கிறது. இதன் வேகம் நிமிடத்துக்கு நிமிடம் மாறுபடக் கூடியது. ஒலிம்பிக்கில் தங்கம் வாங்கிய உலகப்புகழ் நீச்சல் வீரர்கூட ரிப் கரண்டில் சிக்கினால் தப்பிப்பது கடினமே.

டிசம்பர் 17 அன்று, இந்த ஆட்கொல்லி நீரோட்டம் சேவியோட் கடற்கரைப் பகுதியில் தோன்றியிருக்கக்கூடும். பிரதமர் ஹோல்ட்டை உள்ளிழுத்துச் சென்று அவருக்கு Rest in Peace சொன்னதும் இந்த நீரோட்டம்தான் என்று நம்பப்படுகிறது. உடனிருந்த ஸ்டீவர்ட், அப்போது Undertow நீரோட்டத்தைத் தான் உணர்ந்ததாகக் குறிப்பிட்டுள்ளார். அதனாலேயே தான் நீரின் ஆழத்துக்குள் செல்லவில்லை என்றும் கூறியிருக்கிறார். ஆனால், அப்போது கடலில் உண்டானது எவ்வகையான நீரோட்டம் என்பதில் வாதங்கள் உண்டு.

மூழ்கிய ஹோல்ட்டின் உடலை ஒரு பிரதமர் என்றும் பாராமல் சுறாவோ, திமிங்கலமோ விழுங்கியிருக்கக்கூடும். அல்லது அவர் ஆபத்தான ஜெல்லி மீன்களால் தாக்கப்பட்டிருக்கலாம். ஆழ்கடலில் அந்த உடல் ஏதாவது பாறையிடுக்கில் சிக்கி, அப்படியே எலும்புக்கூடாகியிருக்கலாம். இப்படி ஹோல்ட்டின் ஜல சமாதிக்கான காரணங்கள் உண்மைத்தன்மையுடன் விளக்கப்படுகின்றன.

1930 முதலே சீனாவின் ரகசிய உளவாளியாகச் செயல்பட்டு வந்தார். அவர் மூலமாக அமெரிக்காவின் ரகசியங்கள் பலவும் சீன அரசுக்குக் கிடைத்தன. ஹோல்ட் கடலில் மூழ்கிக் காணாமல் போனதெல்லாம் நாடகம்

ஒவ்வொரு வருடமும் எத்தனையோ ஆஸ்திரேலியர்கள் கடலில் மூழ்கி இறக்கிறார்கள். அதேபோலத்தான் அன்றைக்கு ஹோல்ட்டும் மாட்டிக் கொண்டார். அவர் ஒன்றும் அவ்வளவு பெரிய நீச்சல் வீரர் அல்ல. இந்தச்

சம்பவத்துக்கு ஆறு மாதங்களுக்கு முன்புகூட அவர் கடலில் மூழ்கப் பார்த்தார். காப்பாற்றப்பட்டார். இந்த முறை சிக்கிக் கொண்டார் என்றும் சொல்லப்படுகிறது. 'அதீத நம்பிக்கை அபாயகரமான அலைகளிடம் எடுபடாது. இப்படிப்பட்ட அலையுள்ள கடலில் பிரதமர் குதித்து நீந்த நினைத்தது முட்டாள்தனம்' - இவை இந்த வழக்கை விசாரித்த லாரன்ஸ் நியுவெல் என்ற இன்ஸ்பெக்டர் சொன்ன அழுத்தமான வார்த்தைகள்.

ஹோல்ட்டுக்குத் தோள்பட்டையில் வலி இருந்தது. இளவயதில் அவர் தொடர்ந்து கால்பந்து விளையாடியதால் உண்டான பாதிப்பு அது. அதற்காக அப்போது தொடர்ந்து மருந்துகள் எடுத்துக் கொண்டிருந்தார். டென்னிஸையும் நீச்சலையும் தவிருங்கள் என்று மருத்துவரும் ஹோல்ட்டுக்கு அறிவுரை வழங்கியிருந்தார். ஆனால், ஹோல்ட் அவ்விரண்டையுமே தவிர்க்கவில்லை. அதிகப்பணி, சரியான தூக்கமின்மை, உடல் சோர்வு, தோள்பட்டை வலி எல்லாம் சேர்ந்த களைப்பினாலேயே, ஹோல்ட்டால் கடலுக்குள் சிக்கிக் கொண்டபோது நீந்தித் தப்பிக்க இயலவில்லை. இப்படி ஓர் எளிமையான விளக்கமும் உண்டு.

அதெப்படி? மாண்புமிகு ஆஸ்திரேலியப் பிரதமரின் மரணம் என்ன அவ்வளவு சுலபமாகவா நிகழும்? சாதாரண மனிதர்களால் அதை ஒப்புக்கொள்ள இயலவில்லை. ஒரு பிரதமர் திடீரென இறந்துபோனால் அதில் நிச்சயம் மர்மம் இருக்கும் என்று நம்பினார்கள். அதற்கேற்றாற்போலத்தான் அந்தச் சூழ்நிலையும் இருந்தது. ஆகவே, பிரதமர் ஹோல்ட்டின் மரணத்துக்குப் பின்னுள்ள காரணங்கள் என்று ஏகப்பட்ட கோட்பாடுகள், அனுமானங்கள், கற்பனைகள் வரிசை கட்டின. அதில் நகைப்பூட்டுபவையும் உள்ளன. திகைப்பூட்டுபவையும் உள்ளன.

ஹோல்ட் நீரில் குதித்தபோது, அவருக்கு மாரடைப்பு உண்டாகியிருக்கலாம். அதனால்தான் அவரால் நீச்சலடிக்க இயலாமல் போய்விட்டது. அவர் உட்கொண்ட மாத்திரைகளால்தாம் அவரது உடல் சக்தி இழந்துவிட்டது. மார்ஃபைன் என்ற வலி மாத்திரைதான் அவரது மரணத்துக்குக் காரணம். அல்லது மெதுவாக வேலை செய்து ஆளை காலி செய்யும் மாத்திரைகளை அவரை அறியாமலேயே உட்கொண்டிருக்கிறார். அவர் அதிக அளவு பீர் குடித்திருந்தார். அவரது பையில் ஏகப்பட்ட

பீர் கேன்கள் கண்டெடுக்கப்பட்டன. போதையினால்தான் அவரால் நீச்சலடித்துத் தப்ப முடியவில்லை. இப்படிப்பட்ட கோணங்களிலும் சந்தேகங்கள் கிளப்பப்பட்டன. ஆனால், பிரேதப் பரிசோதனை செய்தால்தானே இதில் எதையாவது நிரூபிக்க முடியும். ஆகவே, இந்தச் சந்தேகங்கள் அந்தரத்தில் விடப்பட்டன. எது மாதிரியும் இல்லாத புது மாதிரியான சந்தேகங்கள் பல திசைகளிலிருந்தும் குதித்து வந்தன.

ஹோல்ட், கடலில் குதித்து தற்கொலை செய்து கொண்டார் என்று சிலர் ஆணித்தரமாகச் சொன்னார்கள். அவருக்கு ஏகப்பட்ட அரசியல் அழுத்தங்கள் இருந்தன. வியட்நாம் போருக்கு ஆஸ்திரேலியப் படைகளை அனுப்பி மக்கள் செல்வாக்கை இழந்திருந்தார். அவரது பொது வாழ்க்கையில் அமைதி இல்லை. ஆகவே இந்த முடிவைத் தேர்ந்தெடுத்தார் என்றார்கள். இதே போன்ற காரணங்களை எல்லாம் முன்வைத்து 2007-ல் Nine Network சேனல் Who killed Harold Holt? என்ற டாகுமெண்ட்ரியை ஒளிபரப்பியது. ஆனால், ஹோல்ட்டின் மகன் சாம், அவருக்கு நெருக்கமாக இருந்த பலரும் 'ஹோல்ட் தற்கொலை செய்து கொண்டிருக்கக் கொஞ்சமும் வாய்ப்பில்லை' என்று ஆணித் தரமாக மறுத்தார்கள்.

எந்தச் சர்ச்சை என்றாலும் 'இது அமெரிக்க சதி' என்றொரு கோணத்துக்கும் பிரகாசமான வாய்ப்புண்டு அல்லவா. ஹோல்ட், வியட்நாமிலிருந்து ஆஸ்திரேலியப் படைகளைத் திரும்பப் பெற்றுக்கொள்ள நினைத்தார். அது அமெரிக்காவுக்குக் கோப மூட்டியது. ஆக, அவரைக் கடலுக்குள் வைத்துக் கொன்றது அமெரிக்க உளவுத்துறையான CIA-தான் என்று ஆஸ்திரேலியப் பத்திரிகையான Sunday Observer கட்டுரை வெளியிட்டு அனல் கிளப்பியது. போரால் பாதிக்கப்பட்ட வியட்நாமியர்கள் (குறிப்பாக வடக்கு வியட்நாமியர்கள்), ஹோல்ட்டைக்கடத்திக் கொன்றிருக்கலாம் என்ற எதிர்த்தரப்பு அனுமானமும் உண்டு.

1983-ல் Anthony Grey என்ற பிரிட்டனைச் சேர்ந்த பத்திரிகையாளர் The Prime Minister Was a Spy என்றொரு புத்தகம் வெளியிட்டார். அதில் கிரே பல எதிர்பாராத டிவிஸ்ட்டுகளை வைத்திருந்தார்.

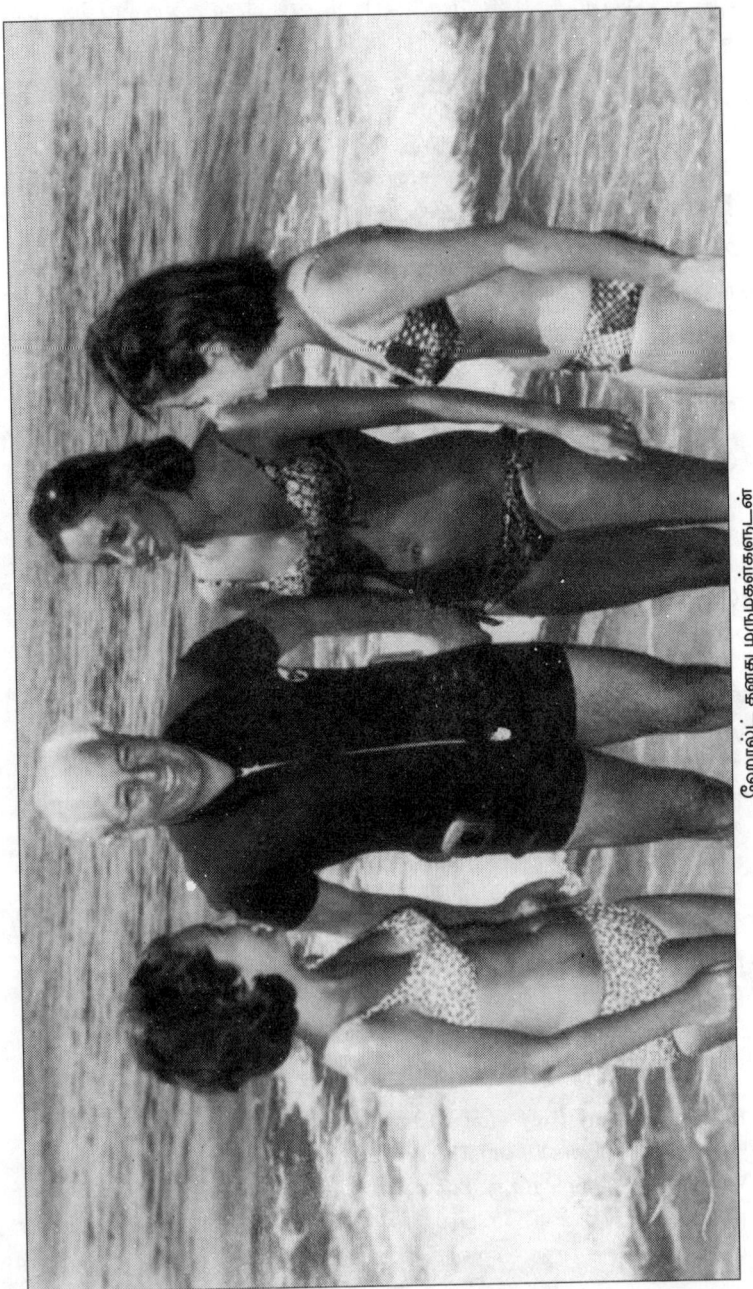

ஹோல்ட் தனது மருமகள்களுடன்

ஹோல்ட், சீன அரசுக்கு நெருக்கமானவர். 1930 முதலே சீனாவின் ரகசிய உளவாளியாகச் செயல்பட்டு வந்தார். அவர் மூலமாக அமெரிக்காவின் ரகசியங்கள் பலவும் சீன அரசுக்குக் கிடைத்தன. ஹோல்ட் கடலில் மூழ்கிக் காணாமல் போனதெல்லாம் நாடகம். அவர் கடலுக்குள் மூழ்கியதும், நீரின் அடியில் காத்திருந்த மர்ம நபர்கள் ஹோல்ட்டை வரவேற்றனர். தூரத்தில் நிறுத்தி வைக்கப்பட்டிருந்த ரகசிய நீர்மூழ்கிக் கப்பலுக்குப் பத்திரமாகக் கொண்டு சென்றுவிட்டனர். அவர் அதன் வழியே யாருமறியா இடத்துக்குத் தப்பிப் போய் விட்டார். இப்படி கிரே விறுவிறுப்பாக எழுதிய மர்ம நாவல் போன்ற புத்தகத்தில் ஏகப்பட்ட தகவல் பிழைகள். ஹோல்ட்டின் மனைவி ஸரா, கிரேவின் கோணங்களையெல்லாம் ஒரே வரியில் நிராகரித்தார். 'ஹோல்ட்டுக்குச் சீன உணவுகள்கூட பிடிக்காது.'

ஹோல்ட்டுக்கும் அவரது பெண் தோழி மார்ஜோரிக்கும் அதையும் தாண்டி புனிதமான காதல் இருந்தது. என் நீச்சல் திறமையை நிரூபிக்கிறேன் பார் என்று மார்ஜோரியிடம் சவால் விட்டுத்தான் கடலில் குதித்து ஹோல்ட் இல்லாமல் போய் விட்டார் என்றொரு கோணமும் உண்டு. இதில் பாதி உண்மையும் உண்டு. ஆம், பிற்காலத்தில் மார்ஜோரி தானும் ஹோல்ட்டும் காதல் வளர்த்ததை ஒப்புக்கொண்டார். மார்ஜோரி தவிர, ஹோல்ட்டுக்கு இன்னொரு ரகசியக் காதலி உண்டு. அந்தப் பெண்ணுடன் வாழ்வதற்காக ஹோல்ட் எதையும் இழக்கத் தயாராக இருந்தார். அதனால்தான் இப்படி காணாமல் போனதாக நாடகம் நடத்தினார். தூரத்தில் காத்திருந்த படகில் ஏறி, அந்தப் பெண்ணுடன் ஸ்விட்சர்லாந்துக்கு ரகசியமாக ஓடிப் போய்விட்டார் என்று சூடம் அடித்துச் சத்தியம் செய்பவர்களும் இருக்கிறார்கள்.

தன் பெண் தோழிகளுடன் சுற்றுவது மனைவிக்குத் தெரியக் கூடாது என்பதால்தான், தனது விடுமுறை தினங்களில் ஹோல்ட் பாதுகாப்பு வீரர்களை வைத்துக் கொள்ளவில்லை என்பது நிஜம். அவர்கள் போட்டுக் கொடுத்துவிடுவார்கள் என்ற பயம் ஹோல்ட்டுக்கு இருந்தது. ஆம், தேசத்தின் பிரதமர் என்றாலும் பொஞ்சாதிக்குப் புருஷன்தானே!

ஹோல்ட் காணாமல் போன சில தினங்களில், புதுடெல்லி யிலுள்ள ஆஸ்திரேலியத் தூதரகத்தின் உயர் ஆணையருக்கு ஒரு

முகில் ● 57

கடிதம் சென்றது. அப்போது பாராளுமன்ற உறுப்பினராக இருந்த ஏ.டி. மணி என்பவர் அனுப்பியிருந்தார். 'இந்தியாவின் பிரபல சாமியாரான தாதி பல்ஸாரா, ஆஸ்திரேலியப் பிரதமரின் உடலைக் கண்டுபிடிக்க ஆயத்தமாக இருக்கிறார். அவரது கனவில் அந்த உடல் அடிக்கடி தோன்றுகிறது. அவர் ஆஸ்திரேலியா வந்து தனது ஞான திருஷ்டியால் உடல் இருக்குமிடத்தைக் கண்டுபிடித்துச் சொல்வார். அவரது உதவியை ஆஸ்திரேலிய அரசு பயன்படுத்திக் கொள்ளலாம்' என்று கடிதத்தில் குறிப்பிடப்பட்டிருந்தது.

இப்படி ஒருமுறை அல்ல, பலமுறை கடிதங்கள் அனுப்பப்பட்டன. போன் வழியே அழைத்தும் பேசினார் எம்.பி. 'யாரும் பண உதவி செய்யாவிட்டால் சாமியாரே தன் சொந்த செலவில் ஆஸ்திரேலியா வந்து உடல் இருக்கும் இடத்தைச் சுட்டிக் காண்பிப்பார்' என்ற ஆவலைத் தூண்டும் சலுகைகூட வழங்கப்பட்டது. 'போதிய அளவு தேடிவிட்டோம், நீங்கள் மூடிக்கொள்ளுங்கள் உங்கள் ஞானக் கண்களை!' என்று ஆஸ்திரேலியத் தரப்பிலிருந்து சொல்லாமல் சொல்லிவிட்டனர்.

ஹோல்ட் இறந்தபின் லிபரல் கட்சியில் ஏகப்பட்ட குழப்பங்கள். அதிகாரப் போட்டி. அடுத்த பிரதமராக ஆஸ்திரேலிய தேசியக் கட்சியைச் சேர்ந்த ஜான் மெக்ஈவென் பிரதமராகப் பொறுப் பேற்றார். மூன்றே வாரங்களில் துணைப்பிரதமராகும் நல்வாய்ப்பு அவருக்குக் கிட்டியது. (ஆம், அன்றைய அந்த ஊர் ஓபிஎஸ்). அடுத்த பிரதமராக லிபரல் கட்சியின் ஜான் கோர்டன் பதவிக்கு வந்தார். அதற்குப் பின்பும் குழப்பங்கள் நீடித்தன, ஹோல்ட்டின் மரணத்தைப் போலவே.

680 நாள்கள் ஆஸ்திரேலியாவின் பிரதமராக நல்லாட்சி புரிந்த ஹரால்ட் ஹோல்ட் எப்படி இறந்தார், அவர் உடல் என்ன ஆனது என்பதெல்லாம் குறித்து 18,642 நாள்கள் (2018 இறுதி வரை) ஆகியும் விடை. எதுவும் தெரியவில்லை. கடலளவு மர்மம்.

டெயில் பீஸ்: நீராடிக் காணாமல் போன பிரதமர் ஹோல்ட்டின் நினைவைப் போற்றும்விதத்தில் ஆஸ்திரேலிய அரசு ஒரு 'நீச்சல் குளத்துக்கு' அன்னாரது பெயரைச் சூட்டியிருக்கிறது.

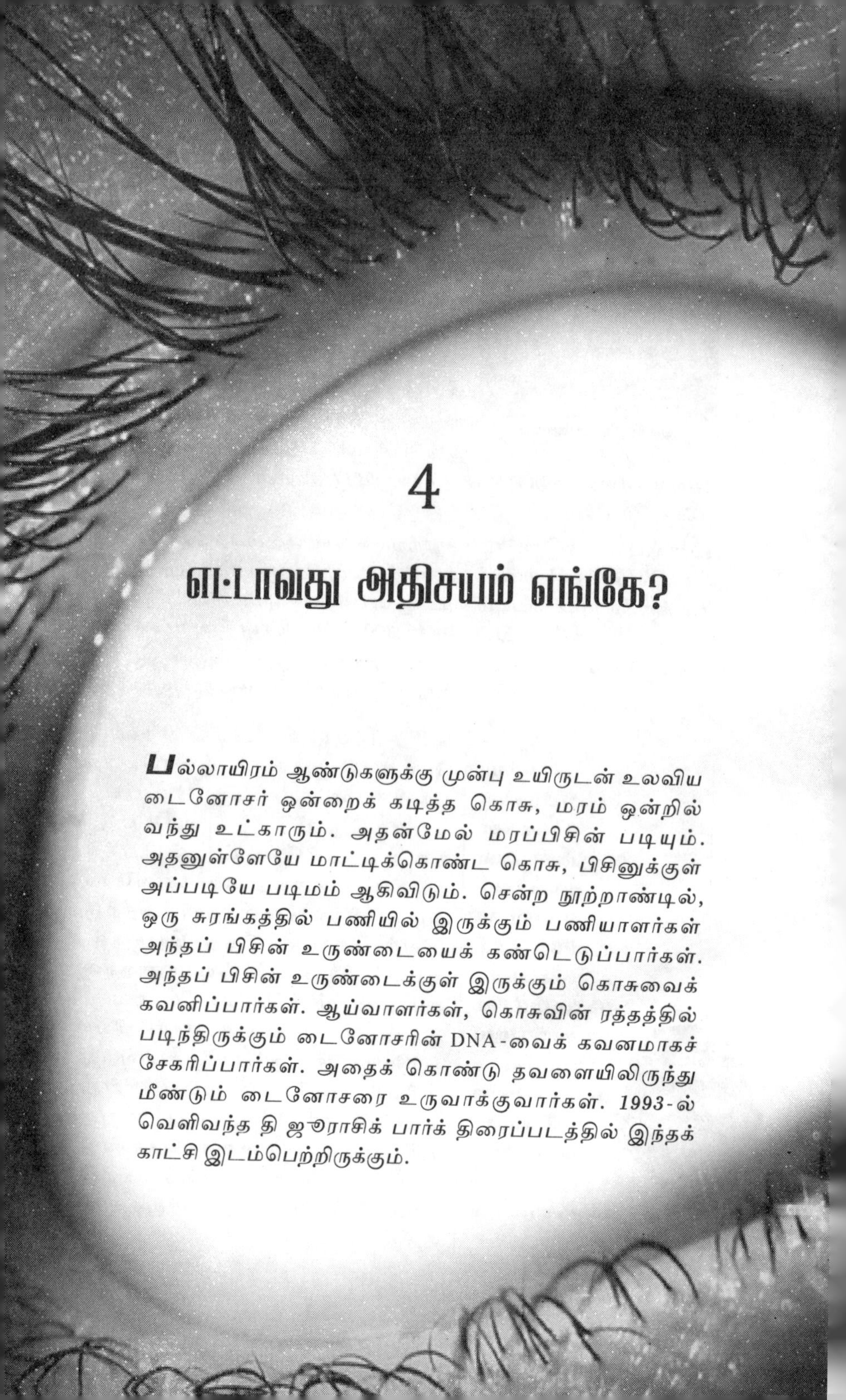

4
எட்டாவது அதிசயம் எங்கே?

பல்லாயிரம் ஆண்டுகளுக்கு முன்பு உயிருடன் உலவிய டைனோசர் ஒன்றைக் கடித்த கொசு, மரம் ஒன்றில் வந்து உட்காரும். அதன்மேல் மரப்பிசின் படியும். அதனுள்ளேயே மாட்டிக்கொண்ட கொசு, பிசினுக்குள் அப்படியே படிமம் ஆகிவிடும். சென்ற நூற்றாண்டில், ஒரு சுரங்கத்தில் பணியில் இருக்கும் பணியாளர்கள் அந்தப் பிசின் உருண்டையைக் கண்டெடுப்பார்கள். அந்தப் பிசின் உருண்டைக்குள் இருக்கும் கொசுவைக் கவனிப்பார்கள். ஆய்வாளர்கள், கொசுவின் ரத்தத்தில் படிந்திருக்கும் டைனோசரின் DNA-வைக் கவனமாகச் சேகரிப்பார்கள். அதைக் கொண்டு தவளையிலிருந்து மீண்டும் டைனோசரை உருவாக்குவார்கள். 1993-ல் வெளிவந்த தி ஜுராசிக் பார்க் திரைப்படத்தில் இந்தக் காட்சி இடம்பெற்றிருக்கும்.

அண்ட்ரீஸ் ஸ்கல்டர்

டைனோசரையெல்லாம் மறந்து விடுங்கள். மேற்படிக் காட்சியில் ஒரு வகை மரப்பிசின் வருகிறதல்லவா. அதன் பெயர் அம்பர் (Amber). தமிழில் நிமிளை என்பார்கள். பல நூற்றாண்டுகளாக ஆபரணங்கள், கலைப் பொருள்கள் செய்யப் பயன்படும் தங்க நிறத்தினாலான பிசின். இதைக் கொண்டுதான் உலகின் எட்டாவது அதிசயம் உருவாக்கப்பட்டது. அதன் பெயர் அம்பர் அறை. அது எங்கே இருக்கிறது? இருக்கிறதா?

பிரஷ்யா. பதினெட்டாம் நூற்றாண்டின் ஆரம்பத்தில் வடக்கு - மத்திய ஐரோப்பாவில் அமைந்த ஒரு ராஜ்ஜியம். (இன்றைய வடக்கு ஜெர்மனியையும், வடக்கு போலந்தையும் உள்ளடக்கியது.) அந்தக் காலகட்டத்தில் சுமார் 300 சிற்றரசுகள் ஜெர்மனியில் சிதறுண்டு கிடந்தன. ஆளாளுக்கு நாட்டாமை. அதில் பெரிய நாட்டாமையாக உருவெடுத்து வந்ததுதான் பிரஷ்ய ராஜ்ஜியம்.

அம்பர் அறையிலுள்ள சிற்பங்கள், அலங்காரங்கள் அனைத்தும் வெறும் 36 மணி நேரத்தில் கவனமாக அகற்றப்பட்டன. 27 பெரிய மரப் பெட்டிகளில் வைத்து அவை பத்திரமாக ஜெர்மனிக்கு அனுப்பி வைக்கப்பட்டன

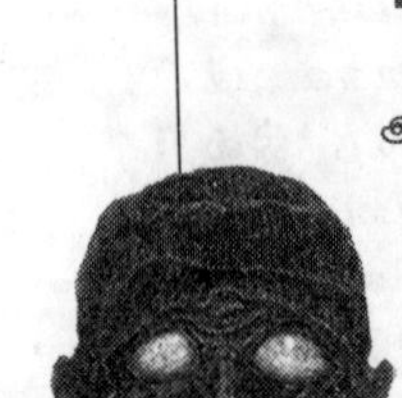

கிபி 1701-ல் பிரஷ்யாவின் பேரரசராக முதலாம் ஃபிரடெரிக் பதவியேற்றார். எந்த ஐரோப்பியப் பேரரசிலும் இல்லாதபடி, தனது சார்லோட்டன்பெர்க் அரண்மனையைத் தனித்துவமாக அழகுபடுத்த நினைத்தார். அதற்கு அவர் தேர்ந்தெடுத்த பொருள், அம்பர் பிசின். பிரஷ்ய மண்ணில் அம்பர் வளம் அதிகம். தவிர, அவரது இரண்டாம் மனைவி சோஃபியா சார்லோட்டுக்கு அம்பர் மீது அவ்வளவு பிரியம். அம்பரம்பரம்பரென்று அரசியும் நச்சரிக்க, அந்த விலை மதிப்புள்ள பிசினைக் கொண்டு சிற்பங்கள் செய்யும் சிறந்த சிற்பி களைத் தேடி வரவழைத்தார் முதலாம் ஃபிரடெரிக்.

ஜெர்மானியச் சிற்பி அண்ட்ரீஸ் ஸ்கல்டர், டென்மார்க்கைச் சேர்ந்த சிற்பி காட்ஃப்ரைட் உல்ஃப்ரம் ஆகியோரிடம் பொறுப்பு ஒப்படைக்கப்பட்டது. அவர்கள் தங்கள் குழுவினருடன் வேலையை ஆரம்பித்தனர். டன் டன்னாக அம்பர் கொட்டப் பட்டது. கலைநயம் மிகுந்த சிற்பங்களும் அலங்காரங்களும், கலை வடிவங்களும், ஓர் அறை முழுக்கச் சுவர்களில் பொருத்தப்படும்விதமாக அம்பர் பிசினில் அளவெடுத்துச் செதுக்கப்பட்டன. பின் அரசி சோஃபியா தலைமைச் சிற்பியை மாற்றினாள் என்றும், புதிய சிற்பிக்கும் பழைய சிற்பிகளுக்கும் ஒத்துப்போகவில்லை என்றும் தகவல்கள் உண்டு. சார்லோட்டென்பெர்க் அரண்மனைக்குப் பதிலாக, ஓரானியென்பெர்க் அரண்மனையில் அம்பர் அறையை நிர்மாணிக்கலாம் என்று திட்டம் மாற்றப்பட்டது. இப்படிப் பல குழப்பங்களுக்கிடையில் அம்பர் அறையின் வேலை வருடக்கணக்கில் இழுத்துக் கொண்டே போனது. தன் கனவு அறையைக் காணாமலேயே கண் மூடினார் பேரரசர் ஃபிரடெரிக் (1713).

கேத்தரின் அரண்மனையில் அம்பர் அறை

அம்பர் அறைச் சிற்பங்கள்

அடுத்து அவரது மகன் ஃபிரடெரிக் வில்லியம் அரியணை ஏறினார். அவருக்கு அம்பருக்காக அதற்கு மேல் பணம் செலவிடுவதில் இஷ்டமில்லை. தயாரான அம்பர் சட்டகங்கள் மற்றும் அம்பர் சிற்பங்களைக் கொண்டு, பெர்லின் நகரத்தின் அரண்மனையில் ஓர் அறை அமைத்து வேலையை உடனே முடியுங்கள் என்று கட்டளையிட்டார். அதன்படி நாலரைக்கு ஐந்து மீட்டர் அளவுள்ள ஓர் அறை தேர்ந்தெடுக்கப்பட்டது. அங்கே முதன் முறையாக பேரழகுமிகுந்த 'அம்பர் அறை' நிர்மாணிக்கப்பட்டது.

1716-ல் ரஷ்யாவின் அரசர் பீட்டர், பிரஷ்யாவுக்கு வந்தார். அம்பர் அறையின் பேரழகில் அசந்து நின்றார். ஸ்வீடன் ராஜ்ஜியத்துக்கு எதிராக ரஷ்யாவும் பிரஷ்யாவும் கைகோத்திருந்தன. அந்த நட்பின் அடையாளமாக ஃபிரடெரிக் வில்லியம், பீட்டருக்கு அம்பர் அறையைப் பரிசாகக் கொடுத்தார். அம்பர் அறையின் சிற்பங்களும் பாகங்களும் கழற்றப்பட்டன. அவை 18 மாபெரும் பெட்டிகளில் வைக்கப்பட்டு ரஷ்யாவுக்கு அனுப்பப்பட்டன. அங்கே அரச குடும்பத்தின் கோடைகால அரண்மனையில் அம்பர் அறை மறுபடியும் கட்டப்பட்டது.

எலிசபெத் பெட்ரோனோவா

சில வருடங்களில் ரஷ்ய மற்றும் ஜெர்மானிய சிற்பிகள் இணைந்து அம்பர் அறையை இன்னொரு அரண்மனைக்கு இடம்மாற்றி மேலும் விரிவுபடுத்தினர். பேரரசி எலிசபெத் பெட்ரோனோவாவின் மேற்பார்வையில் ரஷ்யப் பேரரசின் போர் வெற்றிகளைக் குறிக்கும் புதிய சிற்பங்களுடனும், விலையுயர்ந்த கற்களும், தங்கத் தகடுகளும் கொண்டு செய்யப்பட்ட நளின அலங்காரங்களுடனும் அம்பர் அறை ஜொலிஜொலித்தது.

1755-ல் புஸ்கின் நகரத்தின் (பழைய பெயர் ஜார்ஸ்கோயே செலோ, ஜாரின் ஊர் என்று பொருள்) கேத்தரின் அரண்மனைக்கு அம்பர் அறை இடம் மாற்றப்பட்டது. இந்த முறை அலங்காரங்கள் அனைத்தும் கைகளாலேயே தூக்கிக் கொண்டு செல்லப்பட்டன. 1770-ல் அரசி இரண்டாம் கேத்தரின் காலத்தில் அம்பர் அறையில்

கூடுதல் அலங்காரங்கள் செய்து முடிக்கப்பட்டன. புதிதாக அலங்கார நிலைக்கண்ணாடிகள் பொருத்தப்பட்டிருந்தன. 565 மெழுகுவர்த்திகளின் ஒளியில், தகதகக்கும் பொன்மஞ்சள் நிறத்தில் அம்பர் அறை அனைவரையும் மெய்மறக்கச் செய்தது. அதன் இன்றைய மதிப்பு சுமார் $500 மில்லியனுக்கும் மேலிருக்கலாம்.

கேத்தரின் அரண்மனையில் அமைந்த அம்பர் அறையே உலகின் எட்டாவது உலக அதிசயம் என்று அன்றைக்குப் பலராலும் புகழப்பட்டது.

★

1917-ல் ரஷ்யாவில் மன்னராட்சி முடிவுக்குக் கொண்டு வரப்பட்ட பின், புஸ்கின் நகர அரண்மனை அருங்காட்சியகமாக மாறியிருந்தது. நாட்டின் வளர்ச்சித் திட்டங்களுக்குப் பணம் திரட்ட அதிபர் ஸ்டாலின் அதிரடி நடவடிக்கை எடுத்தார். அதுவரை ரஷ்ய மன்னர்கள் சேர்த்து வைத்திருந்த பல்வேறு பொக்கிஷங்களையும் விற்றார். ஆனால், அவர் அம்பர் அறையில் கைவைக்கவில்லை.

ஹிட்லர் அதில் கைவைத்தார். இரண்டாம் உலகப்போர் சமயம். ஹிட்லரின் நாஜிப்படைகள் சோவியத் ரஷ்யாவுக்குள் புகுந்து முன்னேறின. ஆபரேஷன் பார்பரோஸா அரங்கேறிக் கொண்டிருந்தது. அம்பர் அறையிலுள்ள பொக்கிஷங்களைப் பாதுகாக்கும் நோக்கத்துடன் அதை லெனின்கிராடுக்கு மாற்ற முடிவு செய்தனர். ஆனால், பல ஆண்டுகளாகியிருந்ததால் சட்டகங்களிலும் சிலைகளிலும் இருந்த அம்பர் பிசின் நன்கு காய்ந்து போயிருந்தது. அவற்றை அகற்ற முயற்சி செய்தபோது அவை நொறுங்கும் தன்மையுடன் இருந்தன. அந்தக் கலை வேலைப்பாடுகளை எல்லாம் பொறுமையாகக் கழற்றி எடுக்க அவகாசம் அப்போது இல்லை. நாஜிப்படைகள் நெருங்கிக் கொண்டிருப்பதாக வந்த தகவல் சூழலைச் சூடாக்கியது.

அம்பர் அறையின் பொறுப்பாளர்கள், அவசரத்துக்கு ஒரு யோசனையைச் செயல்படுத்தினர். வளமான அம்பர் அறையை வால்பேப்பரால் மறைக்கும் முயற்சி. மிகப்பெரிய வண்ணக் காகிதங்களைக் கொண்டு அது அம்பர் அறை என்று தெரியாதவாறு மறைக்க முயற்சி செய்தனர். புஸ்கின் நகரத்துக்குள் நாஜிப்

சோவியத் ரஷ்யாவுக்குள் நாஜிப் படைகள்

படையினர் புகுந்தனர். கேத்தரின் அரண்மனை அவர்கள் வசம் சென்றது. அங்கே பல்வேறு செல்வங்களைக் கொள்ளையடித்த நாஜிப்படையினர், ஆர்வத்துடன் தேடியது அம்பர் அறையைத் தான். எவ்வளவோ அழகான அறைகள் இந்த அரண்மனையில் இருக்கின்றன. இந்த ஒரு குறிப்பிட்ட அறையில் மட்டும் ஏன் இப்படி வண்ணக்காகிதங்களை ஒட்டி வைத்திருக்கிறார்கள்? கிழித்தனர். ரகசியம் கிழிந்து தொங்கியது.

'பிரஷ்யாவிலிருந்து ரஷ்யாவிக்குப் பரிசாக வந்ததுதானே இது. தவிர அம்பர் அறையின் உருவாக்கத்தில் ஜெர்மானியச் சிற்பிகள் பலரது உழைப்பும் கலந்திருக்கிறது. எனவே இது ஜெர்மானியர்களுக்கே சொந்தம்' என்பது நாஜிக்களின் அசைக்க முடியாத எண்ணமாக இருந்தது. அந்தப் பொக்கிஷத்தைச் சிதைக்காமல் அப்படியே ஜெர்மனிக்குக் கொண்டு செல்ல நினைத்தனர். அந்த ராணுவப்படையில் கலைத்தொழில் நுட்பம் தெரிந்த மூளைக்காரர்கள் இருவர் இருந்தனர். அவர்களின் வழிகாட்டுதலின்படி, அம்பர் அறையிலுள்ள சிற்பங்கள், அலங்காரங்கள் அனைத்தும் வெறும் 36 மணி நேரத்தில் கவனமாக அகற்றப்பட்டன. 27 பெரிய மரப்பெட்டிகளில் வைத்து அவை பத்திரமாக ஜெர்மனிக்கு அனுப்பி வைக்கப்பட்டன.

ஜெர்மனியின் கோனிக்ஸ்பெர்க் நகரத்தின் (கிழக்கு பிரஷ்யாவில் இருக்கிறது. இன்றைய பெயர் Kaliningrad) கோட்டைக்கு அம்பர் அறை பொக்கிஷங்கள் கொண்டு செல்லப்பட்டன. 1941, அக்டோபர் 14 அன்று வெளியான கோனிக்ஸ்பெர்க் நகர தினசரி ஒன்றில், 'கோட்டையில் அம்பர் அறை பொக்கிஷங்கள் கண்காட்சி' நடைபெற இருப்பதாகச் செய்தி வெளியானது. சுமார் இரண்டு வருடங்கள் அம்பர் அறை அங்கே காட்சிக்கு

சிதைந்துபோன கோனிக்ஸ்பெர்க் கோட்டை

வைக்கப்பட்டிருந்தது. அந்தக் கோட்டை அருங்காட்சியகத்தின் பொறுப்பாளராக இருந்த அல்ஃப்ரெட் ரோட் என்பவர், அம்பர் சிற்பங்கள் குறித்து இரண்டு வருடங்கள் ஆய்வுகள் செய்தார்.

இரண்டாம் உலகப்போரில் ஜெர்மனியின் இரும்புக்கரம் தளர்ந்தது. சோவியத்தின் பனியில் சிக்கிச் சிதைந்த நாஜிப் படைகள், தோல்வி முகத்துடன் புறமுதுகிட்டன. சோவியத்தின் செம்படை ஜெர்மனியை நோக்கி முன்னேறிக் கொண்டிருந்தது. அப்போதே அல்ஃப்ரெட் ரோடுக்குச் செய்தி வந்தது. 'அருங் காட்சியகத்தின் பொக்கிஷங்களை வேறு எங்காவது கொண்டு சென்று பாதுகாத்துக் கொள்ளுங்கள். விரைவில் கோனிக்ஸ்பெர்க் கோட்டை தாக்கப்படவிருக்கிறது.'

1944, ஆகஸ்ட்டில் கோனிக்ஸ்பெர்க் நகரத்தின் மீது அமெரிக்காவின் ராயல் ஏர் ஃபோர்ஸ், வான்வழித் தாக்குதல் நடத்தியது. அதில் கோட்டை பலத்த சேதத்திற்கு உள்ளானது. ஜெர்மனி இனி அவ்வளவுதான் என்ற நிலை. போரின் க்ளைமேக்ஸ் நெருங்கிக் கொண்டிருந்த சமயம். *1945*, ஜனவரி நான்காவது வாரத்தில் ஹிட்லர் கட்டளை ஒன்றைப் பிறப்பித்தார். கோனிக்ஸ்பெர்க் கோட்டையில் பதுக்கி வைத்திருக்கும் செல்வங்கள், பொக்கிஷங்கள் அனைத்தையும் பத்திரப்படுத்துங்கள். அல்பர்ஸ்பீர் - ஜெர்மனியின் கட்டடக்கலை நிபுணர். ஹிட்லருக்கு நெருங்கியவர். அப்போதைய ராணுவத் தளவாட அமைச்சராகவும் இருந்தார். அவர் மேற்பார்வையில், ஒரு குழுவினர் போரில் கொள்ளையடித்த செல்வங்களைப் பதுக்கும் பணியில் தீவிரமாக ஈடுபட்டிருந்தனர்.

1945, ஏப்ரலில் சோவியத்தின் செம்படை, கோனிக்ஸ்பெர்க்கைக் கைப்பற்றியது. அந்தக் கோட்டை செம்படையின் தாக்குதலில் மேலும் சிதைந்து போனது. அதற்கு முன்பாகவே அங்கிருந்து அம்பர் அறை அகற்றப்பட்டு விட்டதா? உண்மை என்ன?

★

1979. சோவியத் அரசு, அம்பர் அறையின் பிரதி ஒன்றை புஸ்கின் நகரத்தின் கோட்டையில் உருவாக்குவதற்கான வேலைகளை ஆரம்பித்தது. நாற்பது பேர் அடங்கிய ரஷ்ய, ஜெர்மானிய சிற்பக் கலைஞர்கள் இந்த வேலையில் ஈடுபட்டார்கள். பழைய புகைப்படங்கள், ஓவியங்களைக்

அம்பர் அறை - புதிய காப்பி

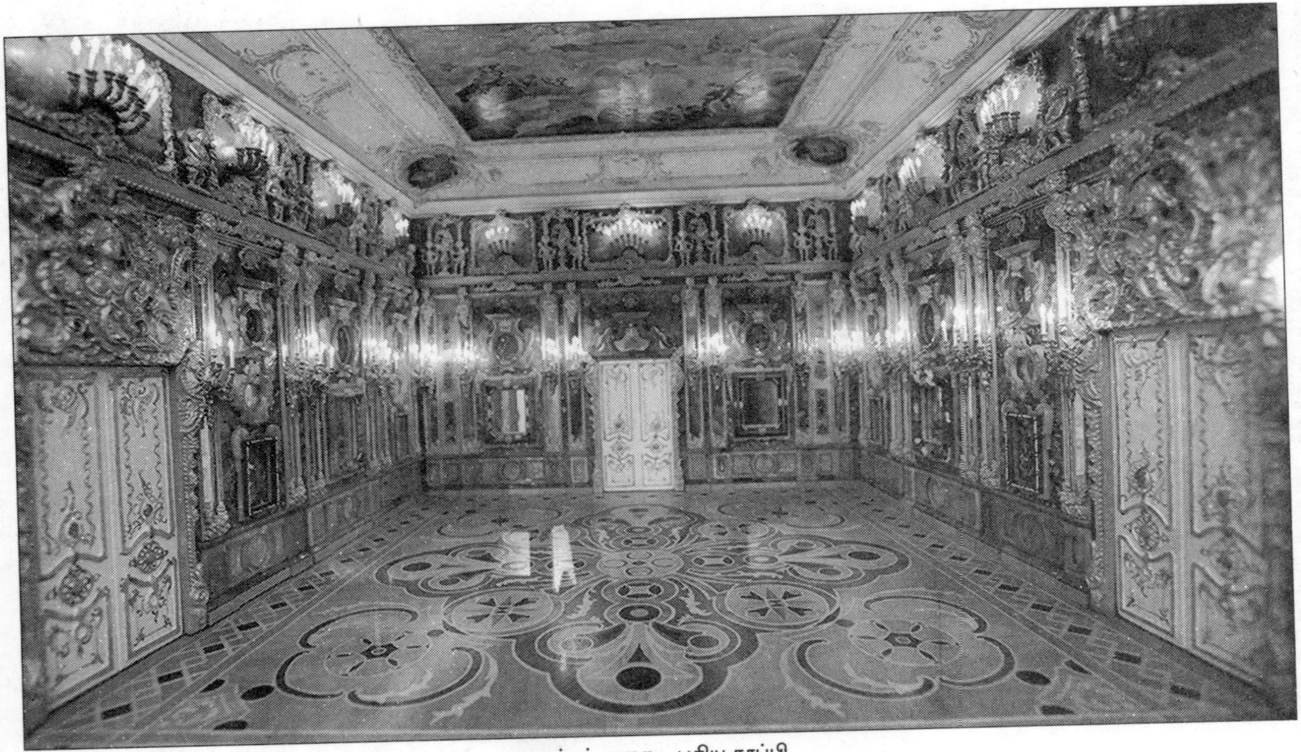

கொண்டு கவனமாக அறையின் வடிவமைப்பை மீண்டும் உருவாக்கினார்கள். சுமார் 350 பாகங்கள் செதுக்கப்பட வேண்டியதிருந்தது. பழையதைப் போல் இல்லையே என்ற குறை அடிக்கடி எழுந்தது. அந்தக்காலத்து கலைஞர்கள்போல வேலை பார்க்கும் திறன் கொண்டவர்களையும் கண்டறிய முடியவில்லை. ஏறத்தாழ 24 ஆண்டுகள் இந்தப் பணி நடந்தது. 2003-ல் அம்பர் அறை - புதிய காப்பி உருவாக்கப்பட்டது.

செயிண்ட் பீட்டர்ஸ்பெர்க் நகரம் உருவாகி 300 ஆண்டுகள் நிறைவுற்றதன் பொருட்டு, ரஷ்ய அதிபர் விளாடிமிர் புடின் புதிய அம்பர் அறையை தேசத்துக்கு அர்ப்பணித்தார். புதியதில் மிக நுட்பமான வேலைப்பாடுகளில் சிறு குறைகள் உண்டு. இன்றைக்கு அது ரஷ்யாவின் பெருமையாக விளங்குகிறதே தவிர, எட்டாவது அதிசயமாக ஏற்றுக்கொள்ளப்படவில்லை. இது தவிர, ஜெர்மனியின் கிளைன்மெக்னவ் நகரத்தில் மினி அம்பர் அறை ஒன்று உருவாக்கப்பட்டுள்ளது.

அதெல்லாம் இருக்கட்டும். அசல் அம்பர் அறைப் பொக்கிஷங்கள் என்னவாயின?

★

இரண்டாம் உலகப்போர் நிறைவுற்ற பிறகு, யாரும் அம்பர் அறையை முழுமையாகப் பார்த்ததாகச் சொல்லவில்லை. அதற்கு என்ன ஆனது என்பது குறித்த பல்வேறு நிரூபிக்கப் படாத செய்திகள் உண்டு.

கோனிக்ஸ்பெர்க் நகரத்தின் கோட்டையை, 1944 ஆகஸ்ட்டில் அமெரிக்கப் போர்விமானங்கள் குண்டு வீசித் தாக்கியபோதே அம்பர் அறை சிதைந்து போய்விட்டது என்று சிலர் சொல்கிறார்கள். இல்லை, அதற்குப் பின் 1945-ல் செம்படை கோனிக்ஸ் பெர்க் கோட்டையை தீவைத்துக் கொளுத்தியது. அதில்தான் அம்பர் அறை கருகிப் போனது என்கிறார்கள்

நாஜிப்படை கொள்ளையடித்து வந்தது அசல் அம்பர் அறையே அல்ல. அசல் அம்பர் அறையை எங்கேயோ ரகசியமாகப் பதுக்கி வைத்துவிட்ட ஸ்டாலின், போலி அம்பர் அறை ஒன்றையும் உருவாக்கி இருந்தார்

சிலர். தங்கள் பொக்கிஷமான அம்பர் அறையை ரஷ்யர்கள் தீக்கிரையாக்க வாய்ப்பே இல்லை என்று மறுப்பவர்களும் உண்டு. விமானப்படை தாக்குதலுக்கு முன்பாகவே அம்பர் அறை பாதுகாப்பாக அகற்றப்பட்டு விட்டது என்ற செய்தியும் உண்டு.

ஸ்டாலின்

நாஜிப்படை கொள்ளையடித்து வந்தது அசல் அம்பர் அறையே அல்ல. அசல் அம்பர் அறையை எங்கேயோ ரகசியமாகப் பதுக்கி வைத்துவிட்ட ஸ்டாலின், போலி அம்பர் அறை ஒன்றையும் உருவாக்கியிருந்தார். ஏமாந்துபோன நாஜிக்கள், போலியைத்தான் கொள்ளையடித்து வந்தனர் என்பது போன்ற ஸ்டாலினின் புகழ்பாடும் வீரதீரபராக்கிரமக் கோணமும் உண்டு. 1979-ல் சோவியத் அரசே மீண்டும் அம்பர் அறையை உருவாக்க எடுத்த முயற்சியில் இந்தக் கதை அடிபட்டுப் போனது.

1997-ல் ஜெர்மனியில் ஒரு குடும்பத்தினரிடம் ஓர் அலங்காரக் கல் இருப்பது தெரிய வந்தது. அதை அவர்கள் விற்க முயற்சி செய்வதாகத் தகவல் கசிந்தது. அந்தக் கல் அம்பர் அறையின் ஒரு சிறு பாகம் என்பதை உறுதி செய்த துப்பறிவாளர்கள், அந்தக் குடும்பத்தினரை விசாரித்தனர். 'எங்கள் குடும்பத்தைச் சேர்ந்த ஒருவர் இரண்டாம் உலகப்போரில் ராணுவ வீரராக இருந்தார். அவர் அம்பர் அறையை அகற்றும் பணியிலும் பங்கெடுத்தார். அப்போது அவர் கையில் இந்த அலங்காரக் கல் வந்தது' என்றார்கள். எனில், மீதி எல்லாம் எங்கே அனுப்பி வைக்கப்பட்டன என்பதற்கு அந்தக் குடும்பத்தினரிடம் பதில் இல்லை.

1998-ல் ஜெர்மனியைச் சேர்ந்த ஒரு குழுவினர், 'அம்பர் அறை பதுக்கி வைக்கப்பட்டிருக்கும் இடத்தை நாங்கள் கண்டுபிடித்து விட்டோம்' என்று அறிவித்தனர். அப்போது லித்துவேனியாவைச் சேர்ந்த ஒரு குழுவினரும் அதேபோல அறிவித்தார்கள். ஜெர்மனியைச் சேர்ந்தவர்கள் வெள்ளிச் சுரங்கம் ஒன்றில் தேடுதல் வேட்டையை நடத்தினார்கள். லித்துவேனியக் குழுவினர், உப்புநீர் ஏரிப்பகுதி ஒன்றில் தேடித் தேடிச் சோர்ந்து

போனார்கள். இரண்டு குழுவினருமே அம்பர் அறையைக் கண்டடையவில்லை.

2004-ல் பிரிட்டனைச் சேர்ந்த புலனாய்வு நிருபர்கள் இருவர், ஸ்காட் கிளார்க் மற்றும் அட்ரியன் லெவி, அம்பர் அறை கோனிக்ஸ்பெர்க் கோட்டை மீதான தாக்குதலிலேயே அழிக்கப்பட்டு விட்டது என்பதை நிரூபிப்பதற்கான நீண்ட ஆய்வில் ஈடுபட்டனர். அங்குலம் அங்குலமாக அவர்கள் பொறுமையாகச் செய்த ஆய்வின் முடிவில் அமெரிக்க விமானப்படை தாக்குதலில் அம்பர் அறை பெரும்பாலும் சிதைந்துபோனது. பின் சோவியத் படையின் தாக்குதலில் முற்றிலும் அழிந்து போனது என்று அறிவித்தார்கள்.

போரின் முடிவில் சோவியத்தின் சார்பில் அம்பர் அறையைக் கண்டுபிடிக்க நியமிக்கப்பட்ட ராணுவ அதிகாரி அலெக்ஸாண்டர் ப்ருஸோவின் அறிக்கையும் அப்படித்தான் சொன்னது. 'உண்மைகளையும் தடயங்களையும் வைத்துப் பார்க்கும்போது, அம்பர் அறை, 1945 ஏப்ரல் 9-லிருந்து 11 வரையிலான காலகட்டத்தில் அழிக்கப்பட்டுவிட்டது.'

அந்தத் தேதிகளில்தாம் கோட்டைக்குப் பாதுகாப்பாக இருந்த நாஜிப்படை வீரர்கள் சரணடைந்தனர். பின்னர் ப்ருஸோவே தன் அறிக்கையை மறுத்தார். தான், மேலதிகாரிகள் கொடுத்த அழுத்தத்தால், ஏதோ ஒரு சூழலில் அப்படிச் சொன்னதாகக் கருத்து தெரிவித்தார். 'சோவியத் படை வீரர்கள் ஒன்றும் அவ்வளவு கவனக்குறைவாக எல்லாம் இருந்திருக்க மாட்டார்கள். அவர்கள் அம்பர் அறையைச் சிதைத்திருக்க வாய்ப்பில்லை' என்று ரஷ்ய அதிகாரிகள் சிலர் கருத்து தெரிவித்தார்கள். அமெரிக்க விமானப் படைத் தாக்குதலில்தான் அம்பர் அறை அழிக்கப்பட்டது என்று சோவியத் மீண்டும் மீண்டும் அழுத்தமாகச் சொன்னது.

இவற்றையெல்லாம் தாண்டி 'அம்பர் அறையின் சாபம்' என்றொரு திகில் கோணமும் உண்டு. யாரெல்லாம் அம்பர் அறையோடு தொடர்பு கொண்டிருந்தார்களோ அவர்களுக்கெல்லாம் துர்மரணம் நேர்ந்திருக்கிறது என்றார்கள். கோனிக்ஸ்பெர்க் அருங்காட்சியகத்தின் பொறுப்பாளரான அல்ஃப்ரெட் ரோடும், அவரது மனைவியும் சோவியத் உளவுத்துறையால் கைது செய்யப்பட்டனர். அவர்கள் இருவரும் விசாரணைக் கைதிகளாக

MV Wilhelm Gustloff

இருந்தபோது மர்மக்காய்ச்சலில் இறந்து போயினர். அம்பர் அறை ரகசியங்கள் குறித்து விசாரித்துக் கொண்டிருந்த ரஷ்ய உளவுத்துறை அதிகாரியான ஜெனரல் குஷேவ் என்பவர், கார் விபத்தில் அகால மரணமடைந்தார். அம்பர்அறையைத் தேடித் திரிந்த ஜெர்மனியின் முன்னாள் ராணுவ வீரர் ஜார்க் ஸ்டெய்ன் என்பவர், 1987-ல் பவேரியக் காடுகளில் மர்மமாக இறந்து கிடந்தார். இவ்வளவு ஏன், அம்பர் அறையைக் கொள்ளையடித்த சாபத்தினால் தான் இரண்டாம் உலகப்போரில் ஹிட்லர் தோற்றார். இறுதியில் தற்கொலை செய்துகொண்டு செத்தும் போனார். இப்படி சாபப் பட்டியல் நீளுகிறது.

ஹிட்லர்

ஆனால், எப்படி திகில் கிளப்பினாலும், இன்றைக்கும் அம்பர் அறையைத் தேடித் திரிபவர்கள் தங்கள் வேட்டையை நிறுத்தவில்லை. ஹிட்லரின் கட்டளைப்படி அசல் அம்பர் அறைப் பொக்கிஷங்கள் ஜெர்மனியில் எங்கேயோ ஓரிடத்தில் பதுக்கி வைக்கப்பட்டிருப்பதுதான் உண்மை என்று அவர்கள் நம்புகிறார்கள். அந்த மர்மத்தேடல் தொடர்கிறது.

★

MV Wilhelm Gustloff - நாஜிக்களின் ராணுவக்கப்பல். 1945, ஜனவரியில் இந்தக் கப்பல் ஏராளமான ஜெர்மானியர்கள், நாஜி அதிகாரிகள், ராணுவ வீரர்களை ஏற்றிக் கொண்டு கிளம்பியது. ஜனவரி 30 அன்று பால்டிக் கடலில் சென்று கொண்டிருந்தபோது, சோவியத்தின் நீர்மூழ்கிக் கப்பலான S-13 தாக்கியதில் ராணுவக் கப்பல் நடுக்கடலிலேயே மூழ்கிப் போனது. கப்பலின் பதிவுகளின்படி அதில் பயணம் செய்தோரின் அதிகாரபூர்வ எண்ணிக்கை 6050. ஆனால், போர்த்தாக்குதலில் இருந்து தப்பித்திருந்த ஏராளமான அகதிகள், பொதுமக்கள் அதன் தரைத்தளத்தில் ஏறியிருந்தார்கள். ஆக, மொத்தப் பயணிகளின் எண்ணிக்கை சுமார் 10500 இருக்கலாம். அதில் 9400 பேர் நீரில்

மூழ்கி இறந்ததாகச் சொல்லப்படுகிறது. போரில் ஒரு கப்பல் தாக்கப்பட்டு, மூழ்கடிக்கப்பட்டு, அதிக மக்கள் கொல்லப்பட்ட விதத்தில் ஆகப்பெரிய வரலாற்றுத் துயரம் இதுதான்.

இந்த MV Wilhelm Gustloff கப்பலில்தான் அம்பர் அறை பொக்கிஷங்கள் ரகசியமாக ஏற்றப்பட்டிருந்தன. சோவியத்தின் நீர்மூழ்கிக் கப்பல், அம்பர் அறை அதனுள் இருக்கிறது என்று தெரியாமலேயே தாக்கி அழித்துவிட்டது என்றும் சொல்லப் படுவதுண்டு. இதுவும் நிரூபிக்கப்படவில்லை.

அசல் அம்பர் அறையின் சிதைந்த பாகங்கள் இப்போது கடலுக்குள் இருக்கின்றனவா? பால்டிக் கடல்தான் அதற்கான பதிலைச் சொல்ல வேண்டும்.

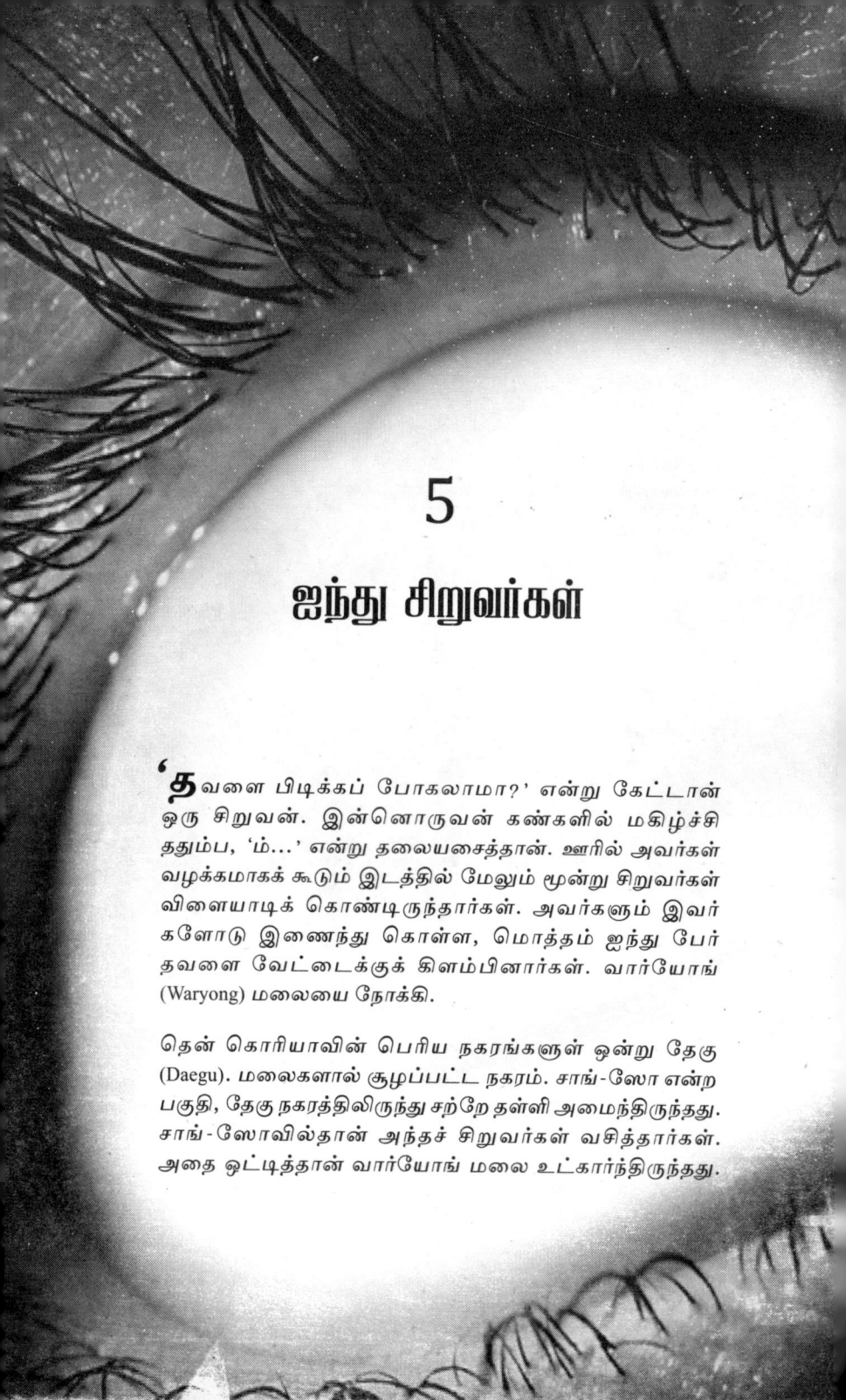

5
ஐந்து சிறுவர்கள்

'தவளை பிடிக்கப் போகலாமா?' என்று கேட்டான் ஒரு சிறுவன். இன்னொருவன் கண்களில் மகிழ்ச்சி ததும்ப, 'ம்...' என்று தலையசைத்தான். ஊரில் அவர்கள் வழக்கமாகக் கூடும் இடத்தில் மேலும் மூன்று சிறுவர்கள் விளையாடிக் கொண்டிருந்தார்கள். அவர்களும் இவர்களோடு இணைந்து கொள்ள, மொத்தம் ஐந்து பேர் தவளை வேட்டைக்குக் கிளம்பினார்கள். வார்யோங் (Waryong) மலையை நோக்கி.

தென் கொரியாவின் பெரிய நகரங்களுள் ஒன்று தேகு (Daegu). மலைகளால் சூழப்பட்ட நகரம். சாங்-ஸோ என்ற பகுதி, தேகு நகரத்திலிருந்து சற்றே தள்ளி அமைந்திருந்தது. சாங்-ஸோவில்தான் அந்தச் சிறுவர்கள் வசித்தார்கள். அதை ஒட்டித்தான் வார்யோங் மலை உட்கார்ந்திருந்தது.

மிகப்பெரிய மலையெல்லாம் கிடையாது. கரடுமுரடான பாதைகள் கொஞ்சம் உண்டு. செங்குத்தான பகுதிகளும் அதில் உண்டு. ஆனால், அடர்த்தியான பைன் மரங்கள் நிறைந்த பசுமையான மலை. புதியவர்கள் மலைக் காட்டுக்குள் நுழைந்தால், சில மணி நேரங்களுக்கு உள்ளே சிக்கி வழி தெரியாமல் விழிபிதுங்க வாய்ப்புகள் அதிகம்.

அந்த ஐந்து சிறுவர்களுக்கும் வார்யோங் மலையின் பல பகுதிகள் பரிச்சயமானவை. அதன் வழித்தடங்களில் வடக்கு, தெற்கு மாறாமல் வாகை நடைபோடுவார்கள். மலையில் எங்கே என்னென்ன மரங்கள் உண்டு, எந்தப்பகுதியில் எவை எவை கிடைக்கும் என்று அவர்களுக்கு நன்றாகவே பழகியிருந்தது. அங்கே அவர்கள் வேட்டையாடி அமரரான தவளைகளுக்கு எண்ணிக்கை கிடையாது.

சரி, அதென்ன தவளை வேட்டை?

அவர்கள் நைன்ட்டீஸ் கிட்ஸ். மொபைல், இண்டெர்நெட், ப்ளே ஸ்டேஷன், அவ்வளவு ஏன் வீடியோ கேம்கூட இல்லாத அழகான, அருமையான பால்யம் அவர்களுக்கு வாய்த்திருந்தது. இரவு நேரமும், படிக்கும் நேரமும் தவிர மற்ற பொழுதுகளில் எல்லாம் தெருவில்தான் திரிந்தார்கள். சாகச மனநிலை வாய்க்கும்போதெல்லாம் மலையேறினார்கள். அங்கே தவளைகளும், சில பல்லி வகைகளும் அதிகம் என்பதால் அவற்றை வேட்டையாடி உற்சாகம் கண்டார்கள். காலையில் மலையேறினால் இருள் சூழும் நேரத்தில்தான் வீடு திரும்புவார்கள். அந்த மலை அவர்களது மகிழ்ச்சிக்கான சொர்க்கமாக இருந்தது. 1991, மார்ச் 26-க்கு முன்புவரை.

அந்தத் தேதியில் அங்கே ஒரு தேர்தல் நடந்தது. ஆகவே, பள்ளிகள், அலுவலகங்களுக்கெல்லாம் விடுமுறை. பெரியவர்கள் ஓட்டளிப்பதில் மும்மரமாக இருந்தார்கள். இளவேனிற் காலமென்றாலும் அன்றைக்கான அதிகபட்ச வெப்பநிலையே 12 டிகிரி செல்சியஸாக இருந்தது. அந்தக் குளிரெல்லாம் அவர்களுக்குப் பழகிய ஒன்றுதான். நண்பகல் நேரத்தில் சிறுவர்கள் உற்சாகமாக சாங்-சன் உயர்நிலைப் பள்ளியைக் கடந்து நடந்தார்கள். அதன் அருகே தொடங்கும் மலைப்பாதை வழியாக வார்யோங் மலையில் ஏறத் தொடங்கினார்கள்.

வார்யோங் மலைப்பாதை

மாலையில் மழை பெய்தது. அப்போது வெப்பநிலை சடாரென 3 டிகிரி செல்சியஸாகக் குறைந்திருந்தது. இரவு ஆட்கொண்டது. அந்த ஐந்து சிறுவர்களின் பெற்றோரும் நடுங்கத் தொடங்கினார்கள். குளிரினால் அல்ல. ஐந்து சிறுவர்களும் அதுவரையிலும் வீடு திரும்பவில்லை என்பதால்.

★

யூ சியோல்-வோன் (வயது 13), ஜோ ஹோ-இயோன் (வயது 12), கிம் இயோங்-ஜியு (வயது 11), பார்க் சான்-இன் (வயது 10), கிம் ஜோங்-சிக் (வயது 9).

ஐந்து சிறுவர்களின் புகைப்படங்கள், பெயர்கள், பிற விவரங்களுடன் நோட்டீஸ்களும் போஸ்டர்களும் எங்கெங்கும் பரப்பப்பட்டன. அடுத்த நாள் முதலே சாங்-ஸோ மக்களே வார்யோங் மலையைச் சல்லடை போட்டுத் தேட ஆரம்பித்திருந்தார்கள். தேகு நகரமெங்கும் இந்தச் சிறுவர்கள் காணாமல் போன தகவல் பரவியது. பத்திரிகைகளிலும் தொலைக்காட்சிகளிலும் செய்திகளும், காணவில்லை விளம்பரங்களும் வெளிவர, தென் கொரியாவே ப்ச் கொட்டி கவலையுடன் உற்று நோக்க ஆரம்பித்தது.

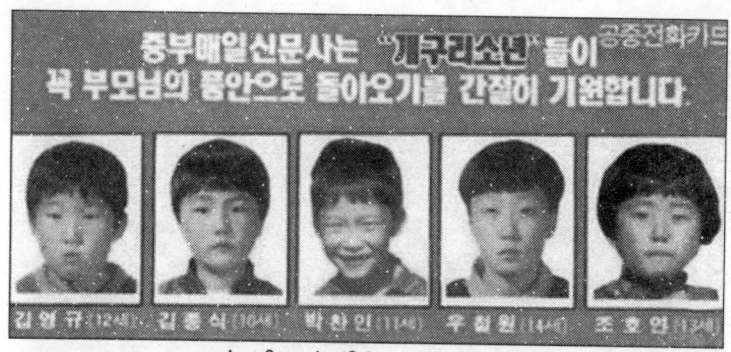

ஐந்து சிறுவர்களின் புகைப்படங்கள்

அதிபர் ரோ டே-வூ, ஐந்து சிறுவர்கள் காணாமல் போன விஷயத்தில் அதிகக் கவனம் செலுத்தினார். தென் கொரியாவின் போலீஸ் படையெல்லாம் வார்யோங் மலைப்பகுதியிலும், தேகு நகரத்திலும் குவிந்தன. தவிர, ராணுவமும் களமிறக்கப் பட்டது. ஹெலிகாப்டர்கள் வார்யோங் மலையைச் சுற்றிச் சுற்றி வந்தன. பருந்துப் பார்வையில் அங்குலம் அங்குலமாக அலசின. தவிர, மக்களும் குழுக்களாகப் பிரிந்து தேடுதல் பணியில் உதவிக் கொண்டிருந்தார்கள். மொத்தமாக சுமார் மூன்று லட்சம் பேர் அந்த ஐந்து சிறுவர்களைத் தேடிக் கொண்டிருந்தார்கள்.

சிறுவர்கள் மலைக்குச் செல்வதை நாங்கள் பார்த்தோம் என்று சொல்லும் சாட்சிகள் இருந்தார்களே தவிர, மலையில் அவர்களுக்கு என்ன ஆனது என்று சொல்வதற்கு யாரும் இல்லை. ஒருவேளை, சிறுவர்கள் மலைக்குச் செல்லாமல் தேகு நகரத்துக்குச் சென்று தொலைந்து போயிருப்பார்களோ என்று அங்கும் அசுரத்தேடல் தொடர்ந்தது. வார்யோங் மலை மட்டுமன்றி, அருகிலிருக்கும் பிற மலைகளிலும் தேடல் நடந்தது. அந்த மலைப்பகுதியைச் சுற்றி ஆறுகள், ஓடைகள், வாய்க்கால்கள் உண்டு. அவற்றின் கரைப்பகுதிகளிலும் தேடிப் பார்த்தார்கள். எதுவுமே பலனளிக்கவில்லை.

ஆறாவது நாளில் ஹெலிகாப்டர்கள் தங்கள் தளத்துக்குத் திரும்பின. ராணுவத்தினர் வேறு பணிகளுக்குத் திரும்பினார்கள். ஆயிரக்கணக்கான போலீஸாரின் தேடலும் விசாரணையும் பல்வேறு இடங்களில் தொடர்ந்தது. ஐந்து நாள்கள் முடிந்தும் தங்கள் மகன்கள் குறித்த ஒரு தகவலும் கிடைக்கவில்லை

களமிறக்கப்பட்ட ராணுவம்

என்பதால் ஐந்து பெற்றோர்களும் அழுது புலம்பிக் கொண்டிருந்தார்கள். சியோங்சியோ தொடக்கப்பள்ளியில், வருகைப் பதிவேட்டில் ஐந்து சிறுவர்களின் பெயர்களுக்கு நேராக அப்செண்ட் விழுந்து கொண்டிருந்தது.

பின் எப்போதும் பிரசெண்ட் ஆக மாறவே இல்லை.

★

உலகம், The Frog Boys என்ற குறிச்சொல்லுடன், ஐந்து சிறுவர்கள் குறித்த செய்திகளைச் சொல்ல ஆரம்பித்தது. தேசத்தின் பேருந்து நிலையங்கள், ரயில் நிலையங்களில், பொது இடங்களில் எல்லாம் நோட்டீஸ்களில் புகைப்படங்களாக ஐந்து சிறுவர்களும் அமைதி காத்துக் கொண்டிருந்தனர். சில பள்ளிகள் நன்கொடைகள் வசூலித்து, சிறுவர்களைத் தேடும் பணிக்கு உதவின. தென் கொரியாவெங்கும் பால் வண்டிகளில் சிறுவர்களைக் கண்டுபிடித்துத் தருமாறு விளம்பரங்கள் வைக்கப்பட்டன. மக்கள் அதிகம் பயன்படுத்தும் பல்வேறு விஷயங்களில் ஐந்து சிறுவர்கள் காணவில்லை விளம்பரங்கள் அச்சடிக்கப்பட்டன. காணாமல் போன சிறுவர்கள் குறித்து உண்மையான துப்புக் கொடுத்தால் வெகுமதி உண்டு என்று அறிவிப்புகள் பலவும் வெளிவந்தன. காவல் துறை, சில தனியார் நிறுவனங்கள், தனியார் அமைப்புகள் அறிவித்ததை எல்லாம்

சேர்த்தால் வெகுமதித் தொகை மட்டும் சுமார் 42 மில்லியன் வோன் அளவுக்கு வரும்.

வெகுமதிக்கு ஆசைப்பட்டு, ஐந்து சிறுவர்களை அங்கே பார்த்தேன், இங்கே பார்த்தேன் என்று ஐநூறுக்கும் மேற்பட்ட போலி தொலைபேசி அழைப்புகள் வந்தன. எல்லாவற்றுக்கும் மேலாக ஒரு மர்மத் தொலைபேசி அழைப்பு வந்தது. 'நான்தான் ஐவரையும் பணத்துக்காகக் கடத்தினேன். ஆனால், ஐந்து பேரும் ஊட்டச்சத்து குறைபாடு காரணமாக இறந்துவிட்டார்கள்.'

பேசியது யார் என்று போலீஸாரால் கண்டுபிடிக்க முடியவில்லை. அதுவும் நிச்சயம் போலி அழைப்பாகத்தான் இருக்க வேண்டுமென்று ஒதுக்கிவிட்டு, அடுத்தக்கட்ட விசாரணையைத் தொடர்ந்தனர். ஐந்து சிறுவர்களுக்கும் என்ன நேர்ந்திருக்கும் என்பதற்கான விதவிதமான கற்பனைகளும் முளைத்தன.

அன்றைக்கு வானிலை மோசமாக இருந்தது. ஆகவே ஐந்து சிறுவர்களும் காட்டுக்குள் வழி தவறிச் சிக்கிக் கொண்டிருப்பார்கள். அதிகக் குளிர் தாங்க முடியாமல் இறந்து போயிருப்பார்கள் என்பது காவல்துறையின் கோணமாக இருந்தது.

எங்கள் மகன்களுக்கு இந்த மலை மிகவும் பழக்கமான ஒன்று தான். அவர்கள் எந்தச் சூழலிலும் மலையில் வழிதவறிப்போக வாய்ப்பே இல்லை. அவர்களை யாரோ, எதற்காகவோ கடத்தி, வேறு எங்காவது கொண்டு சென்றிருக்கக்கூடும் அதனால்தான் மலையில் அவர்களைக் கண்டுபிடிக்க முடியவில்லை என்பதே பெற்றோர்களின் கதறலாக இருந்தது.

ஓரிரு சிறுவர்கள் துப்பாக்கிக் குண்டுகளுக்குப் பலியாக, மற்றவர்கள் அதை வெளியில் சொல்லிவிடக் கூடாது என்பதற்காக அவர்களையும் சேர்த்தே கொன்று விட்டார்கள் என்று சிலர் திகில் கிளப்பினார்கள்

நிச்சயம் ஐந்து சிறுவர்களும் கடத்தப்பட்டிருக்கிறார்கள் என்பதே மக்களின் பொதுவான எண்ணமாக இருந்தது. அது வட கொரியாவின் சதியாக இருக்கலாம் என்பது அந்தச் சந்தேகத்துக்குக் காரசார மசாலா சேர்த்தது. வட கொரியர்கள், தென் கொரியச் சிறுவர்களைக் கடத்தி,

அபாயகரமான சோதனைகளுக்காகப் பயன்படுத்திக் கொள்கிறார்கள். தென் கொரியச் சிறுவர்களின் உடல் உறுப்புகளைத் திருடுகிறார்கள். தென் கொரியச் சிறுவர்களைக் கொடுமைப் படுத்திக் கொல்கிறார்கள். இப்படிப்பட்ட கோணங்களிலும் சந்தேகங்கள் விதைக்கப்பட்டன. வட கொரியர்களெல்லாம் இல்லை, தென் கொரிய அதிகாரிகளே அப்பாவிச் சிறுவர்களைக் கடத்தி, ரகசியமாகச் சோதனைகளுக்குப் பயன்படுத்தியிருக் கிறார்கள் என்று அரசு மீதும் அவதூறு தூவப்பட்டது.

அப்புறம், சிறுவர்களை ஏலியன்கள் கடத்திச் சென்று விட்டார்கள் என்ற வானளவு கற்பனையும் தவறாமல் இடம் பெற்றது. இவற்றையெல்லாம் தாண்டி ஒரு கோணம் பலத்த சர்ச்சையைக் கிளப்பியது.

தென் கொரிய ராணுவத்தின் துப்பாக்கிச் சுடும் பயிற்சிக் களம், வார்யோங் மலைக்கு மிக அருகில்தான் உள்ளது. ஐந்து சிறுவர் களும் ராணுவத்தினரின் துப்பாக்கிக் குண்டுகளுக்குத்தான் பலியாகி விட்டனர். பிரச்னை பெரிதாகக்கூடாது சிறுவர்களின் உடலை எங்கோ ரகசியமாகப் புதைத்துவிட்டனர். அரசே அதை மறைக்கிறது என்ற குற்றச்சாட்டு முன் வைக்கப்பட்டது. அதெற்கெல்லாம் வாய்ப்பே இல்லை. அப்படி துப்பாக்கிக் குண்டுகள் அங்கே பாய்ந்து வந்தாலும், ஓரிரு சிறுவர்களுக்கு

பொது இடங்களில் நோட்டீஸ்

துரதிர்ஷ்டவசமாகக் காயங்கள் உண்டாகலாம். ஆனால், ஐந்து பேரும் எப்படி ஒரே நேரத்தில் பலியாவார்கள்? இப்படியாக மறுப்பும் தெரிவிக்கப்பட்டது.

ஓரிரு சிறுவர்கள் துப்பாக்கிக் குண்டுகளுக்குப் பலியாக, மற்றவர்கள் அதை வெளியில் சொல்லிவிடக்கூடாது என்பதற்காக அவர்களையும் சேர்த்தே கொன்றுவிட்டார்கள் என்று சிலர் திகில் கிளப்பினார்கள். அதே நேரத்தில் வார்யோங் மலையின் வனப்பகுதியில் சந்தேகத்துக்குரிய வகையில் சில உலோகத் துண்டுகள் கண்டெடுக்கப்பட்டன. அவை தடயவியல் பரிசோதனைக்கு அனுப்பி வைக்கப்பட்டன. பரிசோதனையிலும் எந்தத் தகவலும் கிடைக்கவில்லை.

ஐந்து சிறுவர்களும் காணாமல் போய் ஒரு வருடம் முடிந்துபோனது.

★

1992-ல் காணாமல் போன ஐந்து சிறுவர்களின் மர்மம் குறித்து தென்கொரியத் திரைப்படம் ஒன்று சுடச்சுட வெளியானது. Dolaora Gaeguri Sonyeo என்பது படத்தின் பெயர். Come Back, Frog Boys என்பது அதற்கான பொருள். விளையாட்டுத்தனமாகக் கிளம்பிச் சென்று காணாமல்போன ஐந்து சிறுவர்களையும், மரியாதையாக வீடு வந்து சேருங்கள் என்று அறிவுறுத்தியது அந்தத் திரைப்படம்.

விடுமுறை தினங்களில் சாங்-ஸோ மக்கள் குழுக்களாகச் சென்று வார்யோங் மலைப்பகுதியில் தேடலில் ஈடுபட்டனர். சில தன்னார்வலர்களும் அங்கு வந்து ஐந்து சிறுவர்களைக் கண்டுபிடிக்கும் முயற்சியைத் தொடர்ந்தனர்.

வருடங்கள் நகர்ந்தன. இனியும் சிறுவர்கள் உயிரோடு கிடைப் பார்கள் என்ற நம்பிக்கை தகர்ந்தது. 1998-ல் அன் குக்-ஜூன் என்ற சியோலைச் சேர்ந்த ஆய்வாளர் ஒருவர் புத்தகம் ஒன்றை வெளியிட்டார். அதில், 'ஐந்து சிறுவர்களும் வார்யோங் மலைப்பகுதியிலேயேதான் இறந்து போயிருக்க வேண்டும். வழிதவறிய சிறுவர்கள், பெரும் பயத்தாலும் கொடும் பசியாலும் கடும் குளிராலும் பாதிக்கப்பட்டே இறந்து போயிருப்பார்கள். இப்போது வார்யோங் மலைப்பகுதியில் ஏதோ ஒரு பகுதியில் சுமார் 30 செமீ ஆழத்தில் அவர்களது உடல் மண்ணுக்கும், காய்ந்த

இலைகளுக்கும் அடியில் கிடக்கலாம். அதனால்தான் யாராலும் அவர்களைக் கண்டுபிடிக்க முடியவில்லை' என்று அதில் குறிப்பிட்டிருந்தார்.

புதிய நூற்றாண்டு பிறந்தது. அதுவரை ஐந்து சிறுவர்களின் விஷயத்தில் துளி அளவுகூட துப்புக் கிடைக்கவில்லை.

யூ சியோல்-வோன் என்ற சிறுவனின் வீடு எப்போதும் திறந்தே கிடந்தது. அவனது குடும்பத்தினர் மலையைப் பார்த்தபடி காத்துக்கிடந்தனர். அவனது படுக்கை அறையை அவன் விட்டுச் சென்றதுபோலவே வைத்திருந்தனர். யூ சியோல்-வோனின் தந்தை இரவு நேரத்தில்கூட கதவைத் திறந்து வைத்தபடி, வாசலின் அருகிலேயே படுத்துக் கொண்டார். 'எனக்கு நம்பிக்கை இருக்கிறது. என் மகன் எப்போது வேண்டுமானாலும் திரும்பி வருவான்!'

கிம் இயோங்-ஜியுவின் பெற்றோர் மனத்தளவில் மிகவும் உடைந்து போயிருந்தனர். வீட்டின் எந்தப் பக்கம் திரும்பினாலும் மகனின் நினைவுகள் அவர்களை வாட்டின. அவர்களால் அந்த மலையைப் பார்த்துக் கொண்டே இயல்பாகச் சுவாசிக்க முடியவில்லை. எனவே ஊரைக் காலி செய்து வேறு இடத்துக்கு நகர்ந்தனர்.

> ஒரு சிறுவன்கூட தப்பிக்க இயலாதபடி அங்கே என்ன நடந்தது? தவளைகளைச் சாதாரணமாக வேட்டையாடச் சென்ற சிறுவர்களே வேட்டையாடப் பட்டதன் பின்னணி என்ன?

கிம் ஜோங்-சிக்கின் தந்தை நல்ல வேலையில் இருந்தவர். மகன் காணாமல் போன பிறகு வேலையை விட்டார். முழு நேரமும் மகனைத் தேடுவதையே வேலையாக வைத்துக் கொண்டார். ஐந்து சிறுவர்களின் புகைப்படங் களைக் கையில் வைத்துக் கொண்டு, தென் கொரிய தேசம் முழுவதும் தெருத்தெருவாக அலைந்து திரிந்தார். ஒரு கட்டத்துக்கு மேல் அவரது உடல்நிலை ஒத்துழைக்கவில்லை. நுரையீரல் புற்றுநோய் என்றார்கள். அதைவிட காணாமல் போன மகனின் நினைவுகள் அவரை வெகுவாக அரித்திருந்தன. மகனுக்கு என்ன

84 வெளிச்சத்தின் நிறம் கருப்பு - 2

நேர்ந்தது என்று தெரியாமலேயே 2001 அக்டோபரில் அவர் இறந்து போனார்.

பார்க் சான்-இன்னின் தந்தை முழு நேரக் குடிகாரர் ஆகிப் போனார். ஒரே மகன் காணாமல் போனதில் தான் செய்து வந்த வியாபாரத்தை முற்றிலும் கைவிட்டிருந்தார். கடன் ஏறிக் கொண்டே போனது. பல பிரச்னைகள். அதனால் விளைந்த தகராறில் அவர் போலீஸின் மீதே கைவைக்க, கைதானார். சிறையில் அடைக்கப்பட்டார் (2002).

அந்தச் சூழலில்தான் அந்தத் தகவல் பார்க் சான்-இன்னின் வீட்டுக்கு வந்து சேர்ந்தது. கேட்டதும், அவனது பாட்டி அப்படியே நொறுங்கிப் போய் உட்கார்ந்தார். ஜோ ஹோ-இயோனின் வீட்டுக்கும் அதே தகவல் சென்று சேர்ந்தது. அவனது தாயின் கண்களில் இருந்து கண்ணீர் கொட்டியது. அவள் தன் உள்ளங் கைகளை விரித்துப் பார்த்தாள். தன் மகன் பிறந்தபோது கைகளில் ஏந்திய காட்சி காற்றோடு வந்து போனது. 'நிச்சயமாக இருக்காது. நான் நம்ப மாட்டேன்.' பெருங்குரலெடுத்து அந்தத் தாய் அழுதாள்.

★

அந்த நாள் 2002, செப்டெம்பர் 26.

வார்யோங் மலைக்கு கருவாலிக்கொட்டை (Acorn) சேகரிக்கச் சென்ற சோய் என்ற 55 வயது மனிதர், ஓரிடத்தில் ஷூ ஒன்றைக் கண்டார். பழையது. சிறுவர்கள் அணிவது. ஓரிரு உடைகளையும் கண்டார். அவையும் சிறுவர்களுடையதே. உடனே காவல் நிலையத்தைத் தொடர்பு கொண்டார். 'காணாமல் போன ஐந்து சிறுவர்களின் உடைகளும் ஷூவும் வார்யோங் மலையில் கிடக்கின்றன.'

சிறுவர்கள் காணாமல் போய் பதினொரு வருடங்கள் கழித்து இப்படி ஒரு தகவல். போலீஸார் அசிரத்தையுடன்தான் மலைக்குச் சென்றார்கள். போனில் அந்த நபர் குறிப்பிட்ட பகுதியில் தேடினார்கள். அவை ஐந்து சிறுவர்களின் உடைமைகள் போலத் தான் தோன்றியது. மலைப்பகுதியில் ஓர் பிளவு தென்பட்டது. அதன் ஆழத்தில் ஏதோ இருப்பது தெரிந்தது. ஜாக்கிரதையாகத் தோண்டினார்கள்.

முகில் ◑ 85

2002-ல் கண்டெடுக்கப்பட்ட உடல்களின் மீதியும், உடைமைகளும்

சுமார் 30 செமீ ஆழத்தில் ஐந்து சிறுவர்களின் உடல்களின் மீதியும் எலும்புகளும் கண்டெடுக்கப்பட்டன. சிறுவர்களின் உடல்கள் ஒன்றோடு ஒன்று கட்டப்பட்டிருப்பது தெரிந்தது. ஆனால், அந்த உடைகள் பதினொரு வருடத்தில் அவ்வளவாக நைந்து போகவில்லை. உடைகளையும், சிறுவர்களின் வேறு சில உடைமைகளையும் வைத்து போலீஸார் , அவர்கள் காணாமல் போன ஐந்து சிறுவர்கள்தாம் என்பதை உறுதி செய்தனர்.

பெற்றோர்களின் கதறலை பைன் மரக்காடுகள் எதிரொலித்தன. ‘இங்கெல்லாம் நாங்கள் ஏற்கெனவே தேடியிருக்கிறோமே. இப்போது மட்டும் எப்படிக் கண்டுபிடித்தீர்கள்?’ - சிறுவன் கிம் ஜோங்-சிக்கின் தாய் புலம்பினாள். கிம் இயோங்-ஜியுவின் பெற்றோரும் அங்கு வந்து சேர்ந்தனர். ‘எங்களால் இங்கே நிற்க முடியவில்லை. நடுக்கமாக இருக்கிறது. ஆனால், என் பையனின் நினைவாக அவனது உடையாவது கிடைக்குமே என்று அதைப் பெற்றுக்கொள்ளத்தான் வந்திருக்கிறோம்’ - அந்தத் தந்தை தனக்குள் குமுறினார்.

‘இது உங்கள் மகன் அணிந்திருந்த பல் கிளிப்தானா? பாருங்கள்’ என்று போலீஸ் ஜோ ஹோ-இயோனின் தாயிடம் கேட்டபோது, ‘அவன் கிளிப் அணிந்திருந்தானா என்பதுகூட எனக்கு மறந்துபோய்விட்டது’ என்று அழுதாள்.

உடல்களைக் கண்டெடுத்த பிறகு மீடியாவிடம் பேசிய போலீஸார் அழுத்தமாகச் சொன்னார்கள். ‘இது நிச்சயம் கொலை அல்ல. இந்தச் சிறுவர்கள் கடும் பனியிலும் மழையிலும் மாட்டிக் கொண்டார்கள். ஹைபோதெர்மியாவால் பாதிக்கப்பட்டு இறந்து போய் விட்டார்கள். மற்றபடி யாருக்கும் இந்தச் சிறுவர்களைக் கொலை செய்ய வேண்டும் என்ற எந்த நோக்கமும் இருந்திருக்காது.’

இந்தச் சொற்கள் பெற்றோரையும் மற்றோரையும் எரிச்சலுக்கு உள்ளாக்கியது. போலீஸார் பொறுப்பின்றிப் பேசுகிறார்கள், தங்கள் மகன்களைக் கொன்றவன் யார் என்று கண்டுபிடிக்க இயலாமல் வழக்கைச் சீக்கிரம் முடிக்க நினைக்கிறார்கள் என்று பெற்றோர் கடும் கோபத்தில் குமுறினர்.

1998-ல் ஐந்து சிறுவர்கள் அதே மலைப்பகுதியில்தான் புதைந்திருப்பார்கள் என்று தன் புத்தகத்தில் எழுதியிருந்த

அன் குக்-ஜுன், அந்தச் சூழலில் வானொலி பேட்டி ஒன்றில் பரபரப்பைக் கிளப்பினார். காணாமல் போன கிம் ஜோங் - சிக் என்ற ஒன்பது வயது சிறுவனின் ஆவியை நான் தொடர்பு கொண்டு பேசினேன். அந்த ஆவியிடம் நிறைய கேள்விகள் கேட்டு, அதன் மூலம்தான் அந்த உண்மையைப் புரிந்து கொண்டேன். நிலத்தில் நீர் எங்கே இருக்கிறது என்று கண்டறிய Y வடிவ குச்சியைப் பயன்படுத்தி தேடுவதுபோல, ஐந்து சிறுவர்களின் உடல் இருக்கும் இடத்தையும் என்னால் எப்போதோ கண்டுபிடித்திருக்க முடியும். ஆனால், எனக்கு போலீஸின் ஒத்துழைப்போ, சிறுவர்களது குடும்பத்தின் ஆதரவோ இல்லை என்று வானொலியில் அவர் சலித்துக் கொண்டார்.

கண்டெடுக்கப்பட்ட அந்தச் சிறுவர்களின் உடைகள், உடைமைகள், எலும்புகள் கவனமாகச் சேகரிக்கப்பட்டு அடுத்தகட்ட ஆய்வுக்கு அனுப்பப்பட்டன. சிறுவர்களுக்கு என்ன நடந்திருக்கும் என்ற உண்மையைத் தெரிந்துகொள்ள தென் கொரியாவே காத்திருந்தது.

★

Kyungpook National University-ஐச் சேர்ந்த தடவியல் நிபுணர்கள் குழு, National Institute of Scientific Investigation உதவியுடன் சேகரித்த தடயங்களில் ஆறு வாரங்கள் ஆய்வு மேற்கொண்டது. பின்னர் தெளிவாக அறிவித்தது. ஐந்து சிறுவர்களும் கொலை செய்யப்பட்டிருக்கிறார்கள்.

'சிறுவர்கள் தலையில் பலமாகத் தாக்கப்பட்டுள்ளார்கள். ஐந்தில் மூன்று மண்டை ஓடுகளில் அதற்கான தடயங்கள், கீறல்கள் காணப்படுகின்றன. ஸ்கூரு டிரைவரோ அல்லது கசாப்புக் கடையில் பயன்படுத்தப்படும் கத்தியோ கொண்டு கொலையாளி சிறுவர்களைப் பலமுறை குத்தியிருக்கிறான். ஒரு சிறுவனின் மண்டை ஓட்டில் துப்பாக்கிக் குண்டுகள் பாய்ந்த இரண்டு துளைகள் இருக்கின்றன. தலைக்கு மிக நெருக்கமாகத் துப்பாக்கியை வைத்துச் சுட்டதால் உண்டான துளைகள் அவை.'

அதற்குப் பிறகுதான் போலீஸாருக்கு அழுத்தம் அதிகமானது. 'அந்தச் சிறுவர்களின் சக வயது சிறுவர்களுடனான மோதலில் இப்படிக் கொலை நடந்திருக்கலாம். அல்லது மனநிலை

சரியில்லாத மனிதன் எவனோ இப்படிக் கொடூரத்தை நிகழ்த்தியிருக்கலாம். யார் என்று சீக்கிரம் கண்டுபிடிக்க நடவடிக்கைகள் எடுக்கிறோம்' என்று போலீஸ் தரப்பில் சொன்னார்கள்.

மண்டை ஓட்டில் துளைகள்

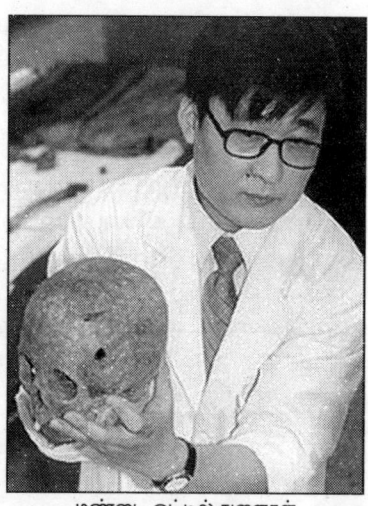

சிறுவர்களின் மோதல் என்றால், சில சிறுவர்கள் சேர்ந்து ஐந்து பேரைக் கொலை செய்வது என்பது மிகையானது. யாரோ மனநிலை சரியில்லாதவன் என்றால் அவனும் தனி ஆளாக இத்தனை பேரைக் கொலை செய்வது என்பதும் கடினம் தான். நிச்சயம் ஒன்றுக்கு மேற்பட்ட ஆள்கள் இதில் சம்பந்தப் பட்டிருக்க வேண்டும். தவிர, திட்டமிட்ட கொலையாக இருந்தால்தான் தடயங்கள் எதுவும் சிக்காமல் இவ்வளவு சாமர்த்தியமாக மறைத்து வைக்க முடியும். எனில், திட்டமிட்டு கொலை செய்யுமளவுக்கு இந்த அப்பாவிச் சிறுவர்கள் எதில் சிக்கிக் கொண்டார்கள்? ஒரு சிறுவன் மட்டும் சுடப்பட்ட காரணம் என்ன? ஓரிரு சிறுவர்கள் ஆபத்தில் சிக்கிக் கொண்டால், மற்றவர்கள் தப்பிக்கும் சந்தர்ப்பம் இருந்திருக்குமே? ஆனால், ஒரு சிறுவன்கூட தப்பிக்க இயலாதபடி அங்கே என்ன நடந்தது? தவளைகளைச் சாதாரணமாக வேட்டையாடச் சென்ற சிறுவர்களே வேட்டையாடப்பட்டதன் பின்னணி என்ன?

எல்லாவற்றையும்விட அனைவரையும் அதிர்ச்சியில் ஆழ்த்திய விஷயம், அந்தச் சிறுவர்களின் உடல் கண்டெடுக்கப்பட்ட பகுதிக்கும், அவர்கள் வசித்த சாங்-ஸோ பகுதிக்கும் இடையே யான தொலைவு சுமார் 2 கிமீ தான். இவ்வளவு அருகில் இப்படி ஒரு கொடூரமான சம்பவம் நடந்திருக்கிறது. ஆனால், அதை யாரும் பார்க்கவில்லை. பதினொரு வருடங்களாக அது குறித்த ஒரு தடயம்கூட சிக்கவில்லை என்பது பலத்த சந்தேகத்தை உண்டாக்கியது. அதுவும் கடந்த பதினொரு வருடங்களில் கிட்டத் தட்ட 500 முறைக்கும் மேல் தேடுதல் வேட்டை நடத்தப்பட்ட

பகுதி அது. 1998-ல் அந்த மலைப்பகுதியில் புதர்களை அகற்றும் பணியும் நடந்திருந்தது.

அப்போதெல்லாம் கிடைக்காத உடைகளும் உடல்களும் இப்போது இங்கே எப்படிக் கிடைத்தன? பதினொரு வருடங்களுக்கு முன்பு புதைக்கப்பட்டிருந்தால் உடைகள் நைந்து காணாமல் போயிருக்கும். இந்த அளவு முழுமையாகக் கிடைக்க வாய்ப்பே இல்லை. ஜோ ஹோ-இயோன் மற்றும் பார்க் சான்-இன்னின் மேல் சட்டைகள் அந்தப் பகுதியில் கிடைக்கவில்லை. பின்பு எங்கு தேடியும் கிடைக்கவில்லை. எனில், கொலை செய்யப்பட்ட உடல்கள் வேறு எங்கோ பாது காக்கப்பட்டு, பின்பு இந்தப் பகுதியில் பகுதிகள் புதைக்கப் பட்டனவா?

இன்னும் பல கேள்விகளும் சந்தேகங்களும் முளைத்துக் கொண்டே இருந்தன. எதற்கும் பதில்தான் கிடைக்கவில்லை.

★

2004. அதுவரை ஐந்து சிறுவர்கள் கொலை வழக்கில் ஒரு சிறிய முன்னேற்றம்கூட இல்லை. பெற்றோர் மனம் வெறுத்துப் போயிருந்தனர்.

இறுதிச் சடங்குகள்

சிறுவர்களுக்கு மரியாதை

'நம் மகன்களின் ஆன்மா சாந்தியடைய வேண்டும். அதற்கு நாம் அவர்களுக்கான இறுதிக் காரியங்களை முறையாகச் செய்ய வேண்டும்.' கிம் இயோங்-ஜியுவின் தந்தை உருக்கமாகக் கேட்டுக் கொண்டார். மற்ற பெற்றோர்களும் அதற்குச் சம்மதித்தனர். வார்யோங் மலைப்பகுதியில், ஐந்து சிறுவர்களின் உடல்கள் கண்டெடுக்கப்பட்ட இடத்தில் ஊரே கூடி நிற்க, பெற்றோரின் கண்ணீரோடு இறுதிச் சடங்குகள் முறைப்படி நடத்தப்பட்டன. சிறையிலிருந்த பார்க் சான்-இன்னின் தந்தைக்கு நிபந்தனை யற்ற பெயில் வழங்கப்பட்டிருந்தது. தென் கொரியாவின் பல்வேறு பகுதிகளில் சிறுவர்களுக்கு மரியாதை செலுத்தப்பட்டது.

இறுதிச் சடங்குகள் முடிந்ததும், பெற்றோர் சேகரிக்கப்பட்ட தம் மகன்களின் மண்டை ஓடுகளை Gyeongbuk பல்கலைக்கழகத்தின் ஆராய்ச்சி மாணவர்களுக்குத் தானமாக வழங்கினர்.

ஒரு வழக்குக்கான தீர்வைக் கண்டறிய முடியவில்லை. வருடக் கணக்கில் இழுத்துக் கொண்டே போகிறது. எனில், பதினைந்தாவது ஆண்டின் முடிவில் அந்த வழக்கைக் கைவிட்டுவிடலாம் என்றது தென் கொரியச் சட்டம். அதன்படி 2006-ல் ஐந்து சிறுவர்களின் மர்ம வழக்கும் கைவிடப்பட்டது.

2015 ஜூலையில் அந்தச் சட்டத்தை தென் கொரிய அரசு நீக்கியது. எனவே, ஐந்து சிறுவர்களின் கொலை வழக்கு மீண்டும் தூசு தட்டப்பட்டது. இருந்தும் இதுவரை அந்த வழக்கின் மர்மத்திரை, கொஞ்சம்கூட விலகவே இல்லை.

ஐந்து சிறுவர்களின் விடையில்லா மரணம் - தென் கொரியாவின் துயரம்.

வேறொன்றும் சொல்வதற்கில்லை.

#RIPFrogBoys

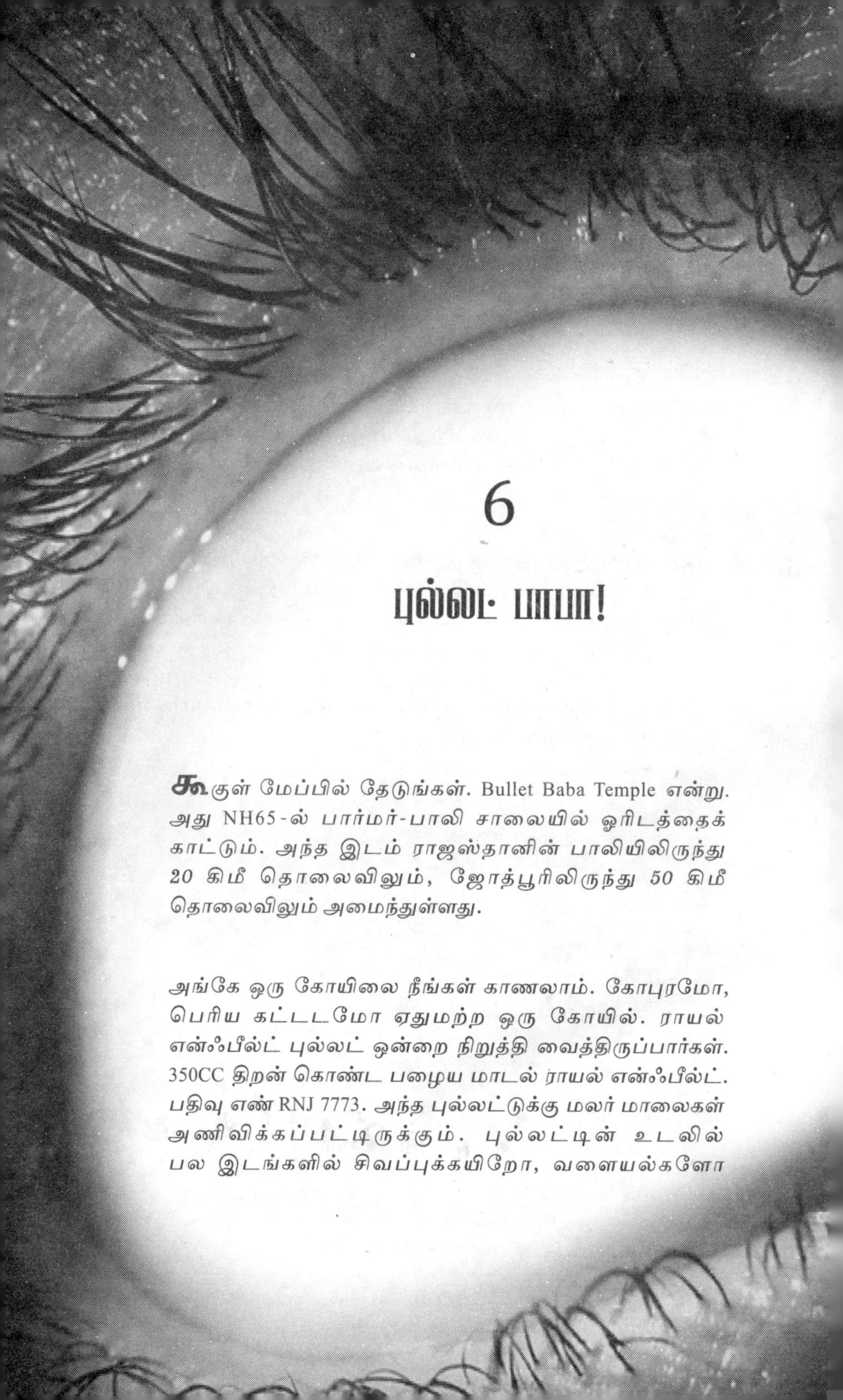

6

புல்லட் பாபா!

கூகுள் மேப்பில் தேடுங்கள். Bullet Baba Temple என்று. அது NH65-ல் பார்மர்-பாலி சாலையில் ஓரிடத்தைக் காட்டும். அந்த இடம் ராஜஸ்தானின் பாலியிலிருந்து 20 கிமீ தொலைவிலும், ஜோத்பூரிலிருந்து 50 கிமீ தொலைவிலும் அமைந்துள்ளது.

அங்கே ஒரு கோயிலை நீங்கள் காணலாம். கோபுரமோ, பெரிய கட்டடமோ ஏதுமற்ற ஒரு கோயில். ராயல் என்ஃபீல்ட் புல்லட் ஒன்றை நிறுத்தி வைத்திருப்பார்கள். 350CC திறன் கொண்ட பழைய மாடல் ராயல் என்ஃபீல்ட். பதிவு எண் RNJ 7773. அந்த புல்லட்டுக்கு மலர் மாலைகள் அணிவிக்கப்பட்டிருக்கும். புல்லட்டின் உடலில் பல இடங்களில் சிவப்புக்கயிறோ, வளையல்களோ

கட்டப்பட்டிருக்கும். அந்த புல்லட்டே அந்தக் கோயிலின் கடவுள். அதைத்தான் மக்கள் வந்து வணங்குகிறார்கள். அதைச் சுற்றி வலம் வருகிறார்கள். தீப ஆராதனை காட்டுகிறார்கள். பத்தியின் மணம் கமழ்கிறது. பக்திப் பாடல்கள் செவியில் நிறைகின்றன. கண்ணீர் மல்க பிரார்த்தனை செய்யும் ஒரு சிலரையும் காணலாம்.

எனில், யாரோ ஒரு சாமியார் புல்லட் மீது உட்கார்ந்து குறி சொல்கிறார். அவர்தான் புல்லட் பாபா. இப்படி வித்தியாசம் காட்டி ஊரை ஏமாற்றி காசு சம்பாதிக்கிறார் என்று சிலருக்குத் தோன்றலாம். ஆனால், விஷயம் முற்றிலும் வேறு. உடனே ஃப்ளாஷ்பேக் செல்ல வேண்டும். வருகிறீர்களா?

★

சோட்டிலா கிராமத்தின் தலைவர் ஜோக் சிங். அவரது மகன் ஓம் சிங் ரத்தோர். ராஜபுத்திரர்கள் இளைஞர்களை பன்னா (Banna) என்று செல்லமாக அழைப்பதுண்டு. ஓம் சிங்கை ஊரில் பலரும் 'ஓம் பன்னா' என்று அழைத்தனர். ஓம் பன்னாவுக்கு புல்லட் என்றால் பிரியம். தனது ராயல் என்ஃபீல்ட் புல்லட்டை ஒரு குழந்தைபோல பாதுகாத்து வந்தார். அதில் அவர் கம்பீரமாக வலம் வந்தபோது ஊரே ரசித்தது.

கோயிலின் அமைவிடம்

ஓம் பன்னாவுக்குத் திருமணம் நடந்தது. மனைவியையும் ஆசையுடன் அழைத்துக்கொண்டு சில முறை புல்லட்டில் வலம் வந்தார். *1991*, டிசம்பர் 2. ஓம் பன்னா ஒரு வேலையாக தன் புல்லட்டில் பாங்டி என்ற நகரத்துக்குச் சென்றார். இரவு திரும்ப நேரமாகிவிட்டது. வரும் வழியில் கடும் இருட்டா, கொடும் பனியா என்று தெரியவில்லை. ஓம் பன்னாவின் புல்லட் கட்டுப்பாடு இழந்தது. சாலையோரம் இருந்த ஒரு மரத்தில் கடும் வேகத்துடன் மோதியது. அதில் ஓம் பன்னா தூக்கி எறியப்பட்டார். புல்லட், தறிகெட்டு ஓடி அருகிலிருந்த ஒரு கால்வாயில் சென்று விழுந்தது.

ஓம் பன்னா

இரவெல்லாம் ஓம் பன்னா வீடு திரும்பவில்லை என்றதும் அவரது குடும்பத்தினர் தேட ஆரம்பித்தனர். கொஞ்ச நேரத்திலேயே விபத்து நடந்த இடத்தில் ஓம் பன்னாவின் உடல் கண்டெடுக்கப்பட்டது. போலீஸாருக்குத் தகவல் தெரிவிக்கப்பட்டது. அவர்களும் விரைந்து வந்து, உடலைக் கைப்பற்றினர். சட்டரீதியான சம்பிரதாயமான நடவடிக்கைகள் மேற்கொள்ளப்பட்டன.

ஓம் பன்னா நேசித்த புல்லட்டே அவரது உயிரைப் பறித்து விட்டதே என்று அந்தக் கிராமமே சோகத்தில் மூழ்கியது. புது மாப்பிள்ளையாகி வாழ்வை ஆரம்பிக்கும் முன்பே இப்படி போய் விட்டாரே என்று பெண்கள் கண்ணீர் வடித்தனர். கால்வாயிலிருந்து புல்லட்டை எடுத்த போலீஸார், மேற்படி விசாரணைக்காக அதனை காவல் நிலையத்துக்கு கொண்டு சென்றனர். காவல் நிலையத்தின் வெளியே புல்லட் நிறுத்தி வைக்கப்பட்டது.

மறுநாள் காலை. சோம்பல் முறித்தபடி வெளியே வந்த போலீஸ்காரர் ஒருவர் அதிர்ச்சியானார். புல்லட்டைக் காணவில்லை. சுற்றும் முற்றும் தேடிப் பார்த்தார். எங்கும் இல்லை. காவல்

350

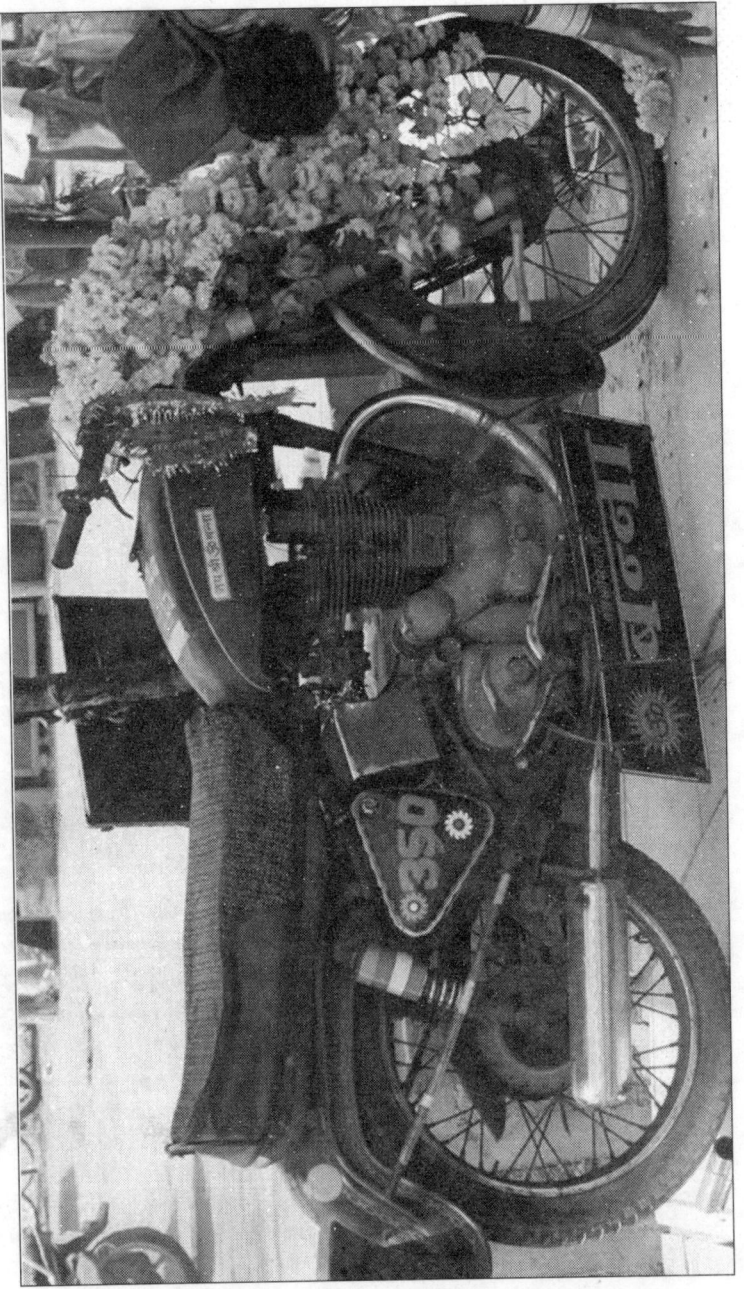

நிலையத்துக்குள்ளேயே புகுந்து வண்டியைத் தூக்குகிறார்களா? அது பெருத்த அவமானமில்லையா? விசாரணை முடிவதற்குள் புல்லட் காணாமல் போய்விட்டது என்று உயரதிகாரிகளிடம் சொல்ல முடியுமா? தவிர, ஊர்த்தலைவரின் மகனது புல்லட். அவர்கள் திருப்பிக் கேட்டாலும் பிரச்னையாகிவிடும்.

சில போலீஸார் புல்லட்டைத் தேடிக் காவல் நிலையத்திலிருந்து உடனடியாகக் கிளம்பினர். ஊரில் ஆங்காங்கே விசாரித்தனர். ஓம் பன்னாவின் வீட்டிற்கும் சென்று சந்தேகத்துடன் பார்த்தனர். அங்கும் புல்லட் இல்லை. விபத்து நடந்த இடத்திற்குச் சென்று பார்த்தபோது அங்கே, அந்த மரத்தின் அருகில் புல்லட் கம்பீரமாக நின்று கொண்டிருந்தது.

போலீஸாருக்கு ஒன்றும் புரியவில்லை. யார் இதை இங்கே கொண்டு வந்து நிறுத்தியிருப்பார்கள்? திருட வந்தவன், புல்லட்டை எடுத்து வந்து ஏன் இங்கே கொண்டு வந்து நிறுத்த வேண்டும்? போலீஸார் மேற்படி யோசிக்கவில்லை. மீண்டும் புல்லட்டை காவல் நிலையத்துக்குக் கொண்டு சென்றார்கள். 'டேங்கைக் காலிபண்ணி நிப்பாட்டுங்கய்யா. பெட்ரோல் இல்லாம எவன் எடுத்துட்டுப் போக முடியுதுன்னு பாக்கலாம்' என்றார் ஒரு போலீஸ்காரர். அப்படியே செய்தார்கள். இரவு முழுக்க புல்லட் காவல் நிலையத்தில்தான் இருந்தது.

விடியும்போது புல்லட் நிறுத்தியிருந்த இடம் காலியாகக் கிடந்தது. அதிர்ந்த போலீஸார், இந்த முறை யோசிக்கவே இல்லை. நேராக விபத்து நடந்த இடத்துக்குச் சென்றார்கள். ஆம், புல்லட் அங்குதான் நின்று கொண்டிருந்தது. போலீஸாருக்கு ஒன்றுமேபுரியவில்லை. 'பெட்ரோலும் இல்ல. எவன் வேலை மெனக்கிட்டு இதை இங்க கொண்டு வந்து நிறுத்திட்டுப் போயிருப்பான்?' குழப்பத்துடன் அவர்கள் மீண்டும் புல்லட்டை காவல் நிலையத்தில் கொண்டு வந்து நிறுத்தினார்கள்.

அந்த மர்ம புல்லட்டை குஜராத்தி ஒருவருக்கு விற்றுவிட்டார்கள். அவரிடமும் புல்லட் தங்கவில்லை. சுமார் 400 கிமீ தாண்டி மீண்டும் விபத்து நடந்த இடத்துக்கே வந்துவிட்டது என்று

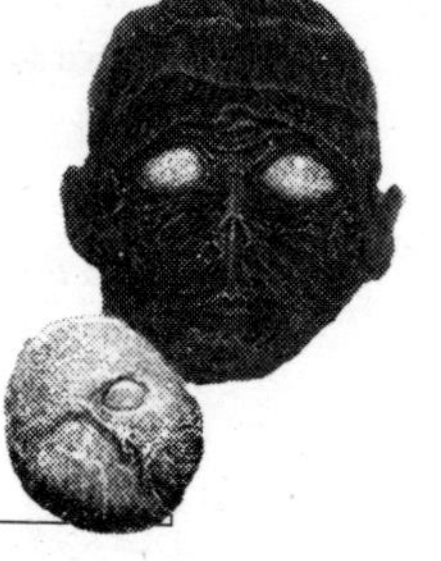

‘அந்த ரெண்டு டயர்லயும் காத்தை இறக்கி விடுங்க.’ காற்று காற்றுடன் கலந்தது. இரவு நேரம். ‘எதுக்கும் ஒரு செயினைப் போட்டு புல்லட்டைக் கட்டி வையுங்க.’ சங்கிலியால் பிணைத்தும் வைத்தார்கள். இரவெல்லாம் புல்லட் காவல் நிலையத்தைத்தான் காவல் காத்துக் கொண்டிருந்தது. விடியலில் மீண்டும் அது இல்லை.

போலீஸார் மூச்சிரைக்க விபத்து நடந்த இடத்துக்கு வந்தார்கள். புல்லட் அவர்களை ஏமாற்றவில்லை. அங்குதான், அந்த மரத்தின் அருகில்தான், எங்கே ஓம் பன்னாவின் உயிர் பிரிந்ததோ அதே இடத்தில்தான் சோகமாக நின்று கொண்டிருந்தது. காற்றே இல்லாத டயர், கட்டி வைக்கப்பட்ட புல்லட், இவ்வளவு தூரம் கொண்டு வரப்பட்டிருக்கிறதென்றால் நிச்சயம் இதில் ஏதோ மர்மம் இருக்கிறது. போலீஸாருக்குப் புல்லரித்தது.

செய்தி ஊரெங்கும் பரவியது. சட்டம் தன் கடமையைச் செய்தே ஆக வேண்டுமல்லவா. போலீஸார் மீண்டும் கஷ்டப்பட்டு புல்லட்டை காவல் நிலையத்துக்குக் கொண்டு சென்று நிறுத்தினர். காவல் நிலையத்தில் கூட்டம் கூட ஆரம்பித்தது. எல்லோரும் புல்லட்டை அதிசயமாகப் பார்த்தனர். போலீஸார் மக்களைக் கஷ்டப்பட்டு அப்புறப்படுத்தினர். அடுத்த நாள் காலையிலும் அதுவேதான் நடந்தது. புல்லட், விபத்து நடந்த இடத்தில்தான் நின்று கொண்டிருந்தது.

அதற்கு மேல் மக்களைக் கட்டுப்படுத்த முடியவில்லை. ஓம் பன்னாவின் ஆசை புல்லட்டுக்கு அதீத சக்தி இருப்பதாக மக்கள் நம்ப ஆரம்பித்தனர். ஓம் பன்னாவின் ஆவிதான் புல்லட்டை மீண்டும் மீண்டும் விபத்து இடத்துக்கே கொண்டு வந்து சேர்க்கிறது என்று உறுதியாக நம்பினர். அந்த இடத்தில், விபத்து நடத்த மரத்தின் அருகில் புல்லட் நிறுத்தி வைக்கப்பட்டது. அதற்கு பூஜைகள் ஆரம்பமாயின. ஓம் பன்னாவின் புகைப்படம் ஒன்று அங்கே வைக்கப்பட்டது. பின்பு அவரது மார்பளவிலான மார்பிள் சிலை ஒன்று அங்கே உருவாக்கப்பட்டது. ஓம் பன்னாவை, புல்லட் பாபாவென மக்கள் அழைக்க ஆரம்பித்தனர். புல்லட் பாபா’ கோயில் என்று அந்த இடம் குறித்த புகழ்க் கதைகள் சுற்று வட்டாரமெங்கும் பரவ ஆரம்பித்தன.

அதில் இப்படியும் ஒரு கதை உண்டு. ஓம் பன்னாவின் உறவினர்கள் அந்த மர்ம புல்லட்டை குஜராத்தி ஒருவருக்கு விற்றுவிட்டார்கள்.

அவரிடமும் புல்லட் தங்க வில்லை. சுமார் 400 கிமீ தாண்டி மீண்டும் விபத்து நடந்த இடத்துக்கே வந்து விட்டது என்று.

புல்லட் மோதிய மரம்

நாளடைவில் அந்தச் சாலையைக்கடக்கும் ஒவ்வோர் ஓட்டுநரும், புல்லட் பாபா கோயிலில் பிரேக் போட்டனர். வந்து அன்னாரது திரு உருவப் படத்துக்கு தேங்காய் உடைத்து, மலர் தூவி, ஆரத்தி காட்டி, பத்தி ஏற்றி, புல்லட்டை வலம் வந்து, பின் தம் நெற்றியில் திலகமிட்டுக் கொண்டு கிளம்பினர். குறைந்தபட்சம் வண்டியை அங்கே நிறுத்தி, டிரைவர் சீட்டில் அமர்ந்தபடி ஹார்ன் அடித்து வணங்கிவிட்டே சென்றனர். இப்போதும் அப்படித்தான் செய்கின்றனர். புல்லட் பாபாவை வணங்காமல் போனால் செல்லும் பயணம் ஆபத்தானதாக முடியும் என்று உறுதியாக நம்புகின்றனர்.

பக்தி மிகுதியால் பாபாவின் சிலைக்கு மதுபானம் ஊட்டும் ஓட்டுநர்களும் உண்டு. 'புல்லட் பாபாவிடம் வேண்டிய காரியம் நிறைவேறி விட்டது. அதற்காகத்தான் அவருக்கு மது ஊட்டு கிறேன்' என்று சொல்பவர்களைக் காணலாம். பெண்களின் கூட்டமும் இங்கே படையெடுக்கிறது. நீண்ட தூரத்துக்கு வண்டி ஓட்டிச்செல்லும் தம் கணவர்களின் உயிருக்கு ஆபத்து உண்டாகக் கூடாது என்று வேண்டி, அந்த மரத்தில் சிவப்பு வளையல்களை, வண்ணத் துணிகளைக் கட்டிவிட்டு வழிபடுகின்றனர். புதுமணத் தம்பதி யரும் புல்லட்டை சாஷ்டாங்கமாக விழுந்து கும்பிடு கின்றனர். 'ஹே, புல்லட் பாபா! நாங்கள் இருவரும் நல்ல ஆயுளுடன் நீண்ட காலத்துக்கு கணவன் - மனைவியாக வாழ அருள் புரிவீராக!' என்பதே புதுசா கட்டிக்கிட்ட ஜோடிகளின் பிரார்த்தனை. புதிதாகப் பிறந்த குழந்தைகளும் இங்கே எடுத்து வரப்படுகின்றன. புல்லட் பாபாவுக்கு குழந்தைகளின் முடியைக் காணிக்கையாகக் கொடுக்குமளவுக்கு அவரது சக்தியை ராஜபுத்திர மக்கள் நம்புகிறார்கள். கோயிலைச் சுற்றியுள்ள கடைகளில் புல்லட் பாபா உருவம் கொண்ட கீசெயின்களும், அவரது புகைப்படங்களும் அமோகமாக விற்பனையா கின்றன.

ஆம், ராஜஸ்தானின் சுற்றுலா அடையாளங்களில் ஒன்றாக புல்லட் பாபாகோயிலும் நிலைபெற்றுவிட்டது. வெளிநாட்டினரும் புல்லட் பாபாவை தரிசித்து மகிழ்கின்றனர். நீண்ட தூரம் புல்லட்களில் பயணம் செய்யும் ராயல் என்ஃபீல்ட்காரர்கள் பெருமையுடன் இங்கே வந்து புல்லட்டையும் பாபாவையும் காதலுடன் தரிசித்துவிட்டுச் செல்கிறார்கள்.

1991-ல் நடந்த சம்பவம். ஆனால், காவல் நிலையத்திலிருந்து புல்லட் அத்தனை முறை எப்படி காணாமல் போனது, எப்படி விபத்து நடந்த இடத்துக்கு வந்தது என்பதற்கான பதில் இதுவரைக்கும் போலீஸ் தரப்பில் கண்டறியப் படவில்லை. ஒருவேளை அப்போதே சிசிடிவி கேமரா வசதி காவல் நிலையத்தில் இருந்திருந்தால் உண்மை பதிவாகி யிருக்கலாம் - அது ஆளின் வேலையா அல்லது ஆவியின் வேலையா என்றும் தெரிய வந்திருக்கலாம்.

ஒன்றை மட்டும் இன்றைக்கும் அந்த மக்கள் பயம் + பக்தியுடன் சொல்கிறார்கள். இரவு இங்கே தங்கிப் பாருங்கள். நள்ளிரவில் யாருமில்லா சாலையில் நிச்சயம் உங்களுக்கும் கேட்கும் - புல்லட்டின் டுப்... டுப்... டுப்... டுப்... சத்தம்.

7
பயணங்கள் முடிவதில்லை

'நான் உலகைச் சுற்றி வர ஆசைப்படுகிறேன்.'

அமெலியா இப்படிச் சொன்னதும் ஜார்ஜ் ஆச்சரியத்தில் புருவங்களை உயர்த்தினார்.

'ஓ!'

'விமானத்தில்.'

'தனி ஆளாகவா?'

'நல்ல அனுபவமிக்க வழிகாட்டியின் உதவி நிச்சயம் தேவை. இது என் கனவு. இதை நிறைவேற்றினால், உலகை விமானத்தில் சுற்றி வந்த முதல் பெண்ணாக நான் வரலாற்றில் இடம்பெறுவேன்.'

சிறுவயதில் அமெலியா

ஜார்ஜ், அமெலியாவின் கரங்களைப் பற்றிக் கொண்டார். 'என் ஆதரவு உனக்கு எப்போதும் உண்டு. உன் கனவு நிறைவேற நான் தோள் கொடுப்பேன்.'

இப்போது ஒரு பெண் விமானத்தில் உலகைச்சுற்றி வருவது என்பதுசாதாரண விஷயம். தொழில் நுட்பங்கள் வளர்ந்த இந்தக் காலத்திலும் அதில் ஆபத்துகள் உண்டு. ஆனால், 1930 சமயத்தில் யோசித்துப் பாருங்கள். விமானத் தொழில்நுட்பம் வளர ஆரம்பித்த காலம். கண்டங்கள் தாண்டி அதிகத் தொலைவு விமானத்தில் செல்வதெல்லாம் ஆகப்பெரிய அபாயம். அதுவும் சிறிய விமானத்தை தனி ஆளாக ஓட்டிச் செல்வதற்கெல்லாம் முரட்டுத்தனமான தைரியம் வேண்டும். அமெலியாவுக்கு அது இருந்தது.

அமெலியா மேரி இயர்ஹர்ட், அமெரிக்காவின் அட்சிஸனில் 1897-ல் பிறந்தவள். சிறு வயது முதலே தைரியமான பெண்ணாக வளர்ந்தவள். ஆண் பிள்ளைகளுக்குப் போட்டியாகப் பல களங்களிலும் நின்றவள். கூடைப்பந்தில் சாகசக்காரி. நல்ல மெக்கானிக். முதல் உலகப்போரில் கனடாவில் செஞ்சிலுவை இயக்கத்தில் இணைந்து பணியாற்றிய கருணையுள்ள நர்ஸ். சாகசங்களில் ஈடுபாடு கொண்டவள். யாருமே செய்யாததைத் தான் செய்து காட்ட வேண்டுமென்ற நினைப்பு அவளுக்குள் எப்போதுமே ஓடிக் கொண்டிருந்தது.

அதற்கு அவள் தேர்ந்தெடுத்த விஷயம் விமானம். வானமே எல்லை என்று களமிறங்கினாள். 1920-ல் விமானம் ஓட்டப் பயிற்சி எடுக்க ஆரம்பித்தாள். அதற்குப் பணம் வேண்டு மென்பதற்காகவே, ஒரு டெலிபோன் நிறுவனத்தில் கணக்கராக வேலை பார்த்தாள். காசு சேர்த்து, 1921-ல் தன் முதல் விமானத்தை வாங்கினாள். பழைய விமானம்தான். The Canary என்று அதற்குச் செல்லப் பெயரிட்டாள். இரண்டு பேர் மட்டுமே பயணம் செய்யக்கூடிய அடர் மஞ்சள் நிறக் குட்டி விமானம். அதை ஓட்டிக்காட்டி, விமானிக்கான ஓட்டுநர் உரிமத்தையும் வெற்றிகரமாகப் பெற்றாள். அமெரிக்காவில் விமான ஓட்டுநர் உரிமம் பெற்ற பதினாறாவது பெண்.

அமெலியாவின் விண்ணைத் தாண்டி வருவாயா சாகசங்கள் ஆரம்பமாகின. அதில் முதல் சாதனை, 14000 அடி உயரம் வரை தனியே பறந்தாள் (1922). தடுமாற்றமின்றித் தரையிறங்கினாள். அமெரிக்காவில் அவள் புகழ் வானில் ஏற ஆரம்பித்தது. காரணம், அந்தச் சாதனையைச் செய்த உலகின் முதல் பெண் அமெலியாதான். அடுத்தகட்டமாக பல்வேறு விமானக் கண்காட்சிகளில் கலந்துகொண்டு பறக்கும் பாவையாகப் பலரையும் வாய்பிளக்கச் செய்தாள்.

அமெலியாவுக்குத் திருமண வாழ்வில் விருப்பமில்லை. தனது சிறகுகள் கத்தரிக்கப்படலாம் என்று தயங்கினாள். இருந்தாலும் நீண்ட யோசனைக்குப் பிறகு திருமணம் செய்துகொள்ள முடிவெடுத்தாள். பாஸ்டனைச் சேர்ந்த சாமுவேல் சேப்மேன் என்ற வேதியியலாளருடன். 1928-ல் நிச்சயதார்த்தம் முடிந்தது. திருமணத்துக்கு முன்பாகவே அந்த உறவும் முடிந்துபோனது. சில காரணங்கள். சரிப்படவில்லை என்று விலகிவிட்டாள் அமெலியா.

ஜார்ஜ் புட்னெம் என்ற பதிப்பாளரும் தன் முதலாம் திருமண வாழ்விலிருந்து வெளிவந்திருந்தார். அவருக்கு அமெலியாவைப் பிடித்திருந்தது. 'கல்யாணம் பண்ணிக்கலாமா?' என்று அவளிடம் கேட்டார். 'வாய்ப்பே இல்லை' என்று விலகிச் சென்றாள். ஆனால், ஜார்ஜ் விடவில்லை. 'உன் கனவுகள் எனக்குச் சுமையல்ல. அதற்கு நானும் துணைநிற்பேன்' என்று அவளுக்கு நம்பிக்கை கொடுத்தார். 'கல்யாணம் பண்ணிக்கலாமா?' என்று ஜார்ஜ் ஆறாவது முறை கேட்டபோது, அமெலியா சம்மதப் புன்னகை பூத்தாள். 1931, பிப்ரவரி 7 அன்று திருமணம் செய்து கொண்டார்கள். தேனிலவுக்கெல்லாம் திட்டமிட வில்லை. அமெலியா தனது அடுத்த சாதனைக்காகத் தீவிரமாகத் திட்ட மிட்டுக் கொண்டிருந்தாள்.

இடாஸ்காவில் இருந்து அவர்கள் பேசியது எதுவும் அமெலியாவுக்குப் புரியவில்லை. அதேசமயம் விமானத்தின் திசைகாட்டி வேலை செய்யவில்லை. சிக்கல் தொடங்கி இருந்தது

ஜார்ஜ் புட்னெம் உடன் அமெலியா

1932, மே 20 அன்று, அமெலியா கனடாவின் நியு ஃபவுண்ட்லேண்டிலிருந்து விமானத்தில் கிளம்பினாள். மறுநாள் வட அயர்லாந்தின் லண்டன்டெர்ரி பகுதியில் வெற்றிகரமாகத் தரையிறங்கினாள். விமானத்தில் தனியாக அட்லாண்டிக் பெருங் கடலைக் கடந்த முதல் பெண் என்ற பெரும் சாதனையைத் தன்வசமாக்கினாள். அமெலியாவுக்கு முன் சார்லஸ் லிண்ட்பெர்க் என்ற அமெரிக்கர் மட்டுமே அந்தச் சாதனையைப் படைத் திருந்தார். அந்த வகையில் அமெலியா அதைச் சாதித்த உலகின் இரண்டாவது நபர். ஹாலிவுட் நடிகர்களுக்கு இணையான புகழ் அன்றைக்கு அமெலியாவுக்கும் இருந்தது.

அடுத்து அமெலியா அமெரிக்காவை வலம் வர முடிவு செய்தாள். லாஸ் ஏஞ்சல்ஸிலிருந்து கிளம்பி, தொடர்ந்து 19 மணி நேரம் பறந்து, நியு ஜெர்ஸியை வந்தடைந்தாள். புத்தம் புதிய சாதனை. 1935-ல் ஹவாய் தீவுகளிலிருந்து அமெரிக்காவுக்குத் தனியாகப் பறந்து வந்து மற்றுமொரு சாதனையை வரலாற்றின் பக்கங்களில் செதுக்கினாள்.

அப்போதெல்லாம் பெண் விமானிகள் மிக மிகக்குறைவு. தன்னைப் போல பல பெண்களும் வானை அளக்க வேண்டும் என்று விரும்பிய அமெலியா, Ninety-Nines என்றொரு அமைப்பைத்

தொடங்கினாள். அதன் மூலம் பெண்களுக்கு விமானம் ஓட்டுவதற்குப் பயிற்சியளித்தாள். அந்தச் சமயத்தில் அமெலியா தன் வாழ்நாள் கனவுக்கான திட்டமிடலில் இறங்கியிருந்தாள். விமானத்தை ஓட்டிக்கொண்டு உலகை வலம் வருவது.

அமெலியாவுடன் அனுபவமிக்க விமானியான ஃப்ரெட் நூனான் (Fred Noonan), கைகோத்திருந்தார். அவர் கப்பலின் கேப்டனாக இருந்த அனுபவமும் கொண்டவர். பசிபிக் பெருங்கடலில் பல வர்த்தக விமானங்களுக்கான வழித்தடத்தை அமைத்துக் கொடுத்த முன்னோடி.

ஜார்ஜ், தன் மனைவியின் கனவுப் பயணத்துக்காக நிதி திரட்டும் பணிகளையும், விளம்பரப் பணிகளையும் கவனித்துக் கொண்டார். Lockheed Electra 10E என்ற இரண்டு இன்ஜின் கொண்ட விமானத்தை வாங்கினார்கள். 1937, மார்ச் 17-ல் முதல் முயற்சி தொடங்கியது. சில தடைகள், எலெக்ட்ராவில் கோளாறு என்று அந்தப் பயணம் கொஞ்ச மைல்களிலேயே மூச்சு வாங்கி முடிவுக்கு வந்தது.

முதல் கோணல் முற்றிலும் கோணல் என்று அவர்கள் முகத்தைத் தூக்கி வைத்துக்கொண்டு உட்காரவில்லை. என்ன பிரச்னை, எதிலெல்லாம் பிரச்னை என்று நிதானமாக ஆராய்ந்தார்கள். அமெலியாவும் ஃப்ரெட்டும் எலெக்ட்ராவைச் சரிசெய்தார்கள்.

அமெலியாவிடம் பயிற்சி பெற்ற பெண்கள்

எலெக்ட்ராவுடன் அமெலியா

அதில் அதிகப்படியான வசதிகளை இணைத்தார்கள். ஜார்ஜ் கூடுதலாகப் பணம் திரட்டினார். இரண்டாவது முயற்சியில் இறங்கினார்கள். அமெரிக்க அரசின் பரிபூரண ஆதரவும் இந்தப் பயணத்துக்கு இருந்தது. இந்த முறை அமெலியாவும் ஃப்ரெட்டும் பயணத்திட்டத்தை மிகத் தெளிவாக வகுத்திருந்தனர்.

கலிஃபோர்னியா, அரிஸோனா, லூஸியானா, ஃப்ளோரிடா, புவர்ட்டோ ரிகோ, வெனிசுவேலா, சுரிநாம், பிரேசில், செனகல், பிரான்ஸின் ஆதிக்கத்திலிருந்த சூடான், ஆங்கிலோ எகிப்தியன் சூடான், எத்தியோப்பியா, இத்தாலியின் ஆதிக்கத்திலிருந்த எரிட்ரியா, பிரிட்டிஷ் இந்தியாவின் கராச்சி, கல்கத்தா, பர்மா, சியாம், சிங்கப்பூர், டச்சு கிழக்கு இந்தியக் கம்பெனியின் பிடியிலிருந்த இந்தோனேஷியாவின் சில நகரங்கள், ஆஸ்திரேலியா, நியு கினியா, ஹௌலேண்ட் தீவு, ஹவாய் வழியாக மீண்டும் கலிஃபோர்னியா.

இதுதான் பயணத்தடம். 1937, மே 20-ல் கலிஃபோர்னியாவில் தொடங்கும் பயணத்தை ஜூன் இறுதிக்குள் முடித்துவிட வேண்டுமென்பது திட்டம். அமெரிக்க அதிபர் ரூஸ்வெல்ட்டின் ஆதரவுடனும் வாழ்த்துகளுடனும், பல்வேறு மக்களின் உற்சாகமான கையசைப்புகளுடனும், தன் கணவரது அழுத்தமான முத்தத்துடனும் பயணத்தைத் தொடங்கினாள் அமெலியா. வழிகாட்டி ஃப்ரெட் மிகுந்த உற்சாகத்துடன் தோள் கொடுத்தார். எலெக்ட்ரா, புத்துணர்ச்சியுடன் தன் எந்திரச் சிறகுகளை மீண்டும் விரித்தது.

வானிலை சாதகமின்மை, சிறு சிறு விமானக் கோளாறுகள் போன்றவற்றால் நினைத்ததைவிட ஒரு சில நாள்கள் தாமதம் உண்டானாலும் வட அமெரிக்கக் கண்டம், தென் அமெரிக்கக் கண்டம், ஆப்பிரிக்கக் கண்டமெல்லாம் கடந்து ஆசியக் கண்டத்துக்குள் நுழைந்து, இந்தியாவை வான் வழியே கடந்து, இந்தோனேஷியாவுக்குள் நுழைந்து, ஆஸ்திரேலியாவைத் தொட்டு, நியு கினியாவின் லே (Lae) நகரத்துக்கு ஜூன் 29 அன்று வந்து சேர்ந்தனர். அதுவரை சுமார் 22,000 மைல்கள் பயணம் செய்திருந்தனர். இன்னும் 7000 மைல்கள் மட்டுமே. இரண்டு நிறுத்தங்களைக் கடந்தால் கலிஃபோர்னியா தொட்டுவிடும் தூரம்தான்.

அமெலியாவின் கண் முன்னே பரந்து விரிந்து கிடந்தது பசிபிக் பெருங்கடல். இதைத் தாண்டி விட்டால் வாழ்வின் லட்சியம் நிறைவேறிவிடும். கடல் காற்று அமெலியாவைத் தழுவியது. எலெக்ட்ரா நம்பிக்கையுடன் கண் சிமிட்டியது.

பயணத்தின் அடுத்தக் கட்டம், லே நகரத்திலிருந்து பசிபிக் கடல்மேல் 2221 கடல் மைல்கள் பறந்து ஹௌலேண்ட் தீவை அடைய வேண்டும். ஆஸ்திரேலியாவுக்கும் ஹவாய் தீவுகளுக்கும் இடையே பசிபிக் பெருங்கடலின் மத்தியில் அமைந்த மனிதர்களே வசிக்காத தீவுதான் ஹௌலேண்ட். அமெலியாவின் அதுவரையிலான பயணத்தில் சற்றே ஆபத்தானதும், அதிகத் தொலைவு கொண்டதும் அந்தப்பயணம்தான். விமானத்தில் ஏதாவது

அமெலியாவும் ஃப்ரெட்டும்

கோளாறு என்றால் அருகில் ஏதாவது நிலம் பார்த்து தரையிறக்க முடியாது. நடுவானில் எரிபொருள் தீர்ந்துவிட்டால் தலைவிதியும் தீர்ந்துவிடும். அதிகத் தொழில்நுட்ப வசதிகளும், பாதுகாப்பு அம்சங்களும் இல்லாத அன்றைய சிறு விமானங்கள் மூலம் அத்தனைப் பெரிய பசிபிக் பெருங்கடலைத் தாண்டுவதற்கு அசாத்திய தைரியமும், அபரிமிதமான திறமையும் வேண்டும். எல்லாம் சரியாக அமைந்து, பறக்கும்போது சாதகமற்ற வானிலையை எதிர்கொள்ள நேர்ந்தாலும் விளைவு எதிர் மறையாகத்தான் இருக்கும்.

இத்தனை விஷயங்களையும் மனத்தில் கொண்டு, தகுந்த முன்னேற் பாடுகளுடனும் தெளிவான மனநிலையுடனும் அமெலியாவும் ஃப்ரெட்டும் ஜுலை 2 அன்று இரவில் விமானத்தில் ஏறினர். லேவிலிருந்து கிளம்பினர். இரண்டு இன்ஜின்களும் உறும, எலெக்ட்ரா வானில் மிதக்க ஆரம்பித்தது. விமானத்தில் எடை கொஞ்சம் அதிகமாகத்தான் ஏற்றப்பட்டிருந்தது. காரணம், ஹௌலேண்டில் எதுவும் கிடையாது. ஹௌலேண்டிலிருந்து அடுத்து ஹவாய்க்குப் பறப்பதற்கான எரிபொருளையும் கையோடு எடுத்துச்செல்ல வேண்டும். எனவே, 1100 கேலன் எரிபொருளுடன் எலெக்ட்ரா பறந்து கொண்டிருந்தது.

ஹௌலேண்ட் தீவுக்கு அமெரிக்கா உரிமை கோரியிருந்தது. எனவே, அங்கே அமெரிக்கக் கடற்படைக் கப்பலான இடாஸ்கா, அமெலியாவின் வருகைக்காகக் காத்திருந்தது. அமெலியா, ஹௌலேண்ட் தீவின் இருப்பிடத்தை எளிதாகக் கண்டுபிடிக்க உதவுதற்காகக் கப்பலில் இருந்து சமிக்ஞைகளையும் செய்தி களையும் அனுப்பிக் கொண்டிருந்தார்கள்.

'வானம் அதிக மேகமூட்டத்தின் இருக்கிறது' என்று அதிகாலை 2.45 போல அமெலியாவிடமிருந்து செய்தி வந்திருந்தது. அடுத்த செய்தி அதிகாலை 5 மணிபோல வந்தது. ஆனால், இரண்டும் தெளிவில்லை. அப்போது ஹௌலேண்ட் தீவுக்கு பல நூறு மைல்கள் தள்ளித்தான் எலெக்ட்ரா பறந்து கொண்டிருந்தது. அமெலியா, இடாஸ்காவின் ரேடியோ சிக்னல்களைப் பெற்றாள். ஆனால், இடாஸ்காவிலிருந்து அவர்கள் பேசியது எதுவும் அமெலியாவுக்குப் புரியவில்லை. அதேசமயம் விமானத்தின் திசைகாட்டி வேலை செய்யவில்லை. சிக்கல் தொடங்கி யிருந்தது.

காலை 6.14-க்கு இடாஸ்காவுக்கு அமெலியாவிடமிருந்து வந்த அழைப்பின்படி, எலெக்ட்ரா 200 மைல்கள் தள்ளி இருப்பதாகப் புரிந்து கொண்டார்கள். காலை 7.30-க்கு இப்படி ஒரு செய்தி வந்தது.

EARHART ON NW SEZ RUNNING OUT OF GAS ONLY 1/2 HOUR LEFT CANT HR US AT ALL / WE HR HER AND ARE SENDING ON 3105 ES 500 SAME TIME CONSTANTLY

காலை 7.42-க்கு இந்தச் செய்தி வந்தது.

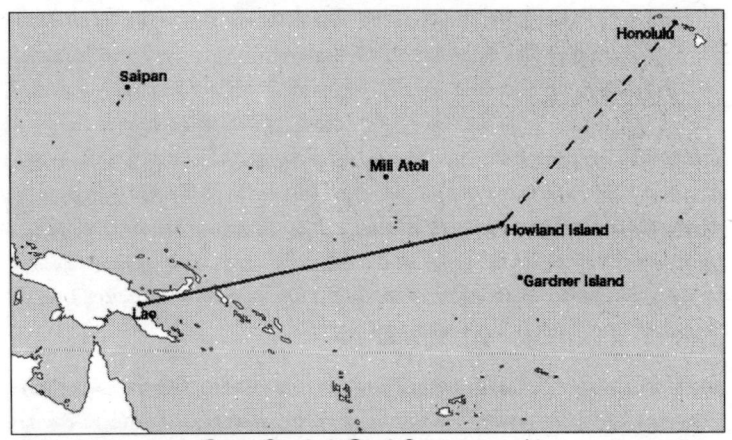

ஹௌலேண்ட் இருப்பிட வரைபடம்

KHAQQ CLNG ITASCA WE MUST BE ON YOU BUT CANNOT SEE U BUT GAS IS RUNNING LOW BEEN UNABLE TO REACH YOU BY RADIO WE ARE FLYING AT A 1000 FEET

KHAQQ என்பது விமானத்தைக் குறிப்பது. விமானத்தின் எரிபொருள் அளவு அபாயகரமான நிலையில் இருப்பதை கப்பலிலிருப்பவர்கள் புரிந்து கொண்டார்கள். எட்டு மணிக்கு ஃப்ரெட், 'சிக்னல் எதுவும் சரிவரக்கிடைக்கவில்லை' என்று இடாஸ்காவுக்கு செய்தி அனுப்பினார். திசைகாட்டி வேலை செய்யாத காரணத்தினால் அவர்கள் வானில் குழப்பத்துடன் சுற்றிக் கொண்டிருந்தார்கள். கொஞ்ச நேரத்தில் மோர்ஸ் கோட் மூலம் செய்தி அனுப்பச்சொல்லிக் கேட்டாள் அமெலியா. காலை 8.43-க்கு அமெலியாவிடமிருந்து ஒரு செய்தி வந்தது.

We are on the line 157 337. We will repeat this message. We will repeat this on 6210 kilocycles. Wait.

சிறிது நேரத்தில் அடுத்த செய்தி வந்தது. அதுதான் இறுதிச் செய்தியும்கூட.

We are running on line north and south.

இடாஸ்காவில் இருந்தவர்கள் நெருப்பைக் கொளுத்தி, புகையை உண்டாக்கினார்கள். அதை வைத்து அமெலியா திசையைக் கண்டுபிடித்து வந்து சேர்ந்துவிடுவாள் என்று நம்பினார்கள்.

எலெக்ட்ரா கண்ணில்படவே இல்லை. அமெலியாவும் ஃப்ரெட்டும் வந்து சேரவே இல்லை.

அவர்களுக்கு என்ன ஆயிற்று?

விமானத்தின் திசைகாட்டி வேலை செய்யவில்லை. இடாஸ்காவி லிருந்து சரியான விதத்தில் அவர்களால் ரேடியோ சிக்னலைப் பெற முடியவில்லை. ஆகவே, ஹெளலேண்டை நோக்கி முன்னேறிக் கொண்டிருந்த எலெக்ட்ரா, ஒரு கட்டத்தில் திசை மாறிவிட்டது. நேரம் ஆக ஆக, எரிபொருளும் கரைந்து போக, விமானம் நடுக்கடலிலேயே...

இப்படித்தான் நேர்ந்திருக்கும் என்று நம்பப்படுகிறது. ஆனால், காலை ஏழரை மணிக்கே எரிபொருள் குறைவாக இருக்கிறது என்று செய்தி வந்து சேருகிறது. ஆனால், காலை எட்டே முக்கால் மணி வரை அவர்கள் பறந்தபடிதான் இருந்திருக்கிறார்கள். எனில், என்ன நேர்ந்திருக்கும்?

குறிப்பிட்ட நேரத்தைத் தாண்டியும் எலெக்ட்ரா வந்து சேரவில்லை என்றதால், இடாஸ்கா கப்பல் நடுக்கடலில் தனது தேடுதல் பணியைத் தொடங்கியது. விரைவிலேயே வேறு சில போர்க்கப்பல்களும் சேர்ந்து கொண்டன. சில விமானங்கள் அந்தப் பகுதியில் பறந்தபடி எலெக்ட்ராவைத் தேடின. அமெரிக்க அதிபர் ரூஸ்வெல்ட், இதற்கான பணிகளை முடுக்கிவிட்டார். இரண்டு வாரங்கள் கடுமையான தேடலுக்குப் பிறகும் ஒன்றும் கிடைக்கவில்லை. அமெலியா, ஃப்ரெட் இவர்களது உடல்கூட எங்கும் கரை ஒதுங்கவே இல்லை.

★

1937, ஜூலை *19* அன்று அமெரிக்க அரசு, 'அமெலியாவும் ஃப்ரெட்டும் கடலில் தொலைந்துவிட்டார்கள்' என்று அதிகார பூர்வமாக அறிவித்தது. அமெலியா அமெரிக்கர்களின் நம்பிக்கை நட்சத்திரமல்லவா. விதவிதமான சந்தேகங்களும் சர்ச்சைகளும் இறக்கை கட்டின.

The International Group for Historic Aircraft Recovery (TIGHAR) என்னும் அமைப்பு இப்படி ஒரு கோணத்தை முன் வைக்கிறது. திசை மாறிப்போன அமெலியாவும் ஃப்ரெட்டும், ஹெளலேண்டுக்கு தென்மேற்கில் *350* மைல்கள் தொலைவில் அமைந்துள்ள

கார்ட்னெர் என்ற தீவில் பத்திரமாகத் தரையிறங்கினர். அப்போது அதுவும் மனிதர்கள் இல்லாத தீவுதான். எலெக்ட்ரா தொலைந்துபோய் ஒரு வாரம் இருக்கும். அதனைத் தேடும் பணியில் ஈடுபட்டிருந்த அமெரிக்கப் போர் விமானங்கள், கார்ட்னெர் தீவின் மீதும் பறந்தன. அப்போது அங்கே மனிதர்கள் இருப்பதற்கான அடையாளங்களை விமானிகள் கண்டார்கள். ஆனால், அவர்கள் அங்கே விமானம் எதையும் காணாததால் தரையிறங்கிப் பார்க்கவில்லை. அப்படிப் பார்த்திருந்தால் அமெலியாவும் ஃப்ரெட்டும் காப்பாற்றப்பட்டிருக்கலாம் என்பது TIGHAR அமைப்பின் வாதம்.

அந்தத் தீவில் எந்தவித உதவியும் கிடைக்காமல் அவர்கள் இருவருமே கொஞ்ச காலத்தில் இறந்து போய்விட்டார்கள் என்று இந்த அமைப்பின் உறுப்பினர்கள் நம்புகிறார்கள். அதோடு மட்டுமன்றி, *1988* முதல் இந்த அமைப்பினர் தம் வாதத்தை நிரூபிக்கும்விதமாக கார்ட்னெர் தீவில் ஆய்வுகளும் நடத்தி வருகின்றனர். ஜன்னல் ஒன்றின் கண்ணாடித் துண்டு, *1930*-களைச் சேர்ந்த பெண்ணின் ஒரு ஷூ, அதே காலத்தைச் சேர்ந்த அழகு சாதனப் பொருள் ஒன்றின் டப்பா, ஒரு சில மனித எலும்புத் துண்டுகள் ஆகியவற்றை கார்ட்னெர் தீவில் சேகரித்திருக்கிறார்கள். ஆனால், அவை அமெலியாவினுடையவையே என்று நிரூபிக்க இயலவில்லை.

அமெரிக்க உளவாளி அடையாளம் எல்லாம் தனக்கு வேண்டாம் என்று முடிவெடுத்த அமெலியா, ஐரின் என்று பெயர் மாற்றிக் கொண்டு, வேறொரு திருமணம் செய்து கொண்டு தன் மீதி வாழ்வை அமைதியாகக் கழித்தாள்

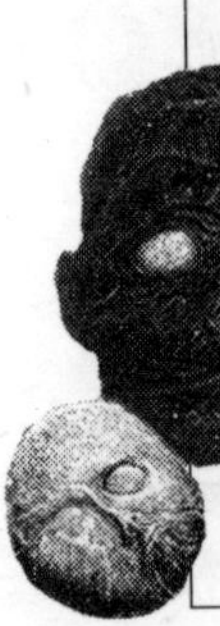

1943 ஏப்ரலில் வெளியான San Fransico Chrolnicle என்ற இதழ், வேறொரு கோணத்தை முன்வைத்தது. *1937*-லேயே இரண்டாம் உலகப் போருக்கான சாத்தியக்கூறுகள் உண்டாகிவிட்டதல்லவா. எனவே, அமெலியாவும் ஃப்ரெட்டும் அமெரிக்க அதிபர் ரூஸ்வெல்ட்டின் ஆசியுடன், ரகசிய உளவாளிகளாக உலகம் முழுக்கப் பறந்து வேவு பார்த்தனர். அதிபரின் கட்டளைப்படி, பசிபிக் கடலில் அமைந்துள்ள மார்ஸெல் தீவை நோக்கி அவர்கள் பறந்து சென்றார்கள். அது ஹௌலேண்ட்

தீவுக்கு வடமேற்கில் 650 மைல்கள் தொலைவில் அமைந்திருக்கிறது. அங்கே ஜப்பான் எதுவும் ராணுவத் தளம் அமைத்திருக்கிறதா என்று வேவு பார்க்கச் சென்ற போது, மாட்டிக் கொண்டனர். அமெலியாவையும் ஃப்ரெட்டை யும் சிறைபிடித்த ஜப்பானிய வீரர்கள், அவர்களுக்கு மரண தண்டனை நிறைவேற்றினர்.

இரண்டாம் உலகப் போர் காய்ச்ச லில் பலரும் இந்தக் கோணத்தை நம்பவே செய்தனர். ஆனால், இதற் கான ஆதாரங்கள் இல்லை.

ராண்டல் எழுதிய புத்தகம்

அது மார்ஸல் தீவு அல்ல. சைப்பான் தீவு. நியு கினியாவின் லே நகரத்துக்கு வடக்கில் அமைந்துள்ளது. அமெலியாவும் ஃப்ரெட்டும் சைப்பான் தீவில்தான் ஜப்பானியர்களிடம் மாட்டிக் கொண்டனர். 'அமெலியாவுக்கு மரண தண்டனை நிறைவேற்றப்பட்டதை நான் என் கண்ணால் கண்டேன்' என்று 1990-ல் சைப்பானிய பெண்ணொருத்தி, NBC-TV நிகழ்ச்சியொன்றில் கூறினாள். அவளிடமும் ஆதாரங்கள் கிடையாது.

எங்கோ, ஏதோ ஒரு தீவில் தூரத்தில் ஒரு பெண்ணொருத்தி உட்கார்ந்திருப்பது போலவும், ஏதோ ஒரு பெண்கடத்தி வைக்கப் பட்டிருப்பது போலவும், யாரோ ஒரு பெண்ணுக்கு மரண தண்டனை நிறைவேற்றப்படுவது போலவும் விதவிதமான (தெளிவற்ற) புகைப்படங்களும் அவ்வப்போது வெளிவந்தன. அவை எல்லாம் அமெலியாதான் என்று அடித்துச் சொன்னார்கள். ஆனால், எந்தப் புகைப்படமும் உண்மையானது இல்லை.

அமெலியா, அமெரிக்காவின் ரகசிய உளவாளிதான் என்று அடித்துச் சொல்கிறார் ராண்டல் பிரிங்க் என்ற விமானப் போக்குவரத்து குறித்து எழுதும் வரலாற்றாளர். அமெரிக்க ராணுவம்தான் அமெலியாவின் இந்தப் பயணத்துக்கான முழுச்செலவையும் ஏற்றுக் கொண்டது. எலெக்ட்ராவின் பல பாகங்களில் ரகசிய கேமராக்கள் பொருத்தப்பட்டிருந்தன என்றும் ராண்டல்,

Lost Star : The Search for Amelia Earhart என்ற தனது புத்தகத்தில் சர்ச்சைகளைக் கிளப்பியிருக்கிறார்.

அமெலியா

தனக்கு நேர்ந்த ஆபத்திலிருந்து எப்படியோ தப்பிப் பிழைத்த அமெலியா, யாருக்கும் தெரியாமல் நியு ஜெர்ஸி வந்து சேர்ந்தாள். இரண்டாம் உலகப்போர் ஆரம்பமாகியிருந்தது. அமெரிக்க உளவாளி அடையாளமெல்லாம் தனக்கு வேண்டாம் என்று முடிவெடுத்த அமெலியா, ஐரின் என்று பெயர் மாற்றிக் கொண்டு, வேறொரு திருமணம் செய்துகொண்டு தன் மீதி வாழ்வை அமைதியாகக் கழித்தாள் என்று 1970-ல் வெளியான Amelia Earhart Lives என்ற புத்தகம் கதை சொல்கிறது.

கடந்த 80 வருடங்களில், ஆழ்கடலில் எலெக்ட்ராவைத் தேடும் பணிகள் அவ்வப்போது வேறு வேறு நபர்களால் நடத்தப்பட்டு வருகின்றன. இந்த நூற்றாண்டில்கூட அதிநவீன சோனார் தொழில் நுட்பம் பயன்படுத்தித் தேடிப் பார்த்தார்கள். கடலுக்குள் ரோபோட்களை இறக்கி அலசி ஆராய்ந் தார்கள். ஆனால், எலெக்ட்ராவின் சிறு பாகம்கூட இதுவரை கண்டெடுக்கப்படவில்லை.

வான் வழியே உலகைச் சுற்றி வர வேண்டும் என்ற அமெலியாவின் கனவு, முக்கால் கடல் தாண்டிய நிலையில் முற்றுப்புள்ளி தொலைத்தது. அமெலியாவுக்கும் ஃப்ரெட்டுக்கும் என்ன ஆனது என்ற உண்மை, பசிபிக் பெருங்கடலில் கரைத்த காயம்தான்.

இந்த மர்மம் விலகாத வரை அமெலியாவின் பயணங்கள் முடிவதில்லை.

8

ஒரு கோப்பை மர்மம்

ஒட்டோரினோ பாராஸி பயந்தது போலவே நிகழ்ந்து விட்டது. ஹிட்லரின் நாஜிப்படையினர் அவரைத் தேடி வந்துவிட்டார்கள். ஜன்னல் வழியே எட்டிப் பார்த்தார். ஆம், அவர்களேதாம். ராணுவ உடையில் ஸ்வஸ்திக் சின்னம். கைகளில் துப்பாக்கி. ஓட்டோரினோவின் கண்களில் பயம் தளும்பியது. எப்படியோ மோப்பம் பிடித்து வீடு வரை வந்துவிட்டார்களே.

டொக் டொக்... டொக் டொக் டொக்...

பயத்தில் எச்சிலை விழுங்கினார் ஓட்டோரினோ. வேறு வழியில்லை. இல்லையென்றால் கதவை உடைத்து விடுவார்கள். உயிரைக் காப்பாற்றிக் கொள்ள முடியுமா என்பது சந்தேகமே. கதவையாவது காப்பாற்றலாமே.

ஜூல்ஸ் ரிமெட் கோப்பை

டொக் டொக் டொக்...

முகத்தில் இயல்பு நிலையைத் தக்கவைத்துக் கொண்டு, நடுக்கத்தை விழுங்கிக் கொண்டு கதவைத் திறந்தார். அவர்கள் அவரைச் சட்டை செய்யவே இல்லை. ஒதுக்கித் தள்ளிவிட்டு திமுதிமுவென வீட்டுக்குள் புகுந்தார்கள். அதனைத் தேட ஆரம்பித்தார்கள். பொருள்கள் அங்குமிங்கும் சிதறின. நிமிடங்கள் கடந்தன. அவர்கள் தேடியது கிடைக்கவில்லை.

‘சொல், அந்தக் கோப்பையை எங்கே வைத்திருக்கிறாய்?’

துப்பாக்கி ஒன்று அவரது நெஞ்சைக் குறிபார்த்தது. ஓட்டோரினோ இயல்பாக இருப்பதுபோல வார்த்தைகளைக் கோர்த்து வெளியில் சிரமப்பட்டுத் தள்ளினார்.

‘அ... அது என்னிடம் எப்படி இருக்கும்?’

அதற்குள் இரண்டு நாஜி வீரர்கள் ஓட்டோரினோவின் அறைக்குள் புகுந்தனர். அங்கே உள்ளே பொருள்களை எல்லாம் கீழே தள்ளித் தேடினர். அவரது கட்டிலிலிருந்து தலையணை, மெத்தை தூக்கியெறியப்பட்டது. அறையெங்கும் பஞ்சு பறந்தது. கட்டிலின் கீழ்ப்பகுதியிலிருந்த பொருள்களையும் நாஜி வீரர்கள் நோட்டம் விட்டனர். எதிர்பார்த்தது கிடைக்காத எரிச்சலுடன் அந்த அறையிலிருந்து வெளியேறினர்.

அதுவரை உறைந்து போயிருந்த ஓட்டோரினோவின் முகம், சற்றே இயல்பு நிலைக்குத் திரும்பியது. நாஜி வீரர்கள் அவரை முறைத்தபடியே அந்த வீட்டிலிருந்து கிளம்பினர். அவர்கள் தேடிவந்த அந்தக் கோப்பை, கட்டிலின் கீழ் பழைய ஷூ பாக்ஸ் ஒன்றில் பத்திரமாக உறங்கிக் கொண்டிருந்தது.

அது கால்பந்து உலகக் கோப்பை.

★

அந்த உலகக்கோப்பை *1929*-ல் Abel Lafleur என்ற பிரெஞ்சு சிற்பியால் வடிவமைக்கப்பட்டது. கிரேக்கப் புராணத்தின் வெற்றி தேவதையான நைக், சிறகுகளை விரித்தபடி, தன் இரு கைகளைத் தூக்கியிருப்பதுபோல, வெள்ளியால் செய்து தங்க முலாம் பூசப்பட்ட சிலை. அதனைத் தாங்கும் பீடமானது Lapis Lazuli என்ற நீலநிறத்தினாலான, விலைமதிப்புமிக்க

ஹிட்லர் - முசோலினி

பாறையால் செதுக்கப்பட்டிருந்தது. 1930-ல் சர்வதேச கால்பந்துக் கழகங்களின் கூட்டமைப்பு (FIFA), இந்தக் கால்பந்து உலகக் கோப்பையை Victory என்ற பெயருடன் அறிமுகப்படுத்தியது. எந்த ஒரு தேசம் மூன்று முறை இறுதிப்போட்டியில் வென்று சாம்பியன் ஆகிறதோ, அந்த தேசமே இந்த உலகக்கோப்பையை நிரந்தரமாக வைத்துக் கொள்ளலாம் என்றும் அறிவித்தது.

1930-ல் உலகின் முதல் உலகக்கோப்பைக் கால்பந்து போட்டிகள் உருகுவே தேசத்தில் நடத்தப்பட்டன. இறுதிப்போட்டியில் முதல் சாம்பியன் உருகுவேதான். 1934-ல் வென்ற அணி இத்தாலி.

1938-ல் பிரான்ஸ் போட்டிகளை நடத்தியது. பலமான அணியாக எதிர்பார்க்கப்பட்ட ஜெர்மனி, முதல் சுற்றிலேயே மண்ணைக் கவ்வியது. அதுவும் ஹிட்லரின் நாஜிக்கொடியுடன் களமிறங்கிய ஆரிய வீரிய ஜெர்மானியர்கள், ஸ்விட்சர்லாந்து அணியிடம் முதல் ஆட்டத்திலேயே தோற்றுப் போயினர். கோபத்தில் ரசிகர்கள் மைதானத்துக்குள் பாட்டில்களை வீசிய சம்பவமும் நடந்தது. தோல்விக்குச் சில காரணங்கள் உண்டு. அப்போது ஜெர்மனி, ஆஸ்திரியாவைத் தன்னுடன் இணைத்திருந்தது. எனவே, ஆஸ்திரியா தனி அணியாகக் களமிறங்கவில்லை.

ஆஸ்திரியாவின் நட்சத்திர வீரர்கள் சிலரை ஆரியர்கள் இல்லையென்பதால் ஹிட்லர் ஜெர்மனி அணியுடன் இணைத்துக் கொள்ளவில்லை. அணிக்குள் இணைக்கப்பட்ட ஆஸ்திரிய வீரர்களுக்கு ஜெர்மானிய வீரர்களோடு ஒத்துப்போகவில்லை. கோச் உடன் தகராறு. இப்படிப் பல காரணங்களால் ஹிட்லரின் முகத்தில் கால்பந்துக் கரி.

1938-ல் ஜெர்மனியை வென்ற ஸ்விட்சர்லாந்து, காலிறுதியில் ஹங்கேரியிடம் தோற்றது. அரையிறுதியில் ஸ்வீடனை வென்று இறுதிப் போட்டிக்கு முன்னேறிய ஹங்கேரி, அதில் இத்தாலியிடம் 4-2 என்ற கோல் கணக்கில் தோற்றுப்போனது. இத்தாலி வீரர்கள் நிம்மதிப் பெருமூச்சு விட்டனர். அவர்கள் கண்களில் உயிர்பயம் அகன்றது. காரணம், போட்டிக்கு முன்னால் அவர்களது சர்வாதிகாரி முசோலினியிடமிருந்து Vincere o Morire என்றொரு செய்தி வந்திருந்தது. 'வெல் அல்லது கொல்வேன்' என்று அதற்கு அர்த்தம் வைத்துக் கொள்ளலாம். ஹங்கேரியின் கோல் கீப்பர் Antal Szabó பின்பு ஒரு பேட்டியில் சிரித்தபடியே சொன்னார். 'நான் இறுதி ஆட்டத்தில் நான்கு கோல்களைத் தடுக்கத் தவறிவிட்டேன். ஆனால், இத்தாலிய வீரர்களின் உயிரைக் காப்பாற்றிவிட்டேன்.'

இத்தாலி, ஜெர்மனியின் கூட்டணி நாடுதான் என்றாலும், முசோலினி ஆத்ம நண்பர்தான் என்றாலும், கோப்பை பறிபோனதை ஹிட்லரால் ஏற்றுக்கொள்ள முடியவில்லை. களத்தில் பறிபோன கால்பந்து உலகக்கோப்பையை, போர்க்களத்தில் பறித்துவரக் கட்டளையிட்டிருந்தார் ஹிட்லர்.

இரண்டாம் உலகப் போரினால் 1942 கால்பந்து உலகக்கோப்பை ரத்தானது. அப்போது கோப்பை சாம்பியன் தேசமான இத்தாலியிடம் தான் இருந்தது. ரோம் நகரத்தில் ஒரு வங்கியில் பாதுகாப்புப் பெட்டகத்தில் பத்திரப்படுத்தப்பட்டிருந்தது. இத்தாலி கால்பந்து சம்மேளனத்தின் தலைவர் பொறுப்பையும், FIFA-விலும் ஒரு முக்கியப் பொறுப்பையும் வகித்து வந்த ஓட்டோரினோதான் கோப்பையின் பாதுகாப்புக்கும் பொறுப்பேற்றிருந்தார். அப்போது நாஜிக்கள், ரோம் நகரத்தில்

ஓட்டோரினோ

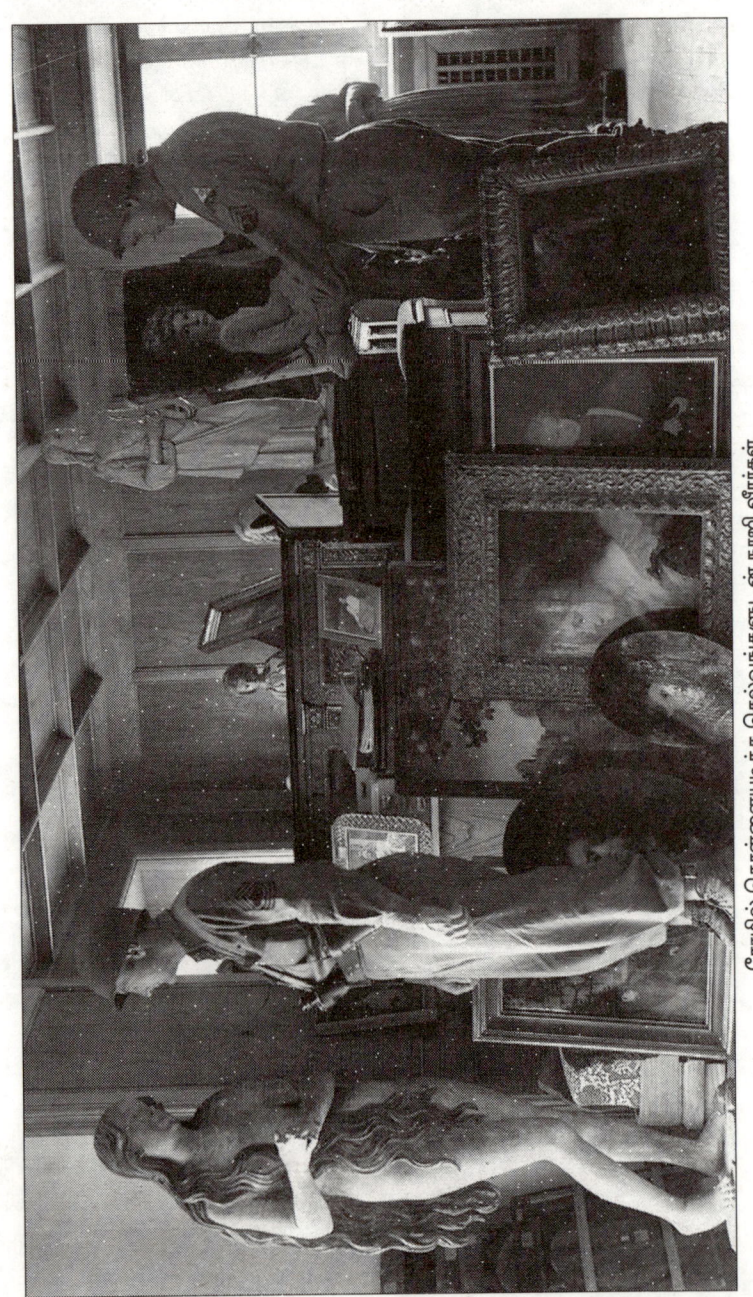

ரோமில் கொள்ளையடித்த செல்வங்களுடன் நாஜி வீரர்கள்

பல்வேறு செல்வங்களைக் கொள்ளையடித்தனர். அவர்களது கழுகுக் கண்கள் கால்பந்து உலகக் கோப்பையையும் தேடிக் கொண்டிருந்தன.

நிச்சயம் வங்கியில் இருந்தால் கோப்பை பறிபோய்விடும் என்று யோசித்த ஓட்டோரினோ, அதைத் தன் வீட்டில் பழைய ஷூ பெட்டி ஒன்றில் பதுக்கியிருந்தார். எப்படியோ அது நாஜிக்கள் பார்வையில் படாமல் தப்பித்தது.

★

1946. இரண்டாம் உலகப் போர் முடிந்திருந்தாலும், சர்வதேசமும் அதன் பாதிப்பிலிருந்து மீளாததால் உலகக்கோப்பை கால்பந்து போட்டிகள் அப்போதும் நடக்கவில்லை. ஆனால், அந்த ஆண்டில் ஓர் அறிவிப்பு வெளியானது. ஜூல்ஸ் ரிமெட் என்ற FIFA அமைப்பின் தலைவர்தான், இதுபோல உலகக்கோப்பைக் கால்பந்து போட்டிகள் நடைபெறுவதற்குக் காரணகர்த்தாவாக இருந்தவர். எனவே உலகக்கோப்பை இனி, 'ஜூல்ஸ் ரிமெட் கோப்பை' என்று அழைக்கப்படுமென FIFA அறிவித்தது. 1950 கால்பந்து உலகக்கோப்பை பிரேசிலில் நடைபெறும் என்றும் அறிவிக்கப்பட்டது. அந்த ஆண்டில் இரண்டாவது முறையாக உருகுவே சாம்பியன் ஆனது.

இத்தாலியோ, உருகுவேவோ இன்னொரு முறை சாம்பியன் பட்டம் வென்றால், அந்தத் தேசத்துக்கே ஜூல்ஸ் ரிமெட் கோப்பை சொந்தம் என்ற நிலையில், 1954 உலகக் கோப்பைக் கால்பந்து போட்டிகள், ஸ்விட்சர்லாந்தில் நடந்தன. இத்தாலி முதல் சுற்றிலேயே வெளியேறியது. உருகுவே அரையிறுதியில் தோற்றுப்போனது. இறுதிப் போட்டியில் மேற்கு ஜெர்மனி சாம்பியன் ஆனது. ஆம், ஹிட்லர் விரும்பிய உலகக் கோப்பை ஒருவழியாக ஜெர்மானிய மண்ணுக்குச் சென்றது. அதைக் கையில் ஏந்தத்தான் அவர் உயிரோடு இல்லை.

1958, 1962 ஆண்டுகளில் பிரேசில் சாம்பியன் ஆனது. 1966-ல் கால்பந்து உலகக்கோப்பைப் போட்டிகளை நடத்தும் வாய்ப்பை இங்கிலாந்து பெற்றது. உருகுவேவா, இத்தாலியா,

ஜூல்ஸ் ரிமெட்

பிரேசிலா - யார் மூன்றாவது முறை சாம்பியன் பட்டம் வென்று, ஜூல்ஸ் ரிமெட் கோப்பையைத் தங்கள் தேசத்துக்குத் தூக்கிச் செல்லப்போகிறார்கள் என்று உலகமே ஆவலோடு காத்திருந்தது. ஆனால், கோப்பையைத் திருடர்கள் தூக்கிக் கொண்டு சென்றுவிட்டார்கள்.

★

1966 ஜூலையில் இங்கிலாந்தில் போட்டிகள் தொடங்குவதாக இருந்தன. அதற்கு முன்பாக ஜூல்ஸ் ரிமெட் கோப்பை, அங்கே சில இடங்களில் காட்சிப்படுத்தப்பட்டது. மார்ச் 19 அன்று வெஸ்ட்மின்ஸ்டர் சென்ட்ரல் ஹாலில் வைக்கப்பட்டிருந்தது. கோப்பையைப் பாதுகாப்பதற்கென்றே அந்த அறைக்குக் காவலர்கள் சிலர் சுழற்சி முறையில் பணிக்கு அமர்த்தப்பட்டிருந்தனர்.

மார்ச் 20, ஞாயிறு. பகல் 11.00-க்கு அறையைத் திறந்து பார்த்தனர். கண்ணாடிப் பெட்டிக்குள் கோப்பை கனகச்சிதமாக நின்று கொண்டிருந்தது. அடுத்த பரிசோதனை நேரம் நண்பகல் 12.10. கதவைத் திறந்த காவலர்களது வாயும் அதிர்ச்சியில் திறந்தது. கண்ணாடிப் பெட்டி உடைக்கப்பட்டிருந்தது. அறையின் பின் கதவு திறந்து கிடந்தது. ஜூல்ஸ் ரிமெட் கோப்பை அங்கே இல்லை.

'பிரேசிலில் திருடர்களும் கால்பந்து ரசிகர்களே. ஆகவே ஜூல்ஸ் ரிமெட் கோப்பையைத் திருடும் பாவ காரியத்தை ஒருபோதும் செய்ய மாட்டார்கள். எனவே இங்கே கோப்பை பாதுகாப்பாக இருக்கும்'

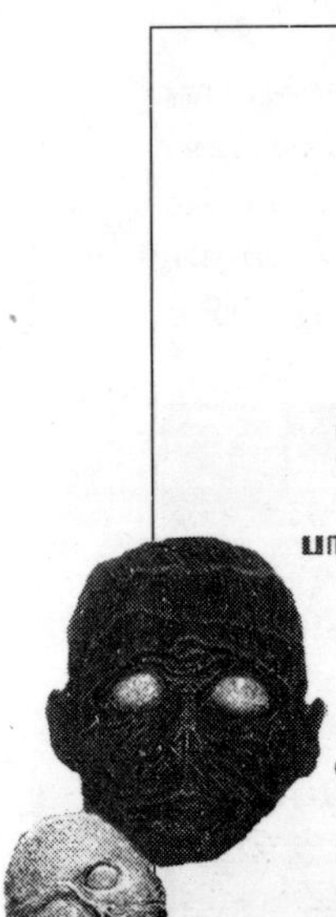

உடனடியாக இங்கிலாந்து தேசம் முழுவதும் செய்தி அனுப்பப் பட்டது. போலீஸார் பல இடங்களிலும் தேடுதல் வேட்டை நடத்தினார்கள். அப்போது அந்தக் கட்டடத்தில் இருந்த அனைவருமே கடும் விசாரணைக்கு உள்ளாயினர். 'ஜூல்ஸ் ரிமெட் கோப்பையைக் காணவில்லை' என்ற செய்தி உலகமெங்கும் ரசிகர்களைச் சோகத்தில் ஆழ்த்தியது.

இங்கிலாந்து கால்பந்து அமைப்பின் சேர்மன் ஜோ மியர்ஸுக்கு மார்ச் 21 அன்று, தொலைபேசி அழைப்பு ஒன்று வந்தது. அதில் மர்ம நபர் ஒருவர், 'நாளை பார்சல் ஒன்று வரும்' என்றார்.

புகழ்பெற்ற பிக்கிள்ஸ்

மார்ச் 22 அன்று மியர்ஸின் வீட்டுக்கு வந்த பார்சலில், ஜூல்ஸ் ரிமெட் கோப்பையின் மேல்புறம் பூசப்பட்டிருந்த பூச்சை உரித்து அனுப்பியிருந்தார்கள். அந்தக் கோப்பையின் அன்றைய மதிப்பு 3000 பவுண்ட். கோப்பையைக் கடத்தியவர்கள் 15000 பவுண்ட் வேண்டும் என்று கேட்டு கடிதம் அனுப்பி யிருந்தார்கள். அதுவும் 1 மற்றும் 5 பவுண்ட் நோட்டுகளாகத்தான் வேண்டும் என்று குறிப்பிட்டிருந்தார்கள்.

போலீஸுக்கோ, பத்திரிகைகளுக்கோ தகவல் கொடுக்கக்கூடாது. பணம் சரியாக வந்து சேர்ந்தால், மார்ச் 25 அன்று கோப்பை திரும்ப வந்துவிடும். இல்லையென்றால் உருக்கி விடுவோம் என்று கடிதத்தில் எச்சரிக்கப்பட்டிருந்தது. இதற்கெல்லாம் சம்மதம் என்றால் தி ஈவ்னிங் நியூஸ் இதழில் சங்கேத மொழியில் விளம்பரம் கொடுக்க வேண்டும் என்று நிபந்தனைகளும் விதிக்கப்பட்டிருந்தன.

அன்று மாலையே மியர்ஸுக்கு இன்னொரு தொலைபேசி அழைப்பு வந்தது. அதில் பேசியவன் தன்னை ஜாக்சன் என்று குறிப்பிட்டான். 5 மற்றும் 10 பவுண்ட் நோட்டுகளாகக் கொடுத்து விடவும் என்றான். எதைப்பற்றியும் கவலைப்படாமல் மியர்ஸ், போலீஸுக்குத் தகவல் சொன்னார். மார்ச் 24, தி ஈவ்னிங் நியூஸ் இதழில் சங்கேத மொழியில் விளம்பரம் கொடுக்கப்பட்டது. 15000 பவுண்ட் பணம் என்ற பெயரில் அசல் நோட்டுகளை மேலும் கீழும் வைத்து, வெற்றுக் காகிதங்களை நடுவில் சூட்கேஸ் ஒன்றைத் தயார் செய்தார்கள்.

மார்ச் 25 அன்று மியர்ஸுக்கு தொலைபேசி அழைப்பு வந்தது. அவர் அந்தச் சமயத்தில் ஆஸ்துமாவால் அவதிப்பட்டுக் கொண்டிருந்தார். எனவே, மியர்ஸின் உதவியாளர் மெக்பி என்று தன்னை அறிமுகப்படுத்திக் கொண்டு துப்பறிவாளர் சார்லஸ் தொலைபேசியில் பேசினார். எதிரில் பேசியது முன்பு பேசிய ஜாக்சன்தான். முதலில் தயங்கிய ஜாக்சன், பின்பு பணத்துடன் பாட்டர்ஸீ பூங்காவுக்கு வரச்சொன்னான்.

சார்லஸ் தன் காரில் சென்றார். அங்கே குறிப்பிட்ட இடத்தில் ஜாக்சனைச் சந்தித்தார். சூட்கேஸ் கைமாறியது. பதட்டத்தில் இருந்த ஜாக்சன் அந்த சூட்கேஸில் பெரும்பாலும் காகிதம்தான் இருக்கிறது என்பதைக் கவனிக்கவில்லை. கோப்பை இருக்கும் இடத்தைக் காண்பிக்கச் சம்மதித்து காரில் ஏறினான் ஜாக்சன். கார் கிளம்பியது. சீருடை அணியாத போலீஸார் பலரும் சாதாரண வாகனங்களில் சார்லஸின் காரைப் பின்தொடர்ந்து வந்து கொண்டிருந்தார்கள்.

ஒரு சிக்னல். அதைக் கடந்து கார் செல்லும்போது ஜாக்சன், போலீஸ் தங்களைப் பின்தொடர்வதைக் கண்டுகொண்டான். ஓடும் வாகனத்திலிருந்து சூட்கேஸுடன் குதித்தான். சாலையில் வேகமாக ஓட ஆரம்பித்தான். சார்லஸும் காரிலிருந்து இறங்கி அவனை வேகமாகத் துரத்த ஆரம்பித்தார். சில கிமீ ஓட்டத்துக்குப் பின் தடுமாறிச் சிக்கினான் ஜாக்சன். போலீஸும் அங்கு வந்து சேர்ந்தது.

மீட்கப்பட்ட கோப்பையுடன் இங்கிலாந்து போலீஸார்

ஜாக்சனாகப்பட்டவன், ஏற்கெனவே பல வழக்குகளில் அறியப்பட்ட பலே திருடனான எட்வர்ட் பெட்ச்லே. ‘நான் கோப்பையைத் திருடவில்லை. The Pole என்பவன்தான், இந்தக் காரியத்தை முடித்துக் கொடுத்தால் எனக்குப் பணம் தருவதாகச் சொன்னான். நான் நடுவில் செயல் பட்ட ஆள்தான். நிச்சயமாக எனக்கு கோப்பை எங்கிருக்கிறது என்று தெரியாது’ என்று வாக்குமூலம் கொடுத்தான் எட்வர்ட். ஆனால், கோப்பையைத்திருடிய வழக்கு அவன் மீது பதியப்பட்டது.

> **கோப்பையின் அடிப்பாகம் புதிதாக மாற்றப் பட்டிருந்தது. முன்பைவிட உயரமாகவும் இருந்தது. அசல் கோப்பையை மேற்கு ஜெர்மனி பதுக்கிக் கொண்டு, போலி கோப்பையை ஸ்வீடனுக்கு அனுப்பி விட்டிருக்கிறது என்று சின்னதாக சலசலப்பு எழுந்தது**

மார்ச் 27. லண்டனின் தென்கிழக்குப் பகுதியில் டேவிட் கோர்பெட் என்பவர் தனது நாய் பிக்கிள்ஸ் உடன் வாக்கிங் சென்று கொண்டிருந்தார். சுச்சூ போவதற்காக ஒரு புதர்ப்பகுதியில் ஒதுங்கிய பிக்கிள்ஸ், அங்கே செய்தித்தாள் சுற்றப்பட்டிருந்த பெட்டி ஒன்றை மோப்பம் பிடித்துக் குரைத்தது. டேவிட் அதைச் சந்தேகத்துடன் எடுத்துப் பார்த்தார். செய்தித்தாளை விலக்கி பெட்டியைத் திறந்தார். உள்ளே ஏதோ ஒரு கோப்பை இருப்பதைக் கண்டார். 1930 சாம்பியன் உருகுவே, 1934 சாம்பியன் இத்தாலி என்று வரிசையாக நாடுகளின் பெயர்கள் செதுக்கப்பட்டிருப்பதைக் கண்டதும்தான், அது காணாமல் போன ஜூல்ஸ் ரிமெட் கோப்பை என்று புரிந்துகொண்டார். அருகிலிருந்த போலீஸ் ஸ்டேஷனுக்கு கோப்பையுடன் விரைந்தார்.

கப்பலேறியிருந்த இங்கிலாந்தின் மானம், வவ்வவ் பிக்கிள்ஸ் மூலமாக மீண்டும் தரையிறக்கப்பட்டது. இந்தப் பரபரப்பு களுக்குப் பிறகு நடந்த அந்த உலகக் கோப்பைப் போட்டியில் இங்கிலாந்தே சாம்பியன் பட்டம் வென்று பெருமை தேடிக் கொண்டது. தாங்கள் வென்ற கோப்பையை, இங்கிலாந்து அடுத்த நான்கு வருடங்களுக்குப் பத்திரமாகப் பார்த்துக் கொண்டது. பிக்கிள்ஸ், இங்கிலாந்தின் நட்சத்திரமானது. உலகம் விரும்பும் உன்னத நாயானது. அதற்கென பரிசுத் தொகை குவிந்தது.

1970 உலக சாம்பியன் பிரேசில்

கோப்பையை வென்ற இங்கிலாந்து அணி வீரர்களுடன் அது டின்னர் உண்டது. சில திரைப்படங்களிலும் நடித்து சுபிட்சமாக வாழ்ந்தது.

இங்கே சில விஷயங்கள். எட்வர்ட் பெட்ச்லேதான் கோப்பையைத் திருடியவன் என்று இறுதிவரை போலீஸாரால் நிரூபிக்க முடியவில்லை. பிற குற்றங்களுக்காக அவனுக்கு இரண்டு ஆண்டுகள் சிறை தண்டனை விதிக்கப்பட்டது. எட்வர்ட் குறிப்பிட்ட The Pole என்பவன் யார் என்றும் போலீஸாரால் கண்டறியவே முடியவில்லை. கேட்ட தொகை கைமாறாமலேயே திருடர்கள் கோப்பையை ஏன் திருப்பிப் போட்டுவிட்டுச் சென்றார்கள்? இதற்கான விடையும் இதுவரை தெரியவில்லை.

★

1970-ல் உலகக்கோப்பை போட்டிகள் மெக்ஸிகோவில் நடைபெற்றன. இறுதிப் போட்டியில் பிரேசிலும் இத்தாலியும் மோதின. வெல்பவர் ஜூல்ஸ் ரிமெட் கோப்பையை நிரந்தரமாக வைத்துக் கொள்ளலாம் என்பதால் ஆட்டத்தில் சூடு பறந்தது.

ஆட்டத்தின் பதினெட்டாவது நிமிடத்தில் பீலே பிரேசிலுக்கான முதல் கோலை அடித்தார். முப்பத்தேழாவது நிமிடத்தில் இத்தாலியின் பொனின்செக்னா ஒரு கோலை அடிக்க வாய்ப்பு சமமானது.

புதிய உலகக்கோப்பை

ஆட்டத்தின் இரண்டாவது பாதியில் ஆதிக்கம் செலுத்திய பிரேசில் வீரர்கள் மேலும் மூன்று கோல்களை அடிக்க, *4-1* என்ற கணக்கில் இத்தாலியை வீழ்த்தி, ஜூலியஸ் ரிமெட் கோப்பையைத் தனக்கே தனக்காக்கிக் கொண்டது பிரேசில். FIFA அடுத்த உலகக்கோப்பைக்காக புதியது ஒன்றை★ வடிவமைத்துக் கொண்டது.

ஜூல்ஸ் ரிமெட் கோப்பை, பிரேசிலின் ரியோ டி ஜெனிரோ நகரத்தில் அமைந்துள்ள பிரேசில் கால்பந்து சம்மேளன அலுவலகக் கட்டடத்தில் மூன்றாவது மாடியில் பாதுகாப்புடன் வைக்கப்பட்டது.

'பிரேசிலில் திருடர்களும் கால்பந்து ரசிகர்களே. ஆகவே ஜூல்ஸ் ரிமெட் கோப்பையைத் திருடும் பாவ காரியத்தை ஒருபோதும் செய்யமாட்டார்கள். எனவே இங்கே கோப்பை பாதுகாப்பாக இருக்கும்' என்று இறுமாப்புடன் சொன்னார்கள் பிரேசில் மக்கள். அதற்கு ஆப்பு வைக்கும் சம்பவமும் பின்பு அரங்கேறியது.

★

***1983*, டிசம்பர் *19*.** கிறிஸ்துமஸ் கொண்டாட்டங்களுக்காக பிரேசில் தயாராகிக் கொண்டிருந்த வேளையில், ஜூல்ஸ்

★ 75% தங்கத்தாலான 5 கிலோ எடையுள்ள கோப்பை. அதன் தற்போதைய மதிப்பு $161000. பாதுகாப்புக் காரணங்களுக்காக அசல் கோப்பை சாம்பியனான தேசங்களுக்கு வழங்கப்படுவதில்லை. வெண்கலத்தாலான நகல் கோப்பையே வழங்கப்படுகிறது. இந்த புதிய உலகக்கோப்பையை மூன்று முறை வென்ற நாடு ஜெர்மனி. மூன்று முறை வென்றால் அந்தத் தேசத்துக்கே கோப்பை சொந்தம் என்ற விதி இப்போது கிடையாது.

ரிமெட் கோப்பை திருடப்பட்ட செய்தி பிரேசில் மக்களின் மனத்தில் இடியாக வந்து இறங்கியது. திருடர்கள், கட்டடத்தின் காவலாளியை எளிதாக ஏமாற்றி உள்ளே நுழைந்து, கோப்பை இருந்த அறையின் கதவை உடைத்தனர். குண்டு துளைக்காத கண்ணாடிப் பெட்டிக்குள் வைக்கப்பட்டிருந்த உலகக் கோப்பையையும், இலவச இணைப்பாக பிரேசில் வென்ற வேறு இரண்டு கோப்பைகளையும் திருடிச் சென்றனர்.

அதே இடத்தில் ஜூல்ஸ் ரிமெட் கோப்பையின் போலியும் வைக்கப்பட்டிருந்தது. திருடர்கள் தெளிவாக அசலைத்தான் தூக்கிச் சென்றிருந்தனர். களத்தில் போராடி வாங்கிய கோப்பை களவு போனதால், பிரேசில் தலைகுனிந்து நின்றது. கோப்பையின் விலைமதிப்பு குறைவுதான். ஆனால், ஒவ்வொரு பிரேசிலியனின் உணர்வும் பெருமையும் கலந்த கர்வப் பரிசல்லவா அது. அதற்கு என்ன விலை வைக்க முடியும்? பிரேசில் மக்கள் தேசிய துக்கமாக அதை அனுஷ்டித்தனர்.

பல்வேறு கோணங்களிலும் விசாரணை நடைபெற்றது. பல்வேறு பலே திருடர்களும் விசாரணைக்கு உட்படுத்தப்பட்டனர். அண்டோனியோ செட்டா என்பவன் எந்தவிதமான பூட்டுகளையும் உடைக்கும் ஜித்தன். செட்டா, ஒரு முக்கியமான தகவலை போலீஸாரிடம் சொன்னான். 'பெரால்டா என்னை கோப்பையைத் திருடுவதற்கு அழைத்தான். என் அண்ணன் பிரேசில் உலகக் கோப்பையை வென்ற மகிழ்ச்சியில் மாரடைப்பு வந்து இறந்து போனார். எனக்கும் அந்த தேசபக்தி உண்டு. எனவே மறுத்து விட்டேன்.'

பெரால்டா என்ற செர்ஜியோ பெரால்டா, கால்பந்து கிளப் ஒன்றில் பணியாற்றிவன். அவனும் மேலும் இருவரும் (ரிவேரா என்ற முன்னாள் போலீஸ் மற்றும் ஜோஸ்) சேர்ந்துதான் கோப்பையைத் திருடியிருக்கிறார்கள் என்பது கிட்டத்தட்ட உறுதியானது. மூவரும் விரைவிலேயே கைது செய்யப் பட்டார்கள். ஆனால், கோப்பை அவர்களிடமிருந்து மீட்கப் படவில்லை.

'அர்ஜெண்டினாவின் தங்க வியாபாரி ஹெர்னாண்டஸிடம் கொடுத்து கோப்பையைத் தங்கக் கட்டிகளாக மாற்றி விற்று விட்டோம்' என்றான் பெரால்டா. ஹெர்னாண்டஸும் கைது செய்யப்பட்டான். 'எல்லாம் பொய். அது சுத்தமான

தங்கத்தாலான கோப்பையே கிடையாது. அதை எப்படி தங்கக் கட்டி களாக மாற்ற முடியும்?' என்று அவன் எழுப்பிய கேள்வியில் உண்மை இருந்தது.

பிறகு நால்வருமே சிறையில் இருந்து தப்பி ஓடினார்கள். 1989-ல் ரிவேரா, மதுபான விடுதி ஒன்றில் வேறு சில ரௌடிகளால் சுட்டுக் கொல்லப்பட்டான். ஜோஸூம் ஹெர்னாண்டஸூம் பெரால்டாவும் மீண்டும் கைதாகி சிறை தண்டனை அனுபவித் தார்கள். 1998-ல் விடுதலையாகி, 2003-ல் மாரடைப்பால் இறந்து போனான் பெரால்டா. ஆனால் இறுதிவரை அவனிடமிருந்து கோப்பை எங்கே போனது என்பதற்கான பதில் மட்டும் வரவே இல்லை. இன்றைக்கு வரை பிரேசிலின் பெருமையான அசல் ஜூல்ஸ் ரிமெட் கோப்பை திரும்பக் கிடைக்கவே இல்லை.

FIFA, 1984-ல் பிரேசிலுக்கு மாற்று உலகக்கோப்பை ஒன்றை வடிவமைத்துக் கொடுத்தது. அது இப்போதும் பிரேசில் வசம் பத்திரமாக உள்ளது.

★

ஒரு நிமிடம். பிரேசிலில் 1983-ல் திருடப்பட்டது அசல் ஜூல்ஸ் ரிமெட் கோப்பைதானா? இங்கே இப்படி ஒரு கேள்விக்கும் இடம் உண்டு. காரணம் சில வலுவான சந்தேகங்கள் உண்டு.

சந்தேகம் 1 : 1954-ல் மேற்கு ஜெர்மனி, ஜூல்ஸ் ரிமெட் கோப்பையைத் தனதாக்கிக் கொண்டதல்லவா. அதன் வசம்தான் அந்தக் கோப்பை நான்கு வருடங்களுக்கு இருந்தது. 1958-ல் உலகக்கோப்பைப் போட்டிகளை நடத்திய ஸ்வீடனுக்குக் கொண்டு வரப்பட்ட ஜூல்ஸ் ரிமெட் கோப்பையின் தோற்றத்தில் சில மாற்றங்கள் தென்பட்டன. கோப்பையின் அடிப்பாகம் புதிதாக மாற்றப்பட்டிருந்தது. கோப்பை முன்பைவிட ஒரு சில சென்டிமீட்டர்கள் உயரமாகவும் இருந்தது. அசல் கோப்பையை மேற்கு ஜெர்மனி பதுக்கிக் கொண்டு, போலி கோப்பையை ஸ்வீடனுக்கு அனுப்பிவிட்டிருக்கிறது என்று சின்னதாக சலசலப்பு எழுந்தது.

சந்தேகம் 2 : 1966. இங்கிலாந்தில் ஜூல்ஸ் ரிமெட் கோப்பை திருடு போயிருந்த சமயம். இங்கிலாந்து கால்பந்து சம்மேளனம், ஜார்ஜ் பேர்ட் என்ற நகை வடிவமைப்பாளரைத் தொடர்பு கொண்டு, உடனே ஒரு நகல் கோப்பை செய்யுமாறு கேட்டுக் கொண்டது.

ஜார்ஜ் பேர்டும் ஜூல்ஸ் ரிமெட் கோப்பை போன்ற நகல் ஒன்றைச் செய்து கொடுத்தார். அது வெண்கலத்தால் உருவாக்கப்பட்டு மேலே தங்க முலாம் பூசப்பட்டது.

பிக்கிள்ஸ் நாய் கண்டெடுத்தது நிஜமாகவே காணாமல் போன கோப்பையையா? அல்லது நகல் கோப்பையைத் தோட்டத்தில் போட்டுவிட்டு, நாய் கண்டெடுத்ததுபோல நாடகமாடி, அதுதான் காணாமல்போன அசல் என்று உலகை நம்ப வைத்துவிட்டார்களா?

மேற்கு ஜெர்மனி நிஜக்கோப்பையைத் திருடி வைத்துக் கொண்டிருந்தால், இங்கிலாந்துக்கு வந்தது அசல் கிடையாது. இப்போதும் ஜெர்மனியில்தால் அசல் ஜூல்ஸ் ரிமெட் கோப்பை இருக்க வேண்டும். அது அங்கேயேதான் இருக்கிறதா?

மேற்கு ஜெர்மனி உத்தம தேசம்தான். அது அசல் கோப்பையைத்தான் ஸ்வீடனுக்கு நேர்மையுடன் அனுப்பியது என்றால் இங்கிலாந்தில் 1966-ல் திருடு போனதும் நிஜக்கோப்பை தான். அதுதான் உண்மையாகவே பிக்கிள்ஸ் மூலம் மீட்கப் பட்டதா? அல்லது இங்கிலாந்து அசலைப் பதுக்கிக் கொண்டு, நகலை அடுத்த உலகக்கோப்பை போட்டிகளுக்கு அனுப்பி வைத்துவிட்டதா?

சரி, பிக்கிள்ஸ் மீட்டது அசல் கோப்பைதான், இங்கிலாந்தும் நேர்மையாக அசலையே திருப்பிக் கொடுத்துவிட்டது என்றால், 1970-ல் பிரேசில் தன் வசப்படுத்தியதும் 1929-ல் வடிவமைக்கப் பட்ட உண்மையான கோப்பையைத்தான்: திருடர்களால் பிரேசில் இழந்ததும் அசல் கோப்பையைத்தான்.

இல்லை, மேற்கு ஜெர்மனியோ அல்லது இங்கிலாந்தோஇடையில் கோல்மால் செய்ததில் நகல் கோப்பையைத்தான் பிரேசில் மூன்றாவது முறை வென்றது எனில், அங்கே திருடுபோனது போலி கோப்பைதான்.

தலை சுற்றுகிறதல்லவா. அப்படியே இன்னொரு கணக்கையும் பார்த்துவிடலாம்.

1929-ல் வடிவமைக்கப்பட்ட அசல் கோப்பை, மேற்கு ஜெர்மனி உருவாக்கிய போலி கோப்பை, இங்கிலாந்தின் ஜார்ஜ் பேர்ட் உருவாக்கிய நகல் கோப்பை, பிரேசிலுக்காக மீண்டும் வழங்கப்பட்ட மாற்று உலகக்கோப்பை, பிரேசில் பாதுகாப்புக்காக

பீலே தனது நகல் கோப்பையுடன்

உருவாக்கியிருந்த நகல் கோப்பை என்று உலகில் ஐந்து ஜூல்ஸ் ரிமெட் கோப்பைகள் இப்போது இருக்கலாம். அந்த நிஜக் கோப்பை எங்கே இருக்கிறது அல்லது இருக்கிறதா என்பதற்கான விடை மட்டும் இதுவரை கண்டறியப்படவில்லை.

இவையெல்லாம் தவிர, ஜூல்ஸ் ரிமெட் கோப்பையின் நகல் ஒன்று கால்பந்தின் கடவுள் பீலே வசம் இருந்தது. 1958, 1962, 1970 - மூன்று ஆண்டுகளிலும் பிரேசில் உலக சாம்பியன் ஆனதல்லவா. மூன்று முறையும் பிரேசில் அணியில் இடம் பெற்றிருந்த ஒரே வீரர் பீலேதான். யாராலும் முறியடிக்கவே இயலாத உலக சாதனை இது. பீலேவைக் கௌரவப்படுத்தும் விதமாக அவருக்கு ஜூல்ஸ் ரிமெட் கோப்பையின் நகல் ஒன்றை FIFA வழங்கியிருந்தது. அதை அவர், 2016-ல் லண்டனில் £395,000 தொகைக்கு ஏலத்தில் விற்றார். நலத்திட்ட உதவிகளுக்கு நிதி திரட்ட அந்த ஏலம் நடந்தது.

1995-ல் நகை வடிவமைப்பாளர் ஜார்ஜ் பேர்ட் இறந்து போனார். அவர் 1966-ல் வடிவமைத்த வெண்கலத்தாலான நகல் ஜூல்ஸ் ரிமெட் கோப்பை ஏலத்தில் விடப்பட்டது. அதை £254,500 தொகைக்கு FIFA ஏலத்தில் எடுத்தது. 'இந்தக் கோப்பையை நாங்கள் அசல் ஜூல்ஸ் ரிமெட் கோப்பையைப் போன்றே எண்ணுகிறோம்' என்று FIFA அமைப்பினர் விளக்கம் கொடுத்தார்கள்.

எனில், அசல் கோப்பையைப் பதுக்கி வைத்திருந்த இங்கிலாந்து, அதை ஜார்ஜ் பேர்ட் வடிவமைத்த நகல் என்ற பெயரில் ஏலம் விடும்போது FIFA உண்மை தெரிந்தே அதை வாங்கியதா? தற்போது FIFA வசம் இருப்பதுதான் அசல் ஜூல்ஸ் ரிமெட் கோப்பையா?

யாமறியோம் பராபரமே!

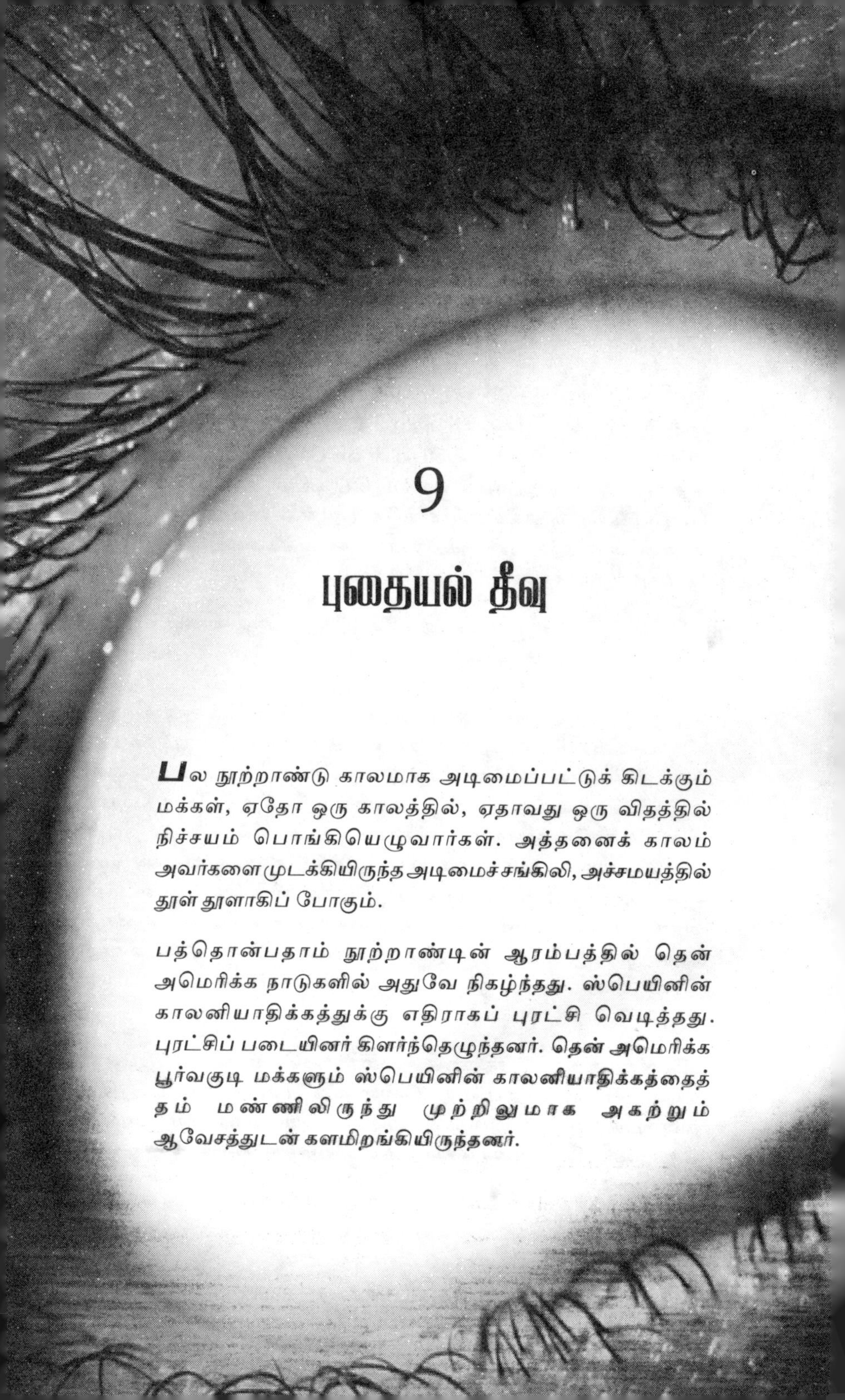

9

புதையல் தீவு

பல நூற்றாண்டு காலமாக அடிமைப்பட்டுக் கிடக்கும் மக்கள், ஏதோ ஒரு காலத்தில், ஏதாவது ஒரு விதத்தில் நிச்சயம் பொங்கியெழுவார்கள். அத்தனைக் காலம் அவர்களைமுடக்கியிருந்த அடிமைச்சங்கிலி, அச்சமயத்தில் தூள் தூளாகிப் போகும்.

பத்தொன்பதாம் நூற்றாண்டின் ஆரம்பத்தில் தென் அமெரிக்க நாடுகளில் அதுவே நிகழ்ந்தது. ஸ்பெயினின் காலனியாதிக்கத்துக்கு எதிராகப் புரட்சி வெடித்தது. புரட்சிப் படையினர் கிளர்ந்தெழுந்தனர். தென் அமெரிக்க பூர்வகுடி மக்களும் ஸ்பெயினின் காலனியாதிக்கத்தைத் தம் மண்ணிலிருந்து முற்றிலுமாக அகற்றும் ஆவேசத்துடன் களமிறங்கியிருந்தனர்.

வைஸ்ராய் ஜோஸ் செர்னா

பதினாறாம் நூற்றாண்டு முதலே பெரு, ஸ்பெயினின் காலனியாதிக்கத்தில் சிக்கி யிருந்தது. பதினெட்டாம் நூற்றாண்டின் இறுதியில் ஸ்பெயினுக்கு எதிராகக் கிளர்ச்சிகள் அங்கும் எழுந்தன. கி.பி 1820-ல் பெரு நாட்டின் தலைநகரான லிமாவை, புரட்சிப் படையினர் ஸ்பெயினிடமிருந்து மீட்டனர். அங்கே வேரூன்றி சுக போகமாக வாழ்ந்து கொண்டிருந்த ஸ்பெயின் வந்தேறிகளுக்குப் பதட்டம் தொற்றியது. அத்தனைக் காலம் பெருவில் சுரண்டிச் சேர்த்த செல்வங்களை எல்லாம் எங்கே பதுங்கி வைப்பது? இந்த மண்ணின் மைந்தர்கள் அத்தனைச் செல்வங்களையும் கபளீகரம் செய்துவிடுவார்களே.

பெருவில் நியமிக்கப்பட்டிருந்த ஸ்பெயின் வைஸ்ராய் ஜோஸ் செர்னாவும், லிமாவின் தேவாலயத்தைச் சேர்ந்த தலைமை மதகுருவும் அவசர அவசரமாக ஒரு ரகசியக் கூட்டத்துக்கு ஏற்பாடு செய்தனர். லிமாவில் வாழ்ந்து கொண்டிருந்த ஸ்பெயினைச் சேர்ந்த செல்வந்தர்கள் எல்லாம் தமது செல்வங்களைச் சுமந்துகொண்டு தேவாலயத்தை அடைந்தனர். அந்தச் செல்வங்களுடன், தேவாலயத்துக்குச் சொந்தமான சில பொக்கிஷங்களும் சேர்க்கப்பட்டன. எல்லாவற்றையும் எங்கேயாவது பத்திரமாகப் பதுக்கி வைக்க வேண்டும். அதற்கு முதலில் அவற்றை லிமாவிலிருந்து வெளியில் கொண்டு செல்ல வேண்டும். தரை மார்க்கமாகக் கொண்டு சென்றால் எதுவும் மிஞ்சாது. கடல் வழியாகக் கொண்டு செல்வது தான் ஒரே வழி. துறைமுகத்தில் ஏதாவது கப்பல்கள் இருக்கிறதா?

விசாரித்தார்கள். துரதிருஷ்டவசமாக ஸ்பெயினின் கப்பல்கள் எதுவும் லிமாவில் அப்போது இல்லை. ஒரே ஒரு கப்பல் மட்டுமே கிளம்பத் தயாராக இருந்தது. அதன் பெயர் மேரி டியர். அதன் கேப்டன் பிரிட்டனைச் சேர்ந்த வில்லியம் தாம்ப்ஸன்.

மதகுரு, கேப்டன் தாம்ப்ஸனை அழைத்தார். விவரங்களை எடுத்துச் சொன்னார். செல்வங்களை எல்லாம் மெக்ஸிகோவுக்குக்

கப்பலேறும் செல்வங்கள்

கொண்டு செல்ல உதவும்படி கேட்டுக் கொண்டார். தாம்ப்ஸன் ஒப்புக்கொண்டார். செல்வங்கள் கப்பலேறின. செல்வங்களுக்குப் பொறுப்பாக ஆறு ஸ்பெயின் வீரர்களும், இரண்டு மதகுருமார்களும் கப்பலேறினர்.

கப்பல் ஆழ்கடலுக்கு வந்திருந்தது. இருள் வானில் மட்டுமல்ல, கேப்டன் தாம்ப்ஸனின் மனத்திலும் சூழ ஆரம்பித்தது.

கேப்டன் தாம்ப்ஸன்

அடேங்கப்பா, இவ்வளவு செல்வங்களா! காலம் முழுவதும் திரை கடலோடித் திரவியம் தேடினாலும் இதில் ஒரு பகுதிகூட நம்மால் சம்பாதிக்க முடியாதே. எவ்வளவு தங்க நகைகள். வைரக்கற்களும் நிறைய இருக்கும் போல. அதிலும் வைரக் கற்கள் பதிக்கப்பட்ட சிலுவைகள் என்னமாக ஜொலி ஜொலிக்கின்றன. தங்கத்தாலான மெழுகுவர்த்தித் தாங்கிகளை விற்றால் கூட எட்டெட்டு தலைமுறைக்கு உட்கார்ந்து சாப்பிடலாம்போல. அன்னை மேரியின் கையில் குழந்தை இயேசு இருப்பதுபோல இரண்டு சிலைகள். என்னே அழகு! இன்னும் எத்தனையோ சிலைகள். அத்தனையும் பசும்பொன்னால் செய்யப்பட்டவை. கூர்மையான வாள்களில்கூட விதவிதமாகக் கற்களைப் பதித்திருக்கிறார்கள். ரசனைக்காரர்கள்!

தாம்ப்ஸன் தன் குறுவாளை எடுத்தார். ஒரு கப்பலின் கேப்டன், கடல் கொள்ளையனாகத் தடம் மாறிய தருணம் அது. அவரது கப்பலில் இருந்த பணியாளர்களும் அந்தத் தருணத்துக்காகத் தான் காத்திருந்தார்கள். அவர்களும் தத்தமது ஆயுதங்களை எடுத்தார்கள். அடுத்த சில நிமிடங்களில் கப்பலிலிருந்த ஸ்பெயின் வீரர்களின், மத குருமார்களின் கழுத்துகள் அறுபட்டன. அவர்களது உடல்களைக் கடல் வாங்கிக் கொண்டது.

வடக்கு, வடகிழக்கு திசைகளுக்கிடையே 850 கெஜம் கடந்து சென்றால் ஒரு குகையைக் காணலாம். அதில் *X* **என குறியீடு பதித்துள்ளேன். அங்கேதான் புதையல் இருக்கிறது**

சில நாள்கள் பயணம். மேரி டியர், கோகோஸ் தீவினை அடைந்தது. வட, தென் அமெரிக்கக் கண்டங்களை இணைக்கும் வால் பகுதியான கோஸ்டா ரிகாவிலிருந்து சுமார் *340* மைல்கள் தொலைவில் பசிபிக் பெருங்கடலில் அமைந்துள்ள ஆளில்லாத தீவு அது. கடல்

மேரி டியர்

பகுதியில் ஸ்பானியக் கப்பல்களின் நடமாட்டம் அதிகமாக இருந்தது. அவர்களிடம் சிக்கிக் கொண்டால் எதுவும் எஞ்சாது. உயிரும் மிஞ்சாது. ஆகவே தற்சமயத்துக்கு லிமாவின் செல்வங்களை இந்தத் தீவிலேயே புதைத்து வைத்துவிடலாம். பின் சந்தர்ப்பம் வாய்க்கும்போது, தகுந்த ஏற்பாடுகளுடன் வந்து தோண்டி எடுத்துக் கொள்ளலாம். இங்கே பழங்குடி மக்கள் யாரும் வசிக்கவில்லை. மனிதனின் கால்படாத தீவு போலத்தான் தெரிகிறது. எனவே யாராலும் இந்தப் பொக்கிஷங் களுக்கு எந்தப் பாதிப்பும் வராது. தாம்ப்ஸன் திட்டமிட்டார். கோகோஸ் தீவில் லிமாவின் பொக்கிஷங்கள் தரையிறக்கப் பட்டன. பத்திரமாகப் புதைக்கப்பட்டன. (அந்தப் புதையலின் இன்றைய உத்தேச மதிப்பு, அமெரிக்க டாலரில் 208 மில்லியன்.)

கோகோஸ் தீவிலிருந்து மேரி டியர் கிளம்பியது. தாம்ப்ஸன் மீண்டும் கோகோஸ் தீவுக்கு வந்தாரா? புதையலை மீட்டு, அதனை ஆண்டு அனுபவித்தாரா? அல்லது மீண்டும் ஸ்பெயின் காரர்களிடமே அந்தப் புதையல் சிக்கிக் கொண்டதா? அல்லது வேறு யாரும் புதையலைக் கவர்ந்து போய்விட்டார்களா? எல்லாவற்றுக்குமான பதில்களைப் பல்வேறு கோணங்களில் தான் சொல்ல வேண்டியுள்ளது.

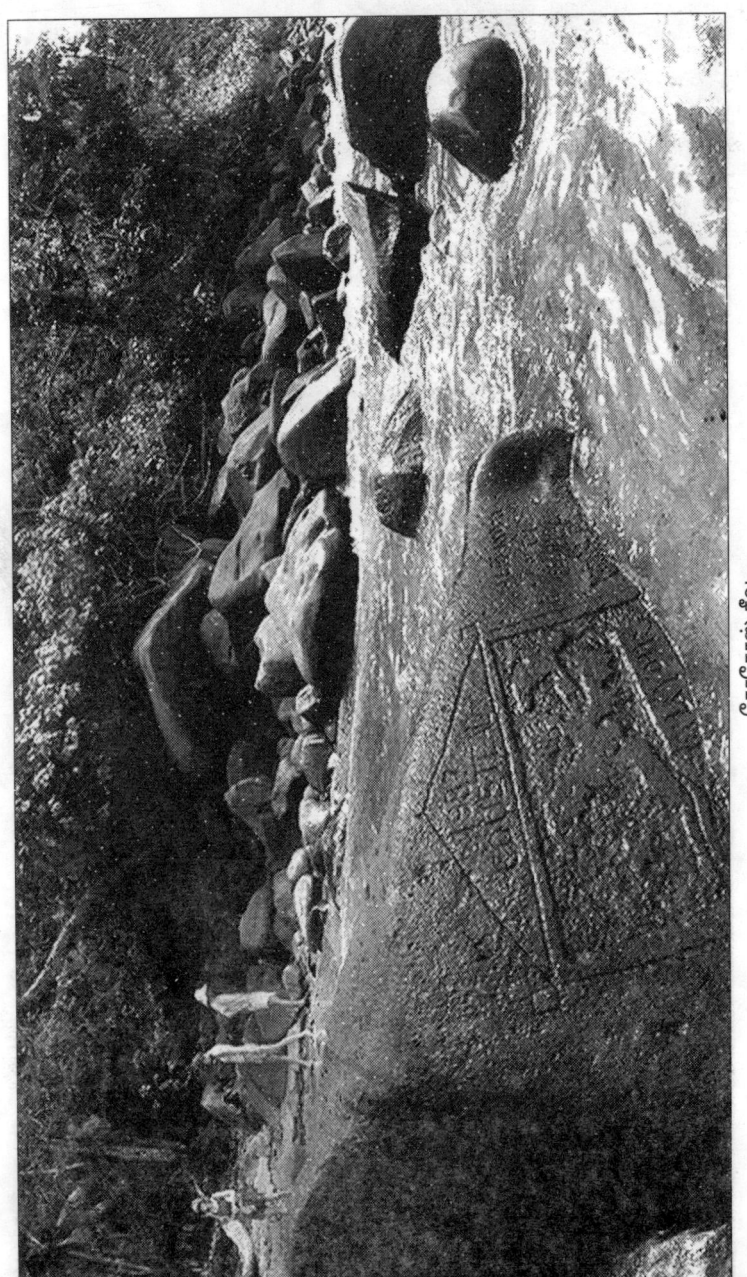

கோகோஸ் தீவு

கோகோஸ் தீவிலிருந்து கிளம்பிய மேரி டியர், வெகு விரைவிலேயே நடுக்கடலில் ஸ்பெயின் வீரர்களால் சூழப்பட்டது. தாம்ப்ஸனும் அவரது சகாக்களும் சிறைபிடிக்கப்பட்டனர். ஏகப்பட்ட சித்ரவதைகள். இருந்தும் யாரும் வாய் திறக்கவில்லை. தாம்ப்ஸனும், துணை கேப்டனும் அந்தக் கப்பலிலேயே தூக்கிலிடப்பட்டுக் கொல்லப்பட்டனர். உடனிருந்த மற்றவர்களுக்கு விழி பிதுங்கியது.

'உங்களுக்கும் கயிறு காத்துக் கொண்டிருக்கிறது' என்று ஸ்பானியர்கள் மற்றவர்களை மிரட்ட, இரண்டு பேர் லிமா பொக்கிஷங்களைப் பதுக்கி வைத்திருக்கும் இடத்தைக் காட்டிக் கொடுக்க ஒப்புக் கொண்டனர். அவர்களது வழிகாட்டுதலின் படி கோகோஸ் தீவை நோக்கி அந்த ஸ்பெயின் கப்பல் சென்றது.

தீவில் இறங்கினார்கள். அங்கே புதைத்து வைத்தோம். தோண்டுங்கள். என்னது, இல்லையா? மன்னிக்கவும். அங்கே இல்லை. இங்கே புதைத்து வைத்தோம். ஓ, இங்கும் கிடைக்கவில்லையா? அதோ அந்த மலையடிவாரத்தில் புதைத்ததாக நினைவு. தோண்டுங்கள். அய்யோ, மன்னிக்கவும். இந்த இடம் இல்லைபோல. வேறொரு குகை நினைவுக்கு வருகிறது. அங்கே சென்று தேடலாமா? அந்த இருவரும் ஸ்பானியர்களை அலைக்கழித்தனர். ஸ்பானியர்களுக்கு அடக்க முடியாத கோபம். ஆனாலும் அவர்களை எதுவும் செய்ய முடியவில்லை. அவர்கள் சொல்லாவிட்டால், காடும் கடற்கரைகளும் மலைமுகடுகளும், சிலுசிலு அருவிகளும் சிற்றாறுகளும் பாறைகளும் குகைகளும் நிறைந்த, 23.85 சதுர கிமீ பரப்பளவும் கொண்ட இந்தத் தீவில் எங்கு போய் புதையலைத் தேடுவது?

ஒரு கட்டத்தில் அந்த இருவரும் ஸ்பானியர்களிடமிருந்து தந்திரமாகத் தப்பினர். அடர்ந்த காட்டுக்குள் புகுந்து ஓடத் தொடங்கினர். ஸ்பெயின் வீரர்கள் அவர்களைத் தவற விட்டனர். ஆகவே புதையலையும். அவ்விருவரும் புதையலைத் தோண்டி எடுத்து ஏதாவது படகிலோ, கப்பலிலோ தப்பித்துச் சென்றதாகவும் தகவலில்லை. என்ன நடந்தது என்பது தீராத மர்மமே.

மேற்சொன்னது ஒரு கோணம். இன்னொரு கோணத்திலும் கதை ஒன்று சொல்லப்படுகிறது.

பெனிட்டோ போனிட்டோ

கோகோஸ் தீவில் செல்வங்களை மறைத்து வைத்த தாம்ப்ஸன், பத்திரமாக கனடாவின் நியுஃபவுண்ட்லேண்டுக்குத் திரும்பினார். நிலைமை சீராகட்டும் என்று கொஞ்ச காலம் காத்திருந்தார். தனியாகச் சென்று புதைத்ததை மீட்க முடியாது என்று தோன்றியது. ஆகவே, போர்ச்சுகலைச் சேர்ந்த கடற்கொள்ளையனான பெனிட்டோ போனிட்டோவுடன் சந்தர்ப்பவாதக் கூட்டணி அமைத்தார். பொக்கிஷங்களை நல்லபடியாக மீட்டுக் கொண்டு வர பெனிட்டோ உதவ வேண்டும். எல்லாம் சிறப்பாக நடந்து முடிந்தால் பெனிட்டோவுக்கும் அதில் ஒரு பங்கு உண்டு என்பது ஒப்பந்தம்.

அவர்கள் தம் குழுவினரோடு கப்பலில் கிளம்பினார்கள். ஆனால், நடுக்கடலில் பிரிட்டனின் போர்க்கப்பலொன்று வழிமறித்துத் தாக்க ஆரம்பித்தது. தாக்குதலில் பலரும் கொல்லப்பட, தாம்ப்ஸன் கடலில் குதித்து நீந்த ஆரம்பித்தார். கண்ணில்பட்ட ஒரு கப்பலில் அடைக்கலம் புகுந்தார். அந்தக் கப்பலின் கேப்டன் கீட்டிங் என்பவர், தாம்ப்ஸனின் வீர தீர புதையல் சாகசக் கதையைக் கேட்டார். அவர் கண்களிலும் ஆசை மின்னியது. ஆகவே தாம்ப்ஸனுக்கு உதவ கண்டிஷன்ஸ் அப்ளை என்று சிறியதாக நட்சத்திரமிட்டு ஒப்புக் கொண்டார். இருவரும் சேர்ந்து கோகோஸ் தீவுக்குக் கிளம்பும் வேளையில், தாம்ப்ஸன் நோயில் விழுந்தார். இறந்தும் போனார்.

வலிய வந்த புதையலை கீட்டிங் விடுவதாக இல்லை. கேப்டன் போக் என்பவருடன் புதிய கூட்டணி அமைத்தார். இருவரும் தம் குழுவினருடன் கோகோஸ் தீவை அடைந்தனர். தாம்ப்ஸன், கீட்டிங்கிடம் புதையல் ரகசியங்களைப் பகிர்ந்திருந்ததால், அதனை எளிதில் கண்டடைந்தார்கள். இவ்வளவு செல்வங்களா! இதனை இத்தனை பேருக்குப் பங்கு வைக்க வேண்டுமா என்ன? பேராசை பேரலையாக மனத்தை ஆக்கிரமித்துவிட்டால், அங்கே பெயருக்குக்கூட மனிதம் இருக்காதல்லவா.

ரத்தம். ஓலம். படுகொலைகள். கீட்டிங்கும் போக்கும் சேர்ந்து தங்கள் சகாக்களையே கொன்று குவித்தனர். இனி இரண்டே பங்குகள்தாம். இருவரும் சேர்ந்து பெரும்பாடுபட்டு செல்வங் களை எல்லாம் தம் கப்பலில் ஏற்றினர். அதைக் கப்பல் என்று சொல்வதைவிட, சற்றே பெரிய படகு என்றுதான் சொல்ல வேண்டும். கொஞ்சதூரம் சென்ற உடனேயே, அந்தப் படகு பாரம் தாங்காமல் மூழ்கிப் போனது. கேப்டன் போக் இறந்துபோனார். கீட்டிங், எப்படியோ தப்பித்து நியுஃபவுண்ட்லேண்ட் தீவுப் பக்கமாகச் சென்றதாக ஒரு தகவல். ஆக, கோகோஸ் தீவில் 'லிமாவின் செல்வங்கள்' இல்லை; அவை அந்தக் கடல் பகுதியில் ஜல சமாதி அடைந்துவிட்டன என்கிறது இந்தக் கதை.

தாம்ப்ஸன் தனது மரணப் படுக்கையில் சொன்ன குறிப்புகள் என இன்று வரை நம்பப்படும் வார்த்தைகள் இவை. 'மனிதர்களே இல்லாத இரண்டு தீவுகளுக்கு இடைப்பட்ட ஒரு பகுதியில் ஓடும் நீரோடையின் திசையிலேயே 350 அடிகள் செல்லவேண்டும். பின் வடக்கு, வடகிழக்கு திசைகளுக்கிடையே 850 கெஜம் கடந்து சென்றால் ஒரு குகையைக் காணலாம். அதில் X என குறியீடு பதித்துள்ளேன். அங்கேதான் புதையல் இருக்கிறது' - இந்தத் தெளிவற்ற குறிப்பு களை நம்பி, பலரும் புதையலைத் தேடியிருக்கிறார்கள். யாருக்கும் அந்தக் குகை அகப்படவில்லை. X-ம் புலப்பட வில்லை.

கிஸ்லெர்

'லிமாவின் புதையலை இங்கிருந்து கைப்பற்றாமல் நான் வெளியேற மாட்டேன்' - சபதத்துடன் 1889-ல் ஆகஸ்ட் கிஸ்லெர் என்ற ஜெர்மானியர் கோகோஸ் தீவுக்குள் காலடி எடுத்து வைத்தார். அவரிடம் இரண்டு ரகசிய வரைபடங்கள் இருப்ப தாகவும் சொன்னார். வருடக்கணக்கில் அவரது தேடல் நீண்டது.

கோஸ்டா ரிகா அரசாங்கமே கிஸ்லெருக்கு ஆதரவுக்கரம் நீட்டியது. 'கிஸ்லெர், கோகோஸ் தீவில் எவ்வளவு காலம் வேண்டுமானாலும் தங்கியிருந்து புதையலைத் தேடலாம். அங்கே ஒரு காலனியை அமைக்கலாம். அங்கே தேயிலை, புகையிலை உள்ளிட்ட பயிர்களை விளைவித்து விவசாயத்தைப் பெருக்கலாம்' என்று சொல்லி, அவரை அத்தீவின் கவர்னராக

நியமித்தது. புதையல் கண்டுபிடிக்கப்பட்டால் விதிகளின்படி அரசுக்கு அதில் மூன்றில் ஒரு பகுதியைக் கொடுத்தாக வேண்டும். கண்டுபிடிக்கப்படாவிட்டாலும் பிரச்னையில்லை; ஆளில்லாத் தீவில் குடியிருப்பு அமைத்தது போலாயிற்று. விவசாயம் பெருகினால் ஏதோ லாபம் வருமே.

மொத்தம் 20 ஆண்டுகள் வரை கிஸ்லெர், கோகோஸ் தீவை அங்குலம் அங்குலமாகத் தோண்டிக் கொண்டிருந்தார். அந்தத் தீவு, கோஸ்டாரிகாவை விட்டு மிகவும் தள்ளியிருந்ததால் காலனி அமைக்கும் முயற்சி தோல்வியில் முடிந்தது. அதுவரை தோண்டித் துருவிப் பார்த்ததில் கிஸ்லெருக்கு ஆறே ஆறு தங்கக்காசுகள் மட்டுமே கிடைத்திருந்தன. 1908-ல் கிஸ்லெர், கோகோஸ் தீவினை விட்டுக் கனத்த மனத்துடன் கிளம்பினார்.

டான் பெஞ்சமின் பக்ஸி

இதுநாள் வரை முந்நூறுக்கும் மேற்பட்டோர், கோகோஸ் தீவில் புதையல் வேட்டை நடத்தி, தோல்வியை ருசித்துள்ளனர். அதில் அமெரிக்க முன்னாள் அதிபர் ரூஸ்வெல்ட்டும் அடக்கம். மீன் பிடிக்க அந்தத் தீவுக்குச் செல்வதாக, ஒப்புக்குச் சொல்லி விட்டு சிலமுறை அங்கே வந்து புதையலைத்தேடி, எதுவும்கிடைக்காமல் புறமுதுகிட்டுத் திரும்பினார். சென்ற நூற்றாண்டில் அமெரிக்காவில் வாழ்ந்த பிரபல டான் பெஞ்சமின் பக்ஸியும் கோகோஸ் தீவுக்குச் சென்றார். கிழக்கும் மேற்கும் வடக்கும் தெற்கும் புரண்டார். வெறும் சிப்பிகளே கிடைத்தன. இப்படி பலரது தோல்விகளிலிருந்து விளைந்த விடையாக ஒன்று சொல்லப்படுவதுண்டு. கேப்டன் தாம்ப்ஸன், லிமா பொக்கிஷங்களை கோகோஸ் தீவில் புதைக்கவே இல்லை. அவர் புதைத்தது அடையாளம் காணப்படாத ஏதோ ஒரு தீவு என்று. இதை உண்மை என்றும் சொல்ல முடியாது. பொய் என்றும் மறுப்பதற்கில்லை.

★

1978-ல் கோகோஸ் தீவு, கோஸ்டாரிகாவின் தேசியப் பூங்காவாக அறிவிக்கப்பட்டது. இனி யாரும் கோகோஸ் தீவில் புதையல்

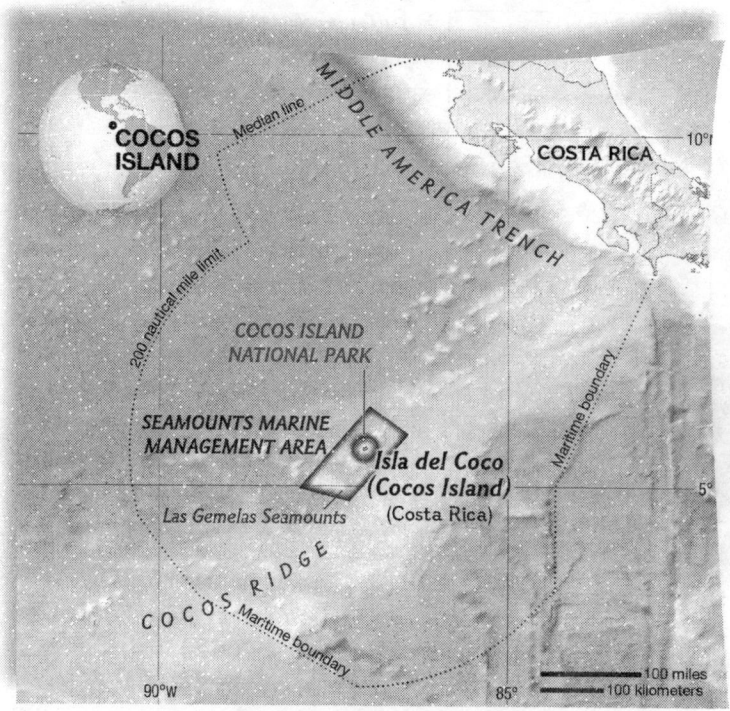

கோகோஸ் தீவு அமைவிடம்

வேட்டை நடத்தக்கூடாது என்று கோஸ்டாரிகா அரசு அறிவித்தது. கோகோஸ் தீவு வாழ் மக்கள் என்று ஐம்பது, அறுபது பேர் மட்டும் இப்போது இருக்கிறார்கள். தவிர, அங்கே வனத்துறையினர் மட்டும் வசிக்க அனுமதி உண்டு. 1997-ல் கோகோஸ் தீவு, யுனெஸ்கோவால் பாரம்பரியமிக்க தீவாகவும் அறிவிக்கப் பட்டது.

2016 ஏப்ரலில் கோகோஸ் தீவைப் புயல் ஒன்று தாக்கியது. கடலோரப் பகுதியில் ஆமைகள் முட்டையிட்டுக் குஞ்சு பொரிக்கும் காலம் அது. எனவே, புயலுக்குப் பின் ஆமைகளும் முட்டைகளும் பாதுகாப்பாக இருக்கின்றனவா என்று சோதனையிட வனத்துறை அலுவலர்கள் சிலர் கடலோரமாக ரோந்து சென்றார்கள். அப்போது அவர்களது கண்ணில் மண்ணில் பாதி புதைந்து கிடந்த சில மரப்பெட்டிகள் தென்பட்டன. அவற்றை மண்ணுக்குள்ளிலிருந்து மீட்டார்கள். சற்றே

லிமாவின் பொக்கிஷங்கள் மட்டுமல்ல. கோகோஸ் தீவில் இன்னும் பல புதையல்கள் கண்டுபிடிக்கப்படாமல் உள்ளன என்ற செய்தியையும் வரலாற்று ஆசிரியர்கள் முன் வைக்கிறார்கள்

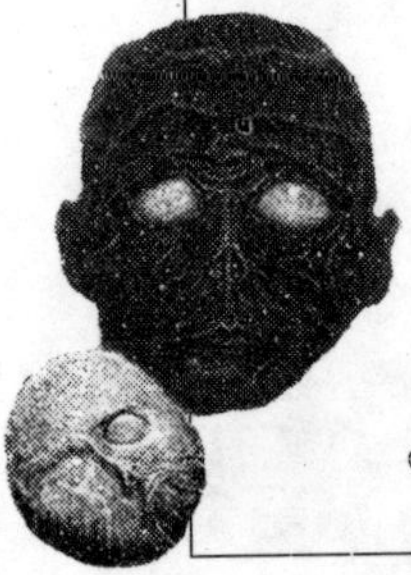

சிரமப்பட்டு அந்தப் பெட்டிகளைத் திறந்து பார்த்தார்கள். ஆச்சரியத்தில் திகைத்து நின்றார்கள்.

வனத்துறை அலுவலர் ஒருவர், உடனே தனது உயரதிகாரி ஒருவரைத் தொலைபேசியில் அழைத்தார். 'இங்கே கடலோரமாகச் சில மரப்பெட்டிகளைக் கண்டெடுத்தோம். அவற்றைத் திறந்து பார்த்தோம். நிறைய தங்கக்காசுகள், வெள்ளிக்காசுகள், அன்னை மேரி குழந்தை இயேசுவுடன் இருப்பது போல இரண்டு சிலைகள், தங்க மெழுவர்த்தித் தாங்கிகள், இன்னும் பல பொக்கிஷங்கள் இந்தப் பெட்டிகளில் இருக்கின்றன.'

'என்ன, என்னை ஏமாற்றுகிறாயா?' - உயரதிகாரிக்கு நம்பிக்கை வரவில்லை. அந்த அலுவலர் மீண்டும் அழுத்திச் சொன்னார். கூடுதல் விவரங்களை அடுக்கினார். அரசு அவற்றைக் கைப்பற்றியது. அவை கோஸ்டா ரிகாவின் சான் ஜோஸ் நகர அருங்காட்சியகத்தில் பாதுகாப்பாக வைக்கப்பட்டன. இப்படி ஒரு செய்தி சில இணைய தளங்களில் மட்டும் வெளியானது. இந்தச் செய்தி எந்த அளவுக்கு உண்மையானது என்பதில் சந்தேகமும் உண்டு.

2016-ல் கோகோஸ் தீவில் வனத்துறையினரால் உண்மையாகவே பொக்கிஷம் கண்டெடுக்கப்பட்டதா? அப்படிக் கண்டெடுக்கப்பட்டவை லிமாவின் பொக்கிஷங்களா? இவை இன்னும் உறுதி செய்யப்பட்டவில்லை. அப்படியே அது லிமாவின் பொக்கிஷங்கள்தாம் எனில், அவை முழுமையாகக் கிடைத்துவிட்டனவா? இன்னும் தேடப்பட வேண்டிய பொக்கிஷங்கள் அங்கே புதைந்து கிடக்கிறதா? இந்தக் கேள்விகளுக்கும் பதில் தெரியவில்லை. ஏதோ ஒரு குகையில் தாம்ப்ஸன் பதுக்கி வைத்த பொக்கிஷங்கள் கடற்கரையில் எப்படிக் கிடைத்தன? இருபது ஆண்டுகளாகத் தீவெங்கும் சல்லடை போட்டுத் தேடிய கிஸ்லெருக்குக் கிடைக்காத அந்தப் பொக்கிஷம், கரையோரமாகக் காலாற நடந்துசென்ற வனத்துறையினருக்கு மட்டும் எப்படிக்

கிடைத்தது? இப்படிச் சந்தேகம் பூசப்பட்ட கேள்விகளுக்கும் பதில் இல்லை.

லிமாவின் பொக்கிஷங்கள் மட்டுமல்ல. கோகோஸ் தீவில் இன்னும் பல புதையல்கள் கண்டுபிடிக்கப்படாமல் உள்ளன என்ற செய்தியையும் வரலாற்றாளர்கள் முன் வைக்கிறார்கள். சர் ஹென்றி மார்கன். வேல்ஸைச் சேர்ந்தவர். பதினேழாம் நூற்றாண்டில் ஜமைக்கா காலனியின் கவர்னராக இருந்தவர். 1671-ல் மத்திய அமெரிக்காவில் பனாமா நகரத்தைத் தாக்கி, அங்கிருந்து ஏராளமான செல்வங்களைக் கொள்ளையடித்து விட்டு, பசிபிக் பெருங்கடலில் பயணம் செய்தார். அங்கே கோகோஸ் தீவினைக் கண்டார் மார்கன். தங்க நகைகள், தங்க - வெள்ளி நாணயங்கள் என இன்றைய மதிப்பில் சுமார் $125 மில்லியன் கொண்ட பொக்கிஷத்தை அங்கே ஓரிடத்தில் புதைத்தார். அதுவும் இன்றைக்கு வரை மீட்கப்படவே இல்லை.

சர் ஹென்றி மார்கன்

பென்னட் கிரஹாம் என்ற கடற்கொள்ளையனது கூட்டத்தில் இருந்த பெண் மேரி வெல்ஸ். கிரஹாம், கோகோஸ் தீவினில் சுமார் 350 டன் தங்கத்தைப் புதைத்ததாக மேரி குறிப்பிட்டிருக்கிறார். 1819-ல் கடல் கொள்ளையில் ஈடுபட்ட குற்றங்களுக்காக மேரி ஆஸ்திரேலியாவில் சிறை வைக்கப்பட்டார். விடுதலையான பின் மேரி வெல்ஸ், ஒரு குழுவுடன் கோகோஸ் தீவுகள் நோக்கிப் பயணம் செய்தார். கிரஹாம் புதைத்த தங்கத்தைத் தேடினார். டன் டன்னாக தங்கம் தேடியவருக்கு சிறு குண்டுமணிகூட கிடைக்கவில்லை. இன்றைக்கும் கிரஹாம் புதைத்த தங்கம் கோகோஸ் தீவில்தான் இருக்கிறது என்று பலரும் நம்புகிறார்கள். அதன் இன்றைய தோராய மதிப்பு $16 பில்லியன்.

கிரஹாம் போலவே, இன்னும் சில கடற்கொள்ளையர்களும் தாங்கள் கொள்ளையடித்த அபரிமிதமான செல்வங்களை கோகோஸ் தீவில்தான் புதைத்து வைத்தனர் என்று சொல்லப்படுவதுண்டு. ராபர்ட் லூயிஸ் ஸ்டீவன்ஸன் எழுதிய உலகப்புகழ் பெற்ற புத்தகமான Treasure Island-ல் வரும் தீவு கோகோஸ்தான் என்று பல வரலாற்றாளர்கள் குறிப்பிடுகிறார்கள்.

சரி, லிமா பொக்கிஷம் பற்றி இறுதியாக ஒரு க்ளூ. மேரி டியர் கப்பலின் குறிப்புப் புத்தகத்தில் தாம்ப்ஸன், புதையலிருக்கும் இடத்தை எழுதி வைத்திருந்தார் என்று சொல்லப்படுவதுண்டு. அந்தக் குறிப்பு உங்களுக்காக.

'கோகோஸ் தீவில் வடகிழக்கில் ஒரு நீரோடை இருக்கிறது. அதனைப் பின் தொடர்ந்து சென்றால், அந்த ஓடை பெருகுமிடம் வரும். அங்கிருந்து தெற்கு 70 அடிகள் சென்றால், மலையடி வாரம் தெரியும். அங்கே வடக்கு திசையில் நீரோடையைத் தொடர்ந்தால், மிகப்பெரிய பாறை ஒன்று தென்படும். அந்தப் பாறையில், தோள் உயரத்தில், ஒரு விரலை நுழைக்குமளவுக்குத் துளை ஒன்று தென்படும். அதனுள் இரும்புக் கம்பியைப் புகுத்தினால், அந்த ரகசியக் குகையின் கதவு திறக்கும். அங்கேதான் லிமாவின் செல்வங்களைப் புதைத்திருக்கிறேன்.'

பின்னோக்கிச் செல்லும் கால எந்திரம் ஒன்று நிஜமாகவே நம்மிடம் இருந்தால் எவ்வளவு வசதியாக இருக்கும்!

10
மறுபிறவிக்கதைகள்

லூக் (Luke Ruehlman) என்ற அந்த இரண்டரை வயதுச் சிறுவன் அடிக்கடி 'பாம்' என்ற ஒரு பெண்ணின் பெயரைச் சொல்லிக் கொண்டிருந்தான். பாமுக்கு கருப்பு முடி உண்டு. பாமுக்கு காதணி அணிவதென்றால் பிடிக்கும். பாமுக்கு இசையில் ஆர்வமுண்டு. இப்படி தினமும் பாம் பற்றி ஏதாவது பேசிக்கொண்டே இருந்தான். லூக்கின் தாயான எரிகாவுக்கு ஒன்றும் புரியவில்லை. பாம் என்ற பெயரில் அவர்களுக்கு உறவினர்கள், நண்பர்கள் என்று யாரும் கிடையாது. எனில், பாம் என்பது அவன் கற்பனையில் உலவும் யாரோ ஒரு பெண் என்று விட்டுவிட்டாள்.

ஆனால், லூக் விடவே இல்லை. அடிக்கடி பாம், பாம் என்று ஏதாவது பேசிக் கொண்டே இருந்தான். ஒருநாள்

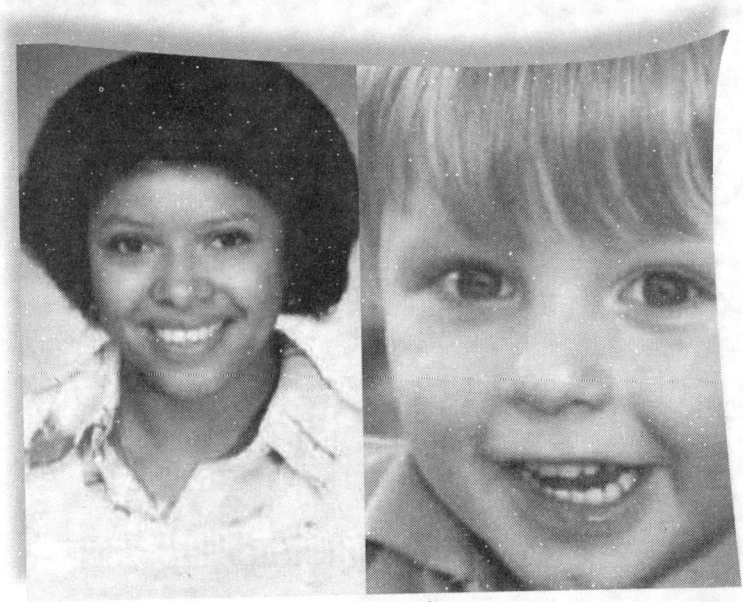

பாம் - லூக்

எரிகாவுக்குக் கடும் கோபம் வந்தது. தன் மகனைப் பார்த்து கத்தினாள். 'என்ன எப்பப்பாரு பாம் பாம்னு பேசிக்கிட்டிருக்க? யார் அந்த பாம்?'

லூக், தன் தாய் எரிகாவை நிதானமாகத் திரும்பிப் பார்த்தான். 'நான்தான் பாம்.'

எரிகாவுக்கு ஒன்றும் புரியவில்லை. 'என்ன சொல்ற?'

'நான்தான் பாம் என்ற பெண்ணாக இருந்தேன். செத்துப் போய்விட்டேன். சொர்க்கத்துக்குச் சென்றேன். அங்கே கடவுளைப் பார்த்தேன். கடவுள் மீண்டும் என்னை இந்த உலகத்தை நோக்கி தள்ளிவிட்டார். நான் குழந்தையாக லூக் என்ற பெயரில் பிறந்தேன்.'

எரிகா அதிர்ச்சியாகி நின்றாள். அவளுக்கு மறுபிறவி மீதெல்லாம் நம்பிக்கை கிடையாது. ஆனால், தன் மகன் இவ்வளவு தெளிவாக ஒரு விஷயத்தைச் சொல்கிறானே. இப்படியெல்லாம் பேசும் வயதுகூட ஆகவில்லையே. குழம்பிப் போன எரிகா, மீண்டும் மகனிடம் நிதானமாகக் கேட்டாள். 'பாம் எப்படி இறந்து போனாள்?'

‘சிகாகோவில் ஓர் உயரமான கட்டடத்தில் தீப்பிடித்துக் கொண்டது. அப்போது...’ - லூக், தன் உடல்மொழியால் குதிப்பதுபோல நடித்துக் காட்டினான். எரிகா, பரபரவென கூகுளிடம் சென்றாள். சிகாகோ, தீவிபத்து என்றெல்லாம் தேடினாள். மைக்ரோ நொடிகளில் சில செய்திகள் கொட்டின.

1993-ல் சிகாகோவின் பாக்ஸன் ஹோட்டலில் ஒரு தீவிபத்து நிகழ்ந்திருக்கிறது. அதில் 19 பேர் உயிரிழந்திருக்கின்றனர் என்ற செய்தி கிடைத்தது. யார் அந்த 19 பேர் என்று பெயர்களைத் தேடினாள். அதில் ஒரு பெயர் ‘பமீலா ராபின்சன் என்ற பாம், வயது 30’ என்று இருந்தது. எரிகா, அதிர்ந்துதான் போனாள்.

எரிகா தன் மகனுடன் வசிப்பது அமெரிக்காவின் ஓஹியோ மாகாணத்தில். அதுவரை அவர்கள், லூக்கை சிகாகோவுக்கு அழைத்துச் சென்றதே கிடையாது. அவன் சொல்வதுபோல ஒரு விபத்து நடந்திருக்கிறது. அதில் பமீலா என்ற பாமும் இறந்து போயிருக்கிறாள். 2013-ல் பிறந்த ஒரு சிறுவன், அதுவரை தான் அறியாத சிகாகோ என்ற நகரத்தில் சுமார் இருபத்திமூன்று ஆண்டுகளுக்கு முன்பு நடந்த ஒரு தீ விபத்து குறித்து எப்படிப் பேச முடியும்? அதிலும் அவன் அந்தக் குறிப்பிட்ட ஒரு பெண்ணைப் பற்றி மட்டும் ஏன் பேச வேண்டும்?

விஷயம் செய்தியாக வெளியானது. எரிகா, லூக்குடன் Ghost Inside My Child என்ற டீவி நிகழ்ச்சிக்கு அழைக்கப்பட்டாள். அங்கே லூக் முன்பு பழைய புகைப்படங்கள் பலவும் வைக்கப் பட்டன. எல்லாம் வெவ்வேறு பெண்களின் புகைப்படங்கள். லூக் அவற்றைப் பார்த்தான். ஓரிரு நொடிகளில் ஒரு புகைப் படத்தை மட்டும் கையில் எடுத்தான்.

‘இதுதான் நான். எப்போது இந்தப் புகைப் படத்தை எடுத்தோம் என்று எனக்கு நன்றாக நினைவிருக்கிறது’ என்றான் புன்னகையுடன். அந்தப் புகைப்படத்தில் இருந்தது பாம் என்ற பமீலா. மற்ற புகைப்படங்களில் இருப்பவர்கள் யார் என்று தனக்குத் தெரியவில்லை என்றான்.

எரிகா

பமீலா, ஆப்பிரிக்க - அமெரிக்கப் பெண். சிகாகோவில் வாழ்ந்தவள். எரிகா,

> 'அளவுக்கு அதிகமாக உண்பவர்களும், வரம்புமீறிக் குடிப்பவர்களும் எதிர்காலத்தில் கழுதைகளாகப் பிறப்பார்கள். வன்முறையாளர்களும் நேர்மை அற்றவர்களும் அடுத்த பிறவியில் ஓநாய் அல்லது ஆந்தையாகப் பிறப்பார்கள்

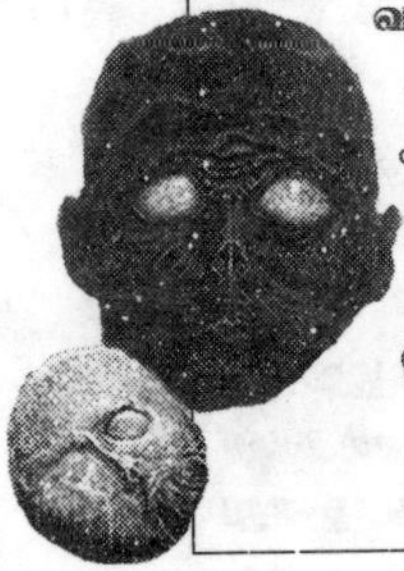

அவரது குடும்பத்தினரையும் தொடர்பு கொண்டு பேசினாள். லூக் தன் நினைவிலிருந்து சொன்னதுபோல பல தகவல்கள் சரியாக இருந்தன. மேலும் சில தகவல்கள் கிடைத்தன. பாம் போலவே லூக்குக்கும் Stevie Wonder என்ற அமெரிக்கப் பாடகரின் பாடல்கள் பிடித்திருந்தன. பாம், கீபோர்டு நன்றாக வாசிப்பாள். லூக்குக்கும் பிரியமான விளையாட்டுப் பொருளாக அவனது பொம்மை கீபோர்டு இருந்தது.

இறுதியில் எரிகாவும் நம்பத் தொடங்கினாள் - பமீலாதான் தனது மகனாக மறுபிறவி எடுத்திருக் கிறாள்.

★

அன்பாலே அழகாகும் வீடு, ஆனந்தம் அதற்குள்ளே தேடு என்று ஜான் போலாக் - ஃப்ளோரன்ஸ் போலாக் தம்பதியரும், அவர்களது இரு மகள்களான ஜோனா (11), ஜாக்குலின் (6) ஆகியோரும் இங்கிலாந்தின் ஹெக்ஸாம் நகரத்தில் சந்தோஷமாக வசித்து வந்தார்கள். ஜான், மளிகைப் பொருள்கள் மற்றும் பால் வணிகம் செய்து வந்தார். வசதிக்குக் குறைவில்லை.

1957, மே 7. ஜோனா, ஜாக்குலின் மற்றும் ஆண்டனி என்ற சிறுவன் - மூவரும் சாலையின் ஓரமாக நடந்து சென்று கொண்டிருந்தார்கள். பிரார்த்தனைக்கு நேரமாகிவிட்டது. சீக்கிரம் தேவாலயத்துக்குச் செல்ல வேண்டும் என்று ஜோனா அவசரப்படுத்தினாள். அவர்கள் பேசிச் சிரித்தபடியே வேகமாக நடந்தார்கள். அப்போது கட்டுப்பாடின்றி வந்த கார் ஒன்று அவர்கள் மீது மோதியது. மூவருமே தூக்கி வீசப்பட்டனர். ஜோனாவும் ஜாக்குலினும் அந்த இடத்திலேயே ரத்த வெள்ளத்தில் இறந்து போயினர். மருத்துவமனையில் சேர்க்கப்பட்ட ஆண்டனியும் பின்பு இறந்து போனான்.

ஆஸ்பிரின் போன்ற மாத்திரைகளை அளவுக்கு அதிகமாக உண்டுவிட்டு காரை ஓட்டிய ஒரு பெண் நிகழ்த்திய கோர

விபத்து இது. ஜானும் ஃப்ளோரன்ஸுும் நொறுங்கிப் போனார்கள். இறைவன் ஏன் தங்கள் வாழ்வில் இப்படி ஓர் இருளை அளிக்க வேண்டும் என்று அழுது புலம்பினார்கள். குழந்தைகள் இல்லாத வீடு வெறுமையாகிப் போனது. குழந்தைகளின் பொருள்கள், உடைகள், பொம்மைகள் என ஒவ்வொன்றையும் பார்த்துப் பார்த்து அழுதார்கள்.

3 CHILDREN DIE ON WAY TO CHURCH

DAILY MIRROR REPORTER

DEATH came to three children in the sunshine yesterday as they walked hand-in-hand to church.

JACQUELINE JOANNA ANTHONY

Car mounts pavement

Near Homes

அடுத்த ஆண்டு. ஃப்ளோரன்ஸ் கர்ப்பமானாள். 'இறந்துபோன நம் மகள்களே நமக்கு மீண்டும் பிறப்பார்கள்' என்றார் ஜான். ஆனால், ஃப்ளோரன்ஸுுக்கு மறுபிறவியில் நம்பிக்கையில்லை. ஏதோ ஒரு குழந்தை ஆரோக்கியமாகப் பிறந்தால் போதும், ஆயுளுடன் வாழ்ந்தால் போதும் என்று நினைத்துக் கொண்டாள். மருத்துவரும் ஃப்ளோரன்ஸ் வயிற்றில் இருப்பது இரட்டைக் குழந்தைகள் என்றெல்லாம் சொல்லவில்லை. ஆனால், ஜான் தன் நண்பர்களிடமும் உறவினர்களிடமும் மீண்டும் மீண்டும் சொல்லிக் கொண்டே இருந்தார். 'நிச்சயம் இரட்டைக் குழந்தைகள் தான் பிறக்கும். என் மகள்களே மீண்டும் பிறப்பெடுப்பார்கள்.'

ஜானின் வார்த்தைகள் நிஜமானது. ஃப்ளோரன்ஸ் இரட்டைக் குழந்தைகளைப் பெற்றெடுத்தாள் (*1958,* அக்டோபர் *4*). இரண்டும் ஒரேபோல தோற்றம் கொண்ட பெண் குழந்தைகள். ஃப்ளோரன்ஸுும் இப்போது நம்ப ஆரம்பித்தாள். 'ஆம், நம் மகள்களே மறுபிறவி எடுத்துள்ளனர்.'

அந்தக் குழந்தைகளுக்கு கில்லியன், ஜெனிஃபர் என்று பெயர் சூட்டினார்கள். ஜாக்குலினின் வலது கண் அருகில் ஒரு மச்சம் இருந்தது. ஜோனாவின் இடுப்புப்பகுதியில் ஒரு மச்சம் இருந்தது. அதேபோல மச்சங்கள் ஜெனிஃபரின் உடலில் இருந்தன. ஜானும் ஃப்ளோரன்ஸுும் குழந்தைகளுடன் ஒயிட்லே பே பகுதிக்கு இடம் மாறினார்கள். குழந்தைகள் இருவரும் ஜோனா, ஜாக்குலினைப் பலவிதங்களில், பல்வேறு செயல்களில் நினைவுபடுத்தும் விதமாகவே வளர்ந்தார்கள்.

கில்லியன், ஜெனிஃபர்

இரட்டையர்கள் இருவருக்கும் அவர்களது மூத்த சகோதரிகள் குறித்த விஷயங்களை ஜானோ, ஃப்ளோரன்ஸோ சொல்ல வில்லை. ஆனால், இரண்டு குழந்தைகளுமே அடிக்கடி ஒரு கனவினால் மிரண்டுபோய் தூக்கத்திலிருந்து எழுந்து உட்கார்ந்தார்கள். கார் அவர்கள் மீது மோதுவதுபோல கொடுங்கனவு. தவிர, விளையாட்டுப் போக்கில் கில்லியன் மடியில் ஜெனிஃபர் படுத்துக் கொள்வாள். 'அம்மா இங்கே பாருங்கள். ஜெனிஃபர் கண்களில் ரத்தம் வழிகிறது' என்று சொல்லுவாள் கில்லியன். பொதுவாகவே சாலையில் செல்லும் போது வேகமாகச் செல்லும் கார்களைப் பார்த்து இருவருமே அரண்டார்கள். இரட்டையர்களுக்கு அந்த கார் விபத்து குறித்து எதுவும் தெரியாது.

பொதுவாக இரட்டையர்களின் நடவடிக்கைகள், உடல்மொழி எல்லாம் அவர்களுக்குள் ஒத்துப் போகும். ஆனால், கில்லியனின் நடவடிக்கைகள் ஜோனாவை ஒத்திருந்தன. ஜெனிஃபரின் சில செயல்கள் ஜாக்குலின் செய்வதைப்போலவே இருந்தன.

இரட்டையர்களுக்கு நான்கு வயது இருக்கும்போது, ஜானும் ஃப்ளோரன்ஸூம் அவர்களை மீண்டும் ஹெக்ஸாம் நகரத்துக்கு அழைத்து வந்தனர். அவர்களது பழைய வீட்டை அடைந்தபோது,

கில்லியனும் ஜெனிஃபரும் பழகிய இடத்தில் புழங்குவதுபோல ஆசையுடன் வலம்வர ஆரம்பித்தனர். அங்கே விளையாடுவோம், இந்த இடத்தில் உட்கார்ந்து கதை பேசுவோம் என்று ஜோனா, ஜாக்குலின் செய்த விஷயங்களை எல்லாம் ஒவ்வொன்றாகச் சொல்ல ஆரம்பித்தனர்.

ஜான், பழைய விளையாட்டுச் சாமான்கள் நிறைந்த பெட்டி ஒன்றை எடுத்து வைத்தார். இருவரும் அவர்கள் பலகாலமாக விளையாடிய பொருள்கள்போல அவற்றை ஆசையுடன் எடுத்து விளையாட ஆரம்பித்தனர். அந்தப் பொம்மைகளுக்கு ஜோனாவும் ஜாக்குலினும் வைத்த பெயர்களை எல்லாம் சரியாகச் சொன்னார்கள். எந்த பொம்மை எங்கே வாங்கியது, எந்தெந்த பொம்மைகளை சாண்டா க்ளாஸ் கிறிஸ்துமஸுக்குப் பரிசாகக் கொடுத்தார் என்றெல்லாம் துல்லியமாகச் சொன்னார்கள். ஜானும் ஃப்ளோரன்ஸும் நெகிழ்ந்து நின்றார்கள்.

ஐந்து வயதைக் கடந்த பிறகு இரட்டையர்களுக்கு முன் ஜென்ம நினைவுகள் வருவது குறைந்து போனது. கார் குறித்த பயமெல்லாம் அகன்றது. இருவரும் ஜோனா, ஜாக்குலின் போல் அல்லாமல் தங்களுக்கான தனித்தன்மையுடன், இயல்பாக வளர ஆரம்பித்தனர்.

★

மறுபிறவி என்பது உண்மையா?

இந்துமதம் அழுத்தமாக 'ஆம்' என்கிறது. ஒரு மனிதரின் மரணத்துக்குப்பின், அவரது ஆன்மாவானது முந்தைய பிறவிகளின் மொத்த கர்மாவின் பதிவுகளுடன் அடுத்த உலகுக்குச் செல்கிறது. அங்கே தன் கர்மாவுக்கான பயன்களை அறுவடை செய்தபின், இந்த உலகுக்குத் திரும்புகிறது. எப்படி கர்ம வினைகள் ஒருவருடைய செயலின் தேர்வின் அடிப்படையில் அமைகிறதோ, அதுபோலவே, மறுபிறவியும் அவரவர் தேர்ந்தெடுப்பதுதான் - என்கிறது யஜுர் வேதம்.

பிறப்பு, இறப்பு, மறுபிறப்பு - இந்த மூன்றும் பிறவிச்சுழற்சி. அவரவர் ஒரு ஜென்மத்தில் செய்த பாவ, புண்ணியக் கணக்கு களுக்கேற்ப அவரது மறுபிறவியின் தன்மை அமைகிறது என்கிறது இந்து மதம். ஒருவரது பாவ, புண்ணியக் கணக்குகள்

கர்மாவை விளக்கும் ஓவியம்

மொத்தமாகத் தீர்ந்தபிறகு அவர் பிறவிச்சுழற்சியிலிருந்து விடுபடுகிறார். அவர் மறுபிறவி எடுப்பதில்லை. இதைத்தான் வீடுபேறு அடைவது / விடுதலை / முக்தி / மோட்சம் என்கிறது இந்து மதம்.

> புல்லாகிப் பூடாய்ப் புழுவாய் மரமாகிப்
> பல் விருகமாகிப் பறவையாய்ப் பாம்பாகிக்
> கல்லாய் மனிதராய்ப் பேயாய்க் கணங்களாய்
> வல் அசுரர் ஆகி முனிவராய்த் தேவராய்ச்
> செல்லாஅ நின்ற இத் தாவர சங்கமத்துள்
> எல்லாப் பிறப்பும் பிறந்து இளைத்தேன், எம்பெருமான்
> மெய்யே உன் பொன் அடிகள் கண்டு இன்று வீடு உற்றேன்.

மேற்காணும் சிவபுராணப் பாடல், பிறப்பு, மறுபிறப்பு, வீடுபேறு நிலை அடைவதைத்தான் உருகி உருகிச் சொல்கிறது. இந்து மதம் மட்டுமன்றி, புத்தம், சமணம், சீக்கிய மதங்களும் மறுபிறவி உண்டு என்கின்றன. பிதாகோரஸ், சாக்ரடீஸ், பிளேட்டோ போன்ற பண்டைய கிரேக்கத்தில் வாழ்ந்த அறிஞர்களும் மறுபிறவியை நம்பியிருக்கின்றனர். 'அளவுக்கு அதிகமாக உண்பவர்களும், வரம்புமீறிக் குடிப்பவர்களும் எதிர்காலத்தில் கழுதைகளாகப் பிறப்பார்கள். வன்முறையாளர்களும் நேர்மையற்றவர்களும் அடுத்த பிறவியில் ஓநாய் அல்லது ஆந்தையாகப் பிறப்பார்கள். சமூக மரபுகளைக் கண்மூடித்தனமாகப் பின்பற்றுபவர்கள் எறும்புகளாகவோ அல்லது தேனீக்களாகவோ பிறப்பார்கள்' என்பது பிளேட்டோவின் கருத்தாக இருந்திருக்கிறது.

பண்டைய யூத மதத்தின் ஒரு பிரிவு Kabbalah. அதன் முக்கிய நூல் ஜோஹர். உயிர்கள் ஒரு பிறவியில் கடவுளுடன் இணைவதற் கான பக்குவமடையாவிட்டால், அவை மேலும் சில பிறவிகள் எடுத்து அந்தப் பக்குவ நிலையை அடைய வேண்டும் என்று கூறுகிறது.

வேதாகமத்தில் காணப்படும் உயிர்த்தெழுதல் என்ற சொல்லை யும் மறுபிறவியையும் ஒன்றொடொன்று சேர்த்து சிலர் குழப்பிக் கொள்கிறார்கள். உயிர்த்தெழுதல் என்பது இறந்த ஒருவனை மீண்டும் உயிர்ப்பித்தல். அவன் அதே பிறவியில் மீண்டும் உயிர்த்தெழுகிறான். பொதுவாகக் கிறித்தவர்களுக்கு மறுபிறவி நம்பிக்கை கிடையாது. இருந்தாலும் ஆரம்ப கால கிறித்துவ

மத அறிஞர்கள் சில மறுபிறவிக் கருத்துகளையும் தெரிவித்துள் ளனர். குறிப்பாக மூன்றாம் நூற்றாண்டில் அலெக்ஸாண்ட்ரி யாவில் வாழ்ந்த கிறித்துவ மதபோதகரும் அறிஞருமான ஓரிஜென், 'தீய செயல்களில் விருப்பம் கொண்ட ஆத்மாக்கள், தங்களது அளவற்ற இச்சையால், மனித வாழ்வின் காலம் முடிந்த பிறகு மிருகங்களாகப் பிறக்கின்றன. பின் தாவரங்களாகவும் பிறக்கின்றன. இந்நிலையிலிருந்து படிப்படியாக உயர்ந்த பின்பே அவை பரலோகத்தை அடைகின்றன' என்று சொல்லி யிருக்கிறார். இவரது கருத்தை தேவாலயமோ, பிற கிறித்தவர்களோ ஏற்றுக் கொள்ளவில்லை. புறக்கணித்தனர்.

'நீங்கள் எதற்கு மீண்டும் திருமணம் செய்து கொண்டீர்கள்?' என்று மனைவி லுக்தி தேவியாக, சிறுமி சாந்தி தேவி கேட்டபோது, கேதார் நாத்திடம் பதில் இல்லை

'இந்த உலக வாழ்க்கையைத் தவிர வேறு வாழ்க்கை கிடையாது. நாங்கள் உயிர்ப்பிக்கப்படுவோர் அல்லர்' என்கிறது திருக்குர் ஆன். ஆனால், சூஃபிக்கள் மறுபிறவியை நம்புகிறார் கள். மரணம் என்பது இழப்பல்ல. அழிவற்ற ஆத்மா தொடர்ந்து வெவ்வேறான உடல்களில் பிரவேசம் செய்கிறது என்பது சூஃபிக்களின் நம்பிக்கை. அதைத் தம் கவிதை களிலும் பதிவு செய்துள்ளனர்.

தென் அமெரிக்கா, ஆஸ்திரேலியா, சைபீரியா, கிழக்கு ஆசியாவைச் சேர்ந்த பல்வேறு பழங்குடி இன மக்களின் மதக்கலாசாரத்தோடு மறுபிறவி நம்பிக்கையும் கலந்தே இருக்கிறது. மரணத்துக்குப் பிறகான வாழ்வையும் மறுபிறவியையும் பண்டைய எகிப்தியர்கள் பரிபூரணமாக நம்பினார்கள். அதனால்தான் இறந்த உடலை பாதுகாக்க மம்மிக்களை உருவாக்கினார். செல்வங்களைக் கொட்டி பிரமிடுகளைக் கட்டினார்கள்.

அன்றைய எகிப்து மம்மி காலம் முதல் இன்றைய மம்மி ரிட்டர்ன்ஸ் காலம் வரை மறுபிறவி குறித்த பல்வேறு மக்களின் நம்பிக்கை தொடர்ந்து கொண்டேதான் இருக்கிறது. தத்துவ மாகவும், ஆன்மிக விளக்கமாகவும் அறிவியல்பூர்வமாகவும்

மறுபிறவி குறித்த விளக்கங்கள் விளைந்துகொண்டேதான் இருக்கின்றன. அன்னிபெசண்ட் அம்மையார் முதல் மறைமலை அடிகள் வரை பலரும் மறுபிறவி பற்றிப் பேசியிருக்கிறார்கள்.

'இப்போது இவ்வுலகில் நான் இருக்கிறேன் என்பதை வைத்துப் பார்க்கும்போது, வருங்காலத்திலும் இந்த உலகில் நான் ஏதோ ஒரு வடிவில் இருப்பேன் என்று நிச்சயமாக நம்புகிறேன்' என்றார் பெஞ்சமின் ஃப்ராங்ளின். மாவீரன் நெப்போலியனுக்கும் முற்பிறவி, மறுபிறவி நம்பிக்கை இருந்தது. தன்னுடைய முற்பிறவிப் பெயர் சார்லிமேக்னி என்று நெப்போலியன் குறிப்பிட்டதுண்டு. ஹென்றி ஃபோர்ட் ஆணித்தரமாக மறுபிறவியை நம்பினார். தற்போது தனக்குக் கிடைத்திருக்கும் அறிவாற்றல் என்பது முன்பிறவிகளில் எல்லாம் தான் பெற்ற அனுபவங்களால் பெற்றதே என்றார் ஃபோர்ட். காந்திக்கும் முற்பிறவி, மறுபிறவி நம்பிக்கை இருந்தது. 'மனிதர்களுக்கு இடையிலான பகை நிரந்தரமாக இருக்கும் என்று எனக்குத் தோன்றவில்லை. மறுபிறவியில் எனக்கு நம்பிக்கை இருப்பதால், என்றாவது ஒருநாள் உலகிலுள்ள அனைவரையும் நட்புறவுடன் அரவணைப்பேன் என்று நான் நம்புகிறேன்' என்று அவர் கூறியிருக்கிறார்.

சிறுவயதில் சாந்தி தேவி

காந்தி வாழ்ந்த காலத்தில் ஒரு பெண்ணின் மறுபிறவிக்கதை இந்தியா முழுக்கப் பரபரப்பாகப் பேசப்பட்டது. அவள் பெயர் சாந்தி தேவி.

★

சாந்தி தேவி டெல்லியில் பிறந்தவள் (நவம்பர் 11, 1926). அவளுக்கு நான்கு வயது இருக்கும்போது என்னென்னமோ பேச ஆரம்பித்தாள். 'என் வீடு மதுராவில் இருக்கிறது. நான் அங்கே போகவேண்டும்' என்று அடிக்கடி கூறினாள். அவளது பெற்றோருக்கு ஒன்றுமே புரியவில்லை. டெல்லியிலிருந்து 145 கிமீ தூரத்தில் இருக்கும் மதுராவுக்கு இதுவரை அவர்கள் சாந்தி தேவியை அழைத்துச் சென்றதே இல்லை. மதுரா குறித்து எதுவும் பேசியதும் இல்லை. எனில், அவளுக்கு மதுரா பற்றி எப்படித் தெரியும்? பெற்றோர் குழம்பிப் போனார்கள். சாந்தி தேவி மீண்டும் மீண்டும் அதையே சொல்லவே பெற்றோர் அவளைக் கடுமையாகக் கண்டித்தனர்.

சாந்தி தேவிக்கு ஆறு வயது இருக்கும். ஒருநாள் திடீரெனக் காணாமல் போனாள். எப்படியோ தேடிக் கண்டுபிடித்தார்கள். 'நான் மதுராவுக்குச் செல்ல வேண்டுமென்பதற்காக வீட்டை விட்டு ஓடினேன்' என்று அழுத்தமாகச் சொன்னாள். இவள் ஏன் இப்படியெல்லாம் நடந்து கொள்கிறாள் என்று பெற்றோரின் கவலை அதிகமானது.

சாந்தி தேவியைப் பள்ளியில் சேர்த்தார்கள். அங்கே சாந்தி தேவி, தனது பெயரை லுக்தி தேவி என்று சொன்னார். அவளது ஆசிரியரும், பள்ளியின் தலைமையாசிரியரும் சேர்ந்து சாந்தி தேவியைப் பொறுமையாக விசாரித்தனர். அடுத்தடுத்து பல விஷயங்களைத் தெளிவாகச் சொன்னாள்.

'என் பெயர் லுக்தி தேவி. என் வீடு மதுராவில் இருக்கிறது. என் கணவர் பெயர் கேதார் நாத். அவர் அங்கே வியாபாரம் செய்து வருகிறார். எங்களுக்கு ஒரு மகன் உண்டு. மகனைப் பிரசவித்த கொஞ்ச நாள்களில் நான் இறந்துபோய்விட்டேன்.'

தலைமையாசிரியர் திகைத்துப் போனார். தவிர, சாந்தி தேவியின் வார்த்தைகளில் மதுரா மக்களின் பேச்சு வழக்கும் இருப்பதைக் கவனித்தார். நிச்சயம் இதில் ஏதோ உண்மை இருக்கும் என்று நம்பிய தலைமையாசிரியர், மதுராவில் விசாரித்தார். அங்கே சாந்தி தேவி சொன்னதுபோலவே கேதார் நாத் என்றொரு வியாபாரி இருந்தார். அவரது முழுப்பெயர், கேதார் நாத் சௌபே. அவரிடம் விசாரித்தபோது, 'எனக்கு லுக்தி தேவி என்ற மனைவி இருந்தாள். ஒன்பது வருடங்களுக்கு முன்பு, என் மகனைப் பிரசவித்து பத்து நாள்களில் இறந்துவிட்டாள்' என்றார்.

கேதார் நாத்

தலைமையாசிரியர் கேதார் நாத்தை டெல்லிக்கு வரவழைத்தார். சாந்தி தேவியிடம் எந்த விவரமும் சொல்லவில்லை. திடீரென சாந்தி தேவியின் முன் தோன்றிய அவர், தன்னை கேதார் நாத்தின் சகோதரர் என்று அறிமுகப்படுத்திக் கொண்டார். ஆனால், வந்திருப்பது கேதார் நாத் என்று சாந்தி தேவி உடனே அடையாளம் கண்டுகொண்டாள். அவருடன் வந்திருந்த தனது மகனையும் (நவ்நீத்) அடையாளம் காட்டினாள். அந்தச் சிறுவனைக் கண்ணீருடன் கட்டிப்பிடித்துக் கொண்டாள். தவிர, கேதார் நாத்துடன் தான் வாழ்ந்தபோது நடந்த சில சம்பவங்களையும் தெளிவாகச் சொன்னாள். 'இதெல்லாம் லுக்தி தேவிக்கு மட்டுமே தெரிந்த விஷயங்கள். எல்லாமே உண்மைதான்.' என்று ஒப்புக்கொண்டார் கேதார் நாத். லுக்தி தேவிதான், சாந்தி தேவியாக மறுபிறவி எடுத்துள்ளார் என்ற செய்தி பரவ ஆரம்பித்தது.

சாந்தி தேவி

காந்தியின் காதுகளிலும் இந்தச் செய்தி விழுந்தது. அவர் சாந்தி தேவியை அழைத்துப்

பேசினார். அந்தச் சிறுமியின் சொற்களில் உண்மையிருப்பதாக உணர்ந்தார். எனவே சிறப்பு விசாரணைக் குழு ஒன்றை அமைத்தார். விசாரணைக் குழுவினர், சாந்தி தேவியை அழைத்துக் கொண்டு மதுராவுக்குச் சென்றனர் (1935, நவம்பர் 15). சாந்தி தேவி, மதுராவின் பல்வேறு இடங்களைச் சரியாக அடையாளம் காட்டினாள். கேதார் நாத்தின் வீடு, கடை ஆகியவற்றையும் தடுமாற்றமே இன்றி கண்டுபிடித்தாள். லுக்தி தேவியின் உறவினர்கள் பலரைச் சரியாகச் சொன்னாள். லுக்தி தேவி மரணப்படுக்கையில் இருந்தபோது, கேதார் நாத் கொடுத்த வாக்குறுதிகளை நிறைவேற்றவில்லை என்று குற்றம் சுமத்தினாள். அதில் முக்கியமானது கேதார் நாத் மறுமணம் செய்துகொள்ள மாட்டேன் என்று சத்தியம் செய்து கொடுத்திருந்தார். ஆனால், அதை அவர் மீறியிருந்தார். 'நீங்கள் எதற்கு மீண்டும் திருமணம் செய்து கொண்டீர்கள்?' என்று மனைவி லுக்தி தேவியாக, சிறுமி சாந்தி தேவி கேட்ட போது, கேதார் நாத்திடம் பதில் இல்லை.

விசாரணைக் குழுவினர், காந்தியிடம் தங்கள் அறிக்கையைச் சமர்ப்பித்தனர். அதில், லுக்தி தேவியின் மறுபிறவிதான் சாந்தி தேவி என்று உறுதியாகத் தெரிவித்திருந்தனர். அதற்குப் பின்பும் மறுபிறவி குறித்த ஆராய்ச்சியில் ஈடுபட்டிருந்த ஆராய்ச்சி யாளர்கள் சிலர், சாந்தி தேவியைத் தேடிச் சென்று பேசினர். விவரங்களைச் சேகரித்தனர்.

சாந்தி தேவி தன் பெற்றோருடன்தான் வளர்ந்தாள். முற்பிறவியில் லுக்தி தேவியாக இருந்த அவர், மறுபிறவியிலும் மனத்தளவில் லுக்தி தேவியாகவே வாழ்ந்தார். ஆகவே திருமணம் செய்து கொள்ளவில்லை. 1987-ல் அவர் இறப்பதற்கு நான்கு நாள்களுக்கு முன்புகூட தனது முன்பிறவி வாழ்க்கை குறித்து பேட்டி கொடுத்தார்.

★

ஆன் பிராங்க். பெரும்பாலும் எல்லோருக்கும் தெரிந்திருக்கும். இரண்டாம் உலகப்போர் காலகட்டத்தில் வாழ்ந்த யூத இனத்தைச் சார்ந்த சிறுமி. 1929-ல் ஜெர்மனியில் ஃப்ராங்க்பர்ட்டில் பிறந்தவள். ஹிட்லர் ஜெர்மனியில் ஆட்சிக்கு வந்த பின், யூத இன ஒழிப்பு நடவடிக்கைகளை முடுக்கினார். அப்போது ஆன்

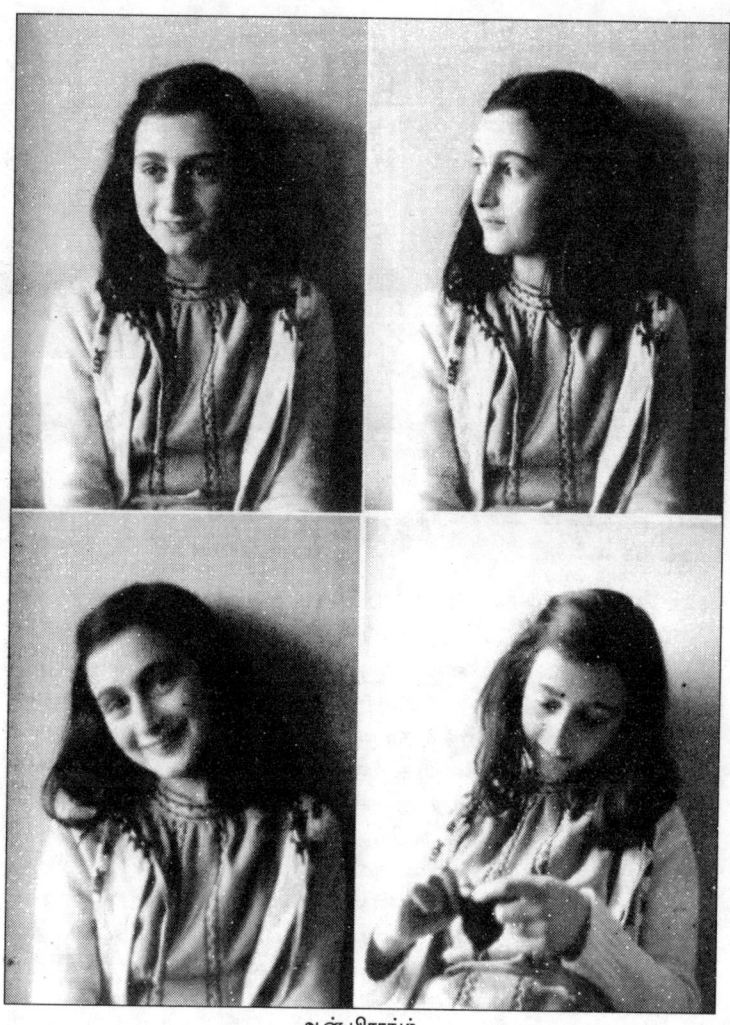

ஆன் பிராங்க்

பிராங்கின் குடும்பத்தினர் ஹாலந்து நாட்டில் தஞ்சம் புகுந்தார்கள். இரண்டாம் உலகப்போர் தொடங்கியது. நாஜிப்படைகள் ஹாலந்திலும் புகுந்தன.

பல்லாயிரக்கணக்கான யூதர்கள் சிறைபிடிக்கப்பட்டுவதை முகாம்களுக்குக் கொண்டு செல்லப்பட்டனர். ஆனின் குடும்பத்தினர் ஹாலந்திலிருந்து தப்பிக்க முயற்சி செய்தனர். எல்லை மூடப்பட்டிருந்தது. விரக்தியுடன் சிறிய கட்டடம்

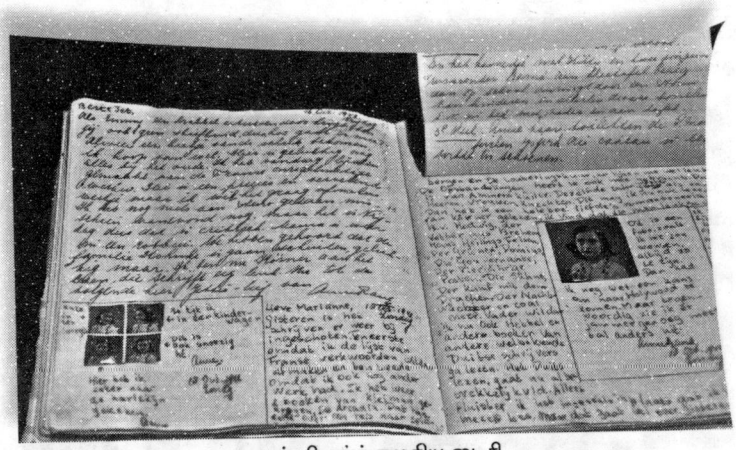

ஆன் பிராங்க் எழுதிய டைரி

ஒன்றில் ஓசையின்றி ஒளிந்து கொண்டார்கள். சுமார் இரண்டு வருடங்களுக்கு.

அந்த நாள்களில் சத்தம் போட்டுப் பேசக்கூடாது, சிரிக்கக்கூடாது, பாடக்கூடாது, ஓடக்கூடாது, எப்போதும் அமைதியாக மட்டுமே இருக்க வேண்டும் என்ற சூழலில் ஆனுக்குப் பொழுது போக்காக இருந்தது அவளிடம் இருந்த டைரி மட்டுமே. அவளது பதின்மூன்றாவது பிறந்த நாளுக்குப் பரிசாக வந்தது. அதில் தன் நினைவுகளை, கனவுகளை, ஆசைகளை எல்லாம் எழுத ஆரம்பித்தாள். அப்போது அவள் வாழ்ந்து வந்த பயம் நிறைந்த போர்க்கால வாழ்க்கை குறித்தும் நடுக்கத்துடன் எழுதினாள். தனது யூத அடையாளம் அவளுக்கு எப்பேர்ப்பட்ட வலி நிறைந்த நாள்களைத் தந்திருக்கிறது என்பது குறித்தும் அழுத்தமாகப் பதிவு செய்தாள். அது, இரண்டாம் உலகப்போர் சமயத்தில் யூதர்கள் அடைந்த பெருந்துன்பங்களை விவரிக்கும் முக்கிய ஆவணமாகப் பதிவாகியது.

யாரோ ஒருவன் ஆன் பிராங்கின் குடும்பத்தைக் காட்டிக் கொடுத்துவிட்டான். அவர்கள் அனைவரும் நாஜிப் படையினரால் சிறைபிடிக்கப்பட்டனர். ஆன் பிராங்கின் தந்தை ஓட்டோ, ஆண்களுக்கான ஒரு வதை முகாமில் அடைக்கப்பட்டார். ஆன் பிராங்க், அவளது தாய், சகோதரி மூவரும் வேறு வதைமுகாமில் அடைக்கப்பட்டனர். அங்கே ஆன் காய்ச்சலில் இறந்துபோனாள் (1945). அவளது சகோதரியும் தாயும்கூட இறந்துபோயினர். ஆன் பிராங்கின் டைரியைக் கைப்பற்றிய ஒருவர், வதைமுகாமிலிருந்து

உயிருடன் தப்பிய ஆனின் தந்தை ஓட்டோவைத் தேடிப்பிடித்து ஒப்படைத்தார்.

அந்த டைரி ஓட்டோவை உலுக்கியது. தன் மகளின் உணர்வுகளை, இரண்டாம் உலகப் போரில் நாஜிக்கள் செய்த கொடுமைகளை உலகம் அறிந்துகொள்ள வேண்டும் என்று விரும்பினார். அதை நூலாக வெளியிட விரும்பிய அவர், பதிப்பகங்களுடன் போராடினார். பின்னர் ஒருவழியாக ஆன் பிராங்கின் டைரி, நூலாக வெளிவந்தது. பலத்த அதிர்வுகளை உண்டாக்கியது. பல லட்சம் பிரதிகள் விற்றது. தமிழ் உள்பட உலகின் பல்வேறு மொழிகளிலும் மாற்றப்பட்டு இன்றுவரை உலகெங்கும் விற்பனையாகிக் கொண்டிருக்கிறது.

'நான்தான் ஆன் பிராங்க்' என்று மூன்று வயதுகூட நிறையாத ஒரு சிறுமி சொல்ல ஆரம்பித்தாள். அவள் பெயர் பார்பரோ கர்லென். 1954-ல் ஸ்வீடனில் பிறந்தவள். 'நான் பார்பரோ அல்ல. ஆன் பிராங்க். நீங்கள் என் பெற்றோர் அல்ல. என் பெற்றோர் சீக்கிரம் என்னைத் தேடி வருவார்கள்' என்று தெளிவாகச் சொன்னாள்.

பார்பரோ, மனத்தளவில் ஆன் பிராங்கின் உலகத்தில்தான் வாழ்ந்து கொண்டிருந்தாள். இவர்கள் எல்லோரும் ஏன் என்னை பார்பரோ என்று அழைக்கிறார்கள் என்று குழம்பிப் போனாள். பார்பரோவுக்கு ஸ்வீடிஷ் மொழி மட்டுமே தெரியும். அப்போது ஆன் பிராங்கின் டைரிக் குறிப்புகள் ஸ்வீடிஷுக்கு மொழி மாற்றம் செய்யப்படவில்லை. எனவே பார்பரோ அதைப் படித்திருக்க வாய்ப்பே இல்லை. இருந்தாலும் ஆன் பிராங்க் என்று தன்னை யாரும் நம்பாததால் மனத்தளவில் உடைந்து போயிருந்தாள்.

பெற்றோர் அவளை மனநல மருத்துவரிடம் அழைத்துப் போனார்கள். அவள் அங்கே வாய் திறக்கவே இல்லை. 'இவள் சாதாரணக் குழந்தை தான். ஏதோ ஒரு கற்பனை உலகில் குழந்தைத்தனம் மாறாமல் வாழ்ந்து கொண்டிருக்கிறாள். பயப்பட ஒன்றுமில்லை' என்றார் மனநல மருத்துவர்.

ஆன் பிராங்கின் அறைக்குள் நுழைந்தபோது பார்பரோ கொஞ்சம் நிலைகுலைந்து போனாள். அதுவரை அவள் நினைவுகளிலும் கனவுகளிலும் நிழலாடிய காட்சிகள் இப்போது கண் முன்னே விரிந்து கிடக்கின்றன

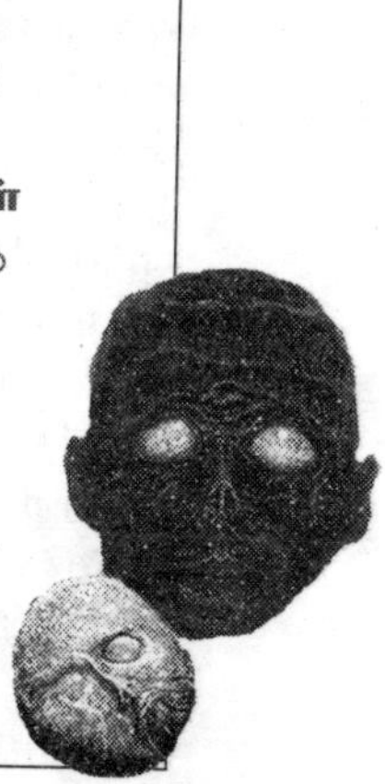

பார்பரோ கர்லென்

பார்பரோ பள்ளியில் படிக்க ஆரம்பித்தாள். அப்போது ஆசிரியர் ஒருவர் ஆன் பிராங்க் பற்றி பேசினார். பார்பரோ குழம்பிப் போனாள். 'இவருக்கு எப்படி என்னைப் பற்றி எல்லாம் தெரிகிறது?' அதற்குப் பிறகே ஆன் பிராங்க் என்பவள் உலகப்புகழ் பெற்ற சிறுமி என்று பார்பரோ புரிந்து கொண்டாள். 1947-ல் வெளியான ஆன் பிராங்க் டைரிக் குறிப்புகள் நூலைப் பற்றித் தெரிந்து கொண்டாள். அது உலகம் முழுக்க பெற்ற வரவேற்பையும் அறிந்து கொண்டாள். தானே முற்பிறவியில் ஆன் பிராங்க் என்று இப்போது சொன்னால் எல்லோரும் பொய் சொல்வதாகவே நினைப்பார்கள் என தன்னைக் கட்டுப்படுத்திக் கொண்டாள். அவளுக்குள் மனப்போராட்டம் தொடர்ந்தது.

பார்பரோ தன் பத்து வயதில் பெற்றோருடன் ஹாலந்துக்கு சுற்றுலா சென்றாள். அங்கே ஆம்ஸ்டர்டாமுக்கும் சென்றாள். அங்கு வந்துசேர்ந்த நிமிடத்திலிருந்தே பார்பரோ உற்சாகமாக இருந்தாள். அப்போது ஆன் பிராங்க் வாழ்ந்த வீடு நினைவகமாக மாற்றப்பட்டிருந்தது. சுற்றுலாப் பயணிகள் பலரும் அங்கே சென்று பார்த்தனர். பார்பரோவின் பெற்றோரும் அந்த நினைவகத்துக்குச் செல்ல விரும்பினர். அவர்கள் இருக்கும் இடத்திலிருந்து கார் ஏற்பாடு செய்யலாம் என்று பேசியபோது, வேண்டாம் என்றாள் பார்பரோ.

எனக்குத் தெரியும். அது மிகவும் அருகில்தான் இருக்கிறது என்று தன் பெற்றோரை ஏதோ அதிகம் தெரிந்த இடத்தில் புழங்குவது போல தயக்கமே இன்றி அழைத்துச் சென்றாள். உனக்கு எப்படித் தெரியும் என்று பெற்றோர் கேட்டபோது, பின்னாலேயே வாருங்கள் என்று சாலையைக் கடந்தாள். ஒரு வளைவில் திரும்பினாள். அடுத்த தெருவின் முனையில்தான் வீடு இருக்கிறது என்று சொல்லி அழைத்துச் சென்றாள்.

ஆம், அவள் சொன்னது சரிதான். நினைவகமாக இருந்த அந்த வீட்டைக் கண்டதுமே உற்சாகமானாள் பார்பரோ. ஆன் பிராங்காகவே மாறிப்போனாள் என்றும் சொல்லலாம். இங்கே இது மாற்றப்பட்டிருக்கிறதே, அங்கே அந்தப் படிகள் இருக்காதே என்று ஏதோ சொல்லிக் கொண்டே வந்தாள்.

வீட்டுக்குள் நுழைந்தபோது, அதுவும் ஆன் பிராங்கின் அறைக்குள் நுழைந்தபோது பார்பரோ கொஞ்சம் நிலைகுலைந்து போனாள். அதுவரை அவள் நினைவுகளிலும் கனவுகளிலும் நிழலாடிய காட்சிகள் இப்போது கண் முன்னே விரிந்து கிடக்கின்றன. பார்பரோவின் உடல் நடுங்கியது. கைகள் சில்லிட்டுப் போயின. இங்கிருந்து போய்விடலாம் என்று அவளது தாய் கையைப்பிடித்து இழுத்தாள். வேண்டாம் என்றாள் பார்பரோ மிக அழுத்தமாக.

இங்கே இருந்த என் புகைப்படங்கள் எங்கே என்று அந்த வீட்டைப் பராமரிப்பவரிடம் கேட்டாள். இன்னும் பல கேள்விகளை எழுப்பினாள். கொஞ்சம் அழுதாள். கொஞ்சம் சிரித்தாள். சந்தோஷப்பட்டாள். பச்சை நிறத்தில் ராணுவ உடை போல அணிந்து ஒருவர் அங்கே வந்தபோது பயந்து அழுதாள். தன் தாயைக் கட்டிப்பிடித்துக் கொண்டாள். பார்பரோவின் பெற்றோருக்கு மறுபிறவி மீது நம்பிக்கை கிடையாது. ஆனால், பார்பரோவின் நடவடிக்கைகள் அவர்களைப் புரட்டிப் போட்டன. அவள் சொல்வதெல்லாம் உண்மையாக இருக்குமோ என்று முதன் முதலில் நம்ப ஆரம்பித்தனர்.

பின்பு பார்பரோ, ஆன் பிராங்கின் உறவினர்களில் ஒருவரான பட்டி எலியாஸ் என்பவரைச் சந்தித்தாள். அவர் ஒரு நடிகர். ஓர் உணவகத்தில் அவரைப் பார்க்கச் சென்றாள். சந்தித்த

நினைவகமாக ஆன் பிராங்கின் வீடு

நொடியில் நீண்ட நாள் பழகிய நபர்போல அன்புடன் அணைத்துக் கொண்டாள். கண்ணீர் சிந்தினாள். எலியாஸூம் நெகிழ்ந்து போனார்.

இருவரும் சில மணி நேரங்களுக்குப் பேசினார்கள். ஆன் பிராங்க் பவுண்டேஷனின் செயலாளர் எலியாஸ்தான் என்று பார்பரோ தெரிந்து கொண்டாள். விடைபெற்றார்கள். பின்பு எலியாஸிடம் பத்திரிகை நிருபர் ஒருவர் கேள்வி எழுப்பினார். 'பார்பரோ, ஆன் பிராங்கின் மறுபிறவி என்பதை நீங்கள் நம்புகிறீர்களா?'

யோசிக்காமல் எலியாஸ் பதில் சொன்னார், 'ஆம்!'

மறுபிறவி குறித்த நிஜக்கதைகளில் சென்ற நூற்றாண்டில் அதிகம் பரபரப்பாகப் பேசப்பட்டதும் விவாதிக்கப்பட்டதும் சர்ச்சைக்குள்ளானதும் ஆன் பிராங்க் - பார்பரோ குறித்ததுதான்.

2014-ல் ஒரு சம்பவம் உலகம் முழுக்கப் பரபரப்பாகப் பேசப் பட்டது. அது ஒரு சிறுவனின் முன் ஜென்மக்கதை.

சிரியா - இஸ்ரேல் எல்லையில் அமைந்த பகுதி கோலன் ஹைட்ஸ். அங்கே ட்ரூஸ் (Druze) என்ற இனத்தில் ஒரு சிறுவன் தலையில் பெரிய சிவப்புத் தழும்புடன் பிறந்தான். அந்த இனத்தைச் சேர்ந்தவர்களுக்கு மறுபிறவியில் கனத்த நம்பிக்கை உண்டு. முன் ஜென்மத்தில் உண்டான ஒரு காயம்தான் இந்த ஜென்மத்திலும் உடலில் தழும்பாகத் தெரிகிறது என்று பேசிக் கொண்டார்கள்.

அந்தச் சிறுவன் மூன்று வயதில் தெளிவாகப் பேச ஆரம்பித்தான். தன் முன் ஜென்ம நினைவுகளை அடுக்கினான். முற்பிறவியில் தான் வாழ்ந்த கிராமம் எது என்பதையும் சொன்னான். ஊர்ப் பெரியவர்கள் சிறுவனை அந்தக் கிராமத்துக்கு அழைத்துச் சென்றபோது, அங்கே வயல் இருக்கும், இங்கே கிணறு இருக்கும், இது இந்தத் தெரு, அது அந்தத் தெரு என்று எல்லாவற்றையும் கூகுள் மேப்பின் உதவி இன்றி, தன் முன் ஜென்ம நினைவிலிருந்து தேடிச் சொன்னான். தன் முன் ஜென்மப்பெயர் இதுதான் என்று ஒரு பெயரையும் சொன்னான்.

ஊரில் அந்தப் பெயர் கொண்டவர் யார் என்று பெரியவர்கள் விசாரித்தார்கள். 'அந்த ஆள் காணாமல் போய் நான்கு வருடங்கள் ஆகிவிட்டன' என்றார்கள். 'நான் காணாமல் போகவில்லை. என்னை ஒருவன் கொன்றுவிட்டான்' என்று அதிர்ச்சியூட்டினான் அந்தச் சிறுவன். அதேபோல தன்னைக் கொன்ற ஆளையும் அடையாளம் காட்டினான். அந்த நபரின் முகம் பயத்தில் உறைந்துபோனது.

'இங்கே தோண்டுங்கள். என் பிணம் இங்கேதான் புதைக்கப் பட்டது' என்று அந்தச் சிறுவன் சுட்டிக் காட்டிய இடத்தில் தோண்டியபோது ஓர் எலும்புக்கூடு கிடைத்தது. 'எனக்கும் இந்த ஆளுக்கும் ஒரு விஷயத்தில் தகராறு உண்டானது. அதில் இவன் என் தலையில் கோடாரி யால் தாக்கிக் கொன்று இங்கே புதைத்து விட்டான்.'

ஆம், எலும்புக்கூடுடன்ஒருகோடாரியும்இருந்தது. எலும்புக்கூட்டின் மண்டை ஓட்டில் கோடாரியால் தாக்கப்பட்ட தடமும் இருந்தது. இந்தப் பிறவியில் சிறுவனின் தலையில் இருந்த தழும்பையும் அந்தப் பெரியவர்கள் தடவிப் பார்த்துக்கொண்டார்கள்.

ஆய்வாளர் ஜிம் டக்கர்.

பிறகு அந்தக் கொலையாளி மீது வழக்கு பதியப்பட்டு அவன் சிறையில் அடைக்கப்பட்டதாக, Children Who Have Lived Before: Reincarnation Today என்ற புத்தகத்தில் ஜெர்மனைச் சேர்ந்த ஆய்வாளரான ட்ரூட்ஸ் ஹார்டோ பதிவு செய்துள்ளார். இவர் மறுபிறவி குறித்து பல ஆண்டுகளாக ஆய்வு செய்து வருகிறார். இவரைப் போலவே மறுபிறவி ஆய்வில் நாற்பது ஆண்டுகளுக்கும் மேல் ஈடுபட்டுள்ள இன்னொரு ஆய்வாளர், ஜிம் டக்கர். அமெரிக்காவின் வெர்ஜினியா பல்கலைக்கழகப் பேராசிரியர். குழந்தைகள் மனநல நிபுணர். முன் ஜென்ம நினைவுகளுடன் பேசும் ஆயிரக்கணக்கான குழந்தைகளை இவர் ஆய்வு செய்துள்ளார். அதில் சாம் என்ற சிறுவனின் கதை சுவாரசியமானது.

★

அமெரிக்காவின் வெர்மோண்ட்டைச் சேர்ந்த சாம் டெய்லர் என்ற சிறுவனுக்கு அப்போது இரண்டு வயதுதான் இருக்கும். அவனது தந்தை அவனுக்கு டயாபர் மாற்றிவிட்டுக் கொண்டிருந்த போது சாதாரணமாகச் சொன்னான். 'நீ சிறுவனாக இருக்கும்போது, நானும் இப்படித்தான் உனக்கு டயாபர் மாட்டிவிட்டேன்' என்று. சாம் சிறுபிள்ளைத்தனமாக ஏதோ பேசுகிறான் என்று அவனது தந்தை அந்தப் பேச்சை ரசித்தார்.

சாமின் தாத்தா (அதாவது அவனது தந்தையினுடைய தந்தை) அவன் பிறப்பதற்கு பதினெட்டு மாதங்களுக்கு முன்பு இறந்து விட்டார். தாத்தாவைப் பற்றி சாமுக்குப் பெரிதாக எதுவும் தெரியாது. ஆனால், தாத்தாவின் பெயரைச் சொல்லி அடிக்கடி அவர் குறித்தே பேசிக் கொண்டிருந்தான். மறுபிறவியில் எல்லாம் நம்பிக்கையே இல்லாத சாமின் தாய், ஒரு கட்டத்தில் இறந்துபோன தனது மாமனார் குறித்து மகனிடம் சில கேள்விகளை எழுப்பினாள். பட் பட்டென பதில்களைச் சொன்னான். 'நான் பெரிதாகத்தான் இருந்தேன். இப்போது சிறியவனாகிவிட்டேன்' என்றான். பின்பு, 'நான்தான் உன் அப்பா' என்று தந்தையையே திகைக்கச் செய்தான்.

சாமின் பாட்டி (தந்தையினுடைய தாய்) இறந்துபோனாள். சாமின் தந்தை, பழைய ஆல்பம் ஒன்றைத் தேடி எடுத்து அவனிடம் நீட்டினார். அதை ஆர்வத்துடன் வாங்கிப் பார்த்த சாம், அதில் தன் தாத்தாவை எளிதாக அடையாளம் காட்டினான், 'இதோ நான் இருக்கிறேன்' என்று. அதுவரை அவன் அறியாத உறவினர்களையும் பெயர் சொல்லி சுட்டிக் காட்டினான். புகைப்படத்தில் பழைய கார் ஒன்று இருந்தது. 'இது என் கார்! 1949-ல் வாங்கினேன்' என்று சொல்லி ஆச்சரியப்படுத்தினான். அது அந்தத் தாத்தா வாங்கிய முதல் கார். அவருக்குப் பிடித்தமான கார்!

சாமின் தாய், தன் மாமனாராக நிற்கும் தன் மகனிடம் கேள்வி ஒன்றை எழுப்பினாள். 'உங்கள் உடன்பிறந்தவர்கள் எத்தனை பேர்?' சாம் யோசிக்கவே இல்லை. 'ஒரு தங்கை இருந்தாள். அவள் ஒரு குளத்தில் மீன்போலக் கிடந்தாள்' என்று சொன்னான் கவித்துவமாக.

சாமின் பெற்றோர் வெலவெலத்துப் போய்விட்டனர். காரணம் சாமின் தாத்தாவுக்கு ஒரு தங்கை இருந்தாள். அவளுக்கும், அவளது கணவனுக்கு சண்டை. அதில் அந்தக் கணவன் அவளைக் கொன்று, கம்பளத்தில் சுற்றி, குளத்தில் போட்டு விட்டான். இந்தக் கொலை நடந்து அறுபது ஆண்டுகள் ஆகிவிட்டன. குடும்பத்தின் ஒரு சிலருக்கு மட்டுமே தெரிந்த அந்த ரகசியத்தை சாம் சொன்னதும், அந்தப் பெற்றோர் தன் மகனை, இறந்து போன பெரியவராக மரியாதையுடன் பார்க்க வேண்டிய சூழலுக்குத் தள்ளப்பட்டனர்.

முன் ஜென்ம நினைவுகளைப் பேசும் 70% குழந்தைகளின் முந்தைய மரணமானது கொடூரம் ஆனதாகவோ அல்லது விபத்தாகவோ இருந்திருக்கிறது

சாமின் முன் ஜென்ம நினைவுகள் நிஜமே! தந்தைதான் தன் மகனுக்கே மகனாக மீண்டும் பிறந்துள்ளார் என்று அழுத்தமாகச் சொல்கிறார் ஆய்வாளர் ஜிம் டக்கர். இறந்துபோன குடும்ப உறுப்பினர்களே மீண்டும் மகனாகவோ, மகளாகவோ, பேரன், பேத்தியாகவோ பிறப்பெடுப்பது சாம்

விஷயத்தில் நிரூபிக்கப்பட்டிருக்கிறது. பலகுழந்தைகள்இதுபோலகுடும்பத்தில் நடந்த பழைய சம்பவங்களை எல்லாம் அறியாத வயதில் பேசுவதைக் கவனித்திருக்கிறேன். ஆனால், அவர்கள் எல்லோருமே முன் ஜென்ம நினைவுடன் பேசுவதாகச் சொல்ல முடியாது. பெற்றோரும் உறவினர்களும் சொன்ன கதைகளைக்கேட்டுப்பேசும்குழந்தைகள் நிறைய உண்டு என்கிறார் ஜிம் டக்கர்.

மறுபிறவி குறித்து ஜிம் டக்கர் எழுதி யுள்ள ஆய்வு நூல், Life Before Life: A Scientific Investigation of Children's Memories of Previous Lives. மறுபிறவி சாத்தியமானதா என்ற கேள்விக்கு ஜிம் டக்கர், குவாண்டம் இயற்பியலின் துணையோடு சொல்லும் விளக்கத்தை சற்றே விரிவாக ஐந்து மார்க் கேள்விக்கான பதிலாக இப்படிச் சொல்லலாம்.

வெற்றிடத்தில் குவாண்டம் ஆற்றல் செயல்படும் என்கிறது அறிவியல். குவாண்டம் ஆற்றலின் செயல்பாட்டால் மின்புலம் உருவானது. மின்புலத்தை அசைக்கும்போது காந்தப்புலம் உருவானது. மின்புலமும் காந்தபுலமும் இணைந்து மின்காந்த அலைகளை உருவாக்கின. மின்காந்த அலைகளின் மாறுபட்ட தன்மையால் மூன்றுவிதமான துகள்கள் உருவாயின. எலக்ட்ரான், நியூட்ரான் மற்றும் புரோட்டான். இந்த மூன்றுவிதமான துகள்களும் இணைந்ததுதான் அணு. நியூட்ரானும் புரோட்டானும் மையத்தில் பிணைந்து அதை எலக்ட்ரான் சுற்றி வருவதே அணுவாகும். அணுக்கள் மூலக்கூறுகளாகி, மூலக்கூறுகள் தனிமங்களாகி, தனிமங்கள் பொருள்களாகி உருவானதுதான் பிரபஞ்சம். ஒரே ஓர் அணு அதிக அழுத்ததிற்கு உள்ளாகி பிரமாண்ட வெடிப்புடன் சீறி உண்டானதே பிரபஞ்சம். பிரபஞ்சத்தில் உள்ள அனைத்தும் ஆற்றலால் அதிர்ந்துகொண்டே இருக்கிறது. பொருள்கள், மனிதர்கள், விலங்குகள், தாவரங்கள், உயிருள்ளவை, உயிரற்றவை என அனைத்தையும் மிக நுண்ணிய மைக்ரோஸ்கோப்பினால் உற்றுநோக்கினால் அவை சக்தியின் வெளிப்பாடுகளாக, கதிரியக்கங்களாகத் தெரிவதாக அறிவியல் சொல்கிறது.

மறுபிறவிச் சுழற்சியை விளக்கும் ஓர் ஓவியம்

எனவே இங்குள்ளவை அனைத்துமே மாபெரும் சக்தியின் மிக நுண்ணிய பகுதிதான். இந்த அடிப்படையில் பார்த்தால், பொருள்களான இந்த உலகமே, உணர்வு நிலையிலிருந்துதான் தோன்றியிருக்க முடியும் என்பதைத்தான் குவாண்டம் இயற்பியலின் தந்தையான மேக்ஸ் பிலாங்க் உள்ளிட்ட பல்வேறு ஆராய்ச்சியாளர்களும் நம்புகின்றனர். அந்த உணர்வு நிலையானது, இந்த உலகிலிருந்து தனித்துச் செயல்படும் இயல்புடையதாகவே இருக்கிறது. அது மனித மூளையிலிருந்து விலகி, தனித்துச் செயல்படும் தன்மையுடனேயே இயங்கும்.

இப்படி உணர்வு நிலைக்கு, செயல்படும் மூளை தேவையில்லை என்றால், மூளையின் செயல்பாடு முடிந்த பிறகும், உணர்வு நிலை என்பது தொடரும். இதுவே, அடுத்த பிறவியாக புதிய உயிர் தோன்றும்போது, அதன் மூளையோடு இந்த உணர்வு நிலை கைகோத்துக்கொண்டு, தொடர்ந்து செயல்பட ஆரம்பிக்கிறது.

இதைக் கொஞ்சம் தத்துவம், ஆன்மிகம் எல்லாம் கலந்து, குவாண்டம் ஞான அறிவியல் மரபுப்படி விளக்குவதென்றால், ஒன்றுமே இல்லாத சூன்யத்தில் இருந்து தோன்றி, ஒன்றும் இல்லாத சூன்யத்திற்கே மீண்டும் செல்வதுதான்

பிரபஞ்சத்தின் நியதி. ஒரு மனிதன் முதல் பிறவி எடுக்கும்போது அவன் தனக்குள் எந்தவிதமான எண்ணங்களும் இல்லாத தூய்மையான மனத்துடன்தான் பிறக்கிறான். பிறகு அவன் உணரும், அனுபவிக்கும் அனைத்தும் எண்ணங்களின் பதிவுகளாக மாறி இந்தப் பிரபஞ்சத்தின் அணுக்களில் பதிவாகிறது. அதாவது அவன் மேலோட்டமாகக் கற்றவை மூளையில் பதிவாகலாம். ஆனால், அவன் ஆழமாக உணர்ந்தவை எல்லாம் பிரபஞ்ச அணுக்களில்தான் பதிவாகிறது. மேற்சொன்ன உணர்வு நிலை என்பது இதுவே. அது இந்தப் பிரபஞ்சம் அளவிற்கு விரிந்து கிடக்கிறது. பஞ்ச பூதங்களாலான இந்த உடல் அழிந்தபிறகும், அந்த எண்ணப் பதிவுகள் வேறொரு உடலைத் தேர்ந்தெடுக்கின்றன. முன் பிறவியில் நிறைவேறாத ஆசைகளை, எண்ணங்களை, வினைகளை அடுத்தபிறவியில் பூர்த்தி செய்யப் போராடுகின்றன. இவ்வாறு நாம் ஆசைப்பட்ட அனைத்தும் அனுபவித்துத் தீர்ந்தபின் நம் பிறப்பு ஒரு முடிவுக்கு வருகிறது.

ஜிம் டக்கர், தான் சந்தித்த குழந்தைகள், அவர்கள் சொன்ன மறுபிறவிக் கதைகள், அதில் இருந்த உண்மைகள், தன் அனுபவம் ஆகியவற்றை அடிப்படையாகக் கொண்டு முக்கியமான புள்ளி விவரங்களை வழங்கியுள்ளார்.

★ பெரும்பாலான குழந்தைகள் தங்களது 2 முதல் 6 வயதுக்குள் முன் ஜென்ம நினைவுகளைப் பேச ஆரம்பிக்கின்றன.

★ பெண் குழந்தைகளைவிட, ஆண் குழந்தைகளே அதிக அளவில் (சுமார் 60%) முன் ஜென்ம நினைவுகளைப் பேசுகின்றன.

★ முன் ஜென்ம நினைவுகளைப் பேசும் 70% குழந்தைகளின் முந்தைய மரணமானது கொடூரமானதாகவோ அல்லது விபத்தாகவோ இருந்திருக்கிறது.

★ போன ஜென்மத்தில் ஆண் என்றால் இப்போதும் ஆண், பெண் என்றால் இப்போது பெண் என்ற ஒரே பாலினமாகத்தான் 90% குழந்தைகள் பிறக்கின்றன.

★ இறந்தபிறகு என்ன ஆனது, தான் மறுபிறவி எடுப்பதற்கு முன்பு என்னவெல்லாம் நிகழ்ந்தது போன்ற இடைப்பட்ட காலத்தில் நடந்த விஷயங்கள் சுமார் 20% குழந்தைகளுக்கு மட்டுமே தோராயமாக நினைவில் இருக்கிறது.

★ முந்தைய ஜென்மத்துக்கும் மறுபிறவிக்கும் இடையேயான கால அளவு என்பது சராசரியாக 16 மாதங்களாக இருக்கிறது.

மறுபிறவி குறித்த ஆராய்ச்சிகளைப் பொருத்தவரையில் அதிகம் கேள்விக்குள்ளாவது இந்த இடைப்பட்ட கால அளவுதான். இம்மைக்கும் மறுமைக்கும் இடைப்பட்ட காலத்தில் ஆன்மா அல்லது உணர்வு நிலை எங்கே செல்கிறது என்பதை அடிப்படையாகக் கொண்டுதான் மறுபிறவி மறுப்பாளர்கள் பலரும் இதற்கு எதிரான வாதங்களை முன்வைக்கின்றனர்.

ஒரு சம்பவம். நைலேங் என்பவர் திபெத்தில் வாழ்ந்தவர். அவர் திடீரென நோய்வாய்ப்பட்டு இறந்துபோனார். சில ஆண்டுகள் கழிந்தன. சௌகுன் ராஜ் என்றொரு சிறுவன் திபெத்தில் பிறந்தான். சிறுவயதிலேயே புத்தமதத்தின் துறவியாக மாறிய அவன், தானே முற்பிறவியில் வாழ்ந்த நைலேங் என்றான். பல ஆய்வாளர்கள் அந்தச் சிறுவனை ஆராய்ந்தனர். பின்பு ஒரு விஷயம் கண்டுபிடிக்கப்பட்டது. சௌகுன் ராஜ் பிறந்த அடுத்தநாளில்தான் நைலேங் இறந்துபோனார்.

முந்தைய பிறவியில் இறப்பதற்கு முன்பே ஒருவர் மறுபிறவி எடுக்க முடியுமா? கேள்வி எழுந்தது. நைலேங் விஷயம் கட்டுக்கதை என்று பலரும் முடிவுக்கு வந்தனர். ஆனால், சௌகுன் ராஜ் சொன்ன நைலேங் முற்பிறவிச் சம்பவங்கள் ஒவ்வொன்றும் அவ்வளவு துல்லியமாக இருந்தன. ஆகவே இயன் ஸ்டீவன்சன் என்ற ஆய்வாளர் மட்டும், 'இது புரியாத புதிராக இருக்கிறது. இந்த முரண்பாட்டுக்கான விளக்கத்தை கண்டறிய முடியவில்லை' என்றார்.

இயன் ஸ்டீவன்சன் பற்றிய சிறு குறிப்பு இங்கே அவசியமாகிறது. 1918-ல் கனடாவில் பிறந்தவர். வெர்ஜினியா பல்கலைக் கழகத்தில் உயிர் வேதியியலாளர், மனநோயியல் பேராசிரியராகப் பணியாற்றியவர். கிட்டத்தட்ட தன் வாழ்க்கை முழுவதையுமே மறுபிறவி குறித்த அறிவியல்பூர்வமான ஆராய்ச்சிக்காகவே அர்ப்பணித்தவர். மறுபிறவி குறித்த ஆய்வாளர்களில் மிக முக்கியமானவர் இயன் ஸ்டீவன்சன்தான். மறுபிறவி ஆராய்ச்சியில் ஜிம் டக்கரின் குருவும் இவரே.

நாற்பது ஆண்டுகளுக்கும் மேல் உலகின் பல்வேறு நாடுகளுக்கும் பயணம் செய்து, முற்பிறவி நினைவுகளுடன்

இயன் ஸ்டீவன்சன்

பேசும் மூவாயிரத்துக்கும் மேற்பட்ட குழந்தைகளைச் சந்தித்துப் பேசி ஆய்வு செய்திருக்கிறார் ஸ்டீவன்சன். எந்தக் குழந்தை உண்மையாகவே முற்பிறவி நினைவுகளுடன் பேசுகிறது, எந்தக் குழந்தையின் பேச்சில் உண்மை இல்லை என்று இனம் கண்டறிவதில் ஸ்டீவன்சனின் அனுபவ அறிவு அலாதியானது.

சாந்தி தேவியின் கதை பார்த்தோ மல்லவா. இந்தியாவுக்கு வந்து சாந்தி தேவியைச் சந்தித்து ஆய்வுகள் செய்திருக்கிறார் ஸ்டீவன்சன். இன்னும் உலகின் பலரது அதிர்ச்சியூட்டும், ஆச்சரியமூட்டும் மறுபிறவிக் கதைகள் ஸ்டீவன்சனின் ஆய்வுகள் மூலமாகத்தான் வெளிச்சத்துக்கு வந்தன.

மறுபிறவி குறித்த சில முக்கியமான விஷயங்களை தன் ஆய்வுகளின் மூலம் ஸ்டீவன்சன் நிரூபித்துள்ளார். இந்தப்பிறவியில் சிலருக்கு இருக்கும் பிறவிக்குறைபாடு அல்லது பிறவிக்குறிகள், முற்பிறவியில் அந்த மனிதனுக்கு ஏற்பட்ட காயங்களோடு தொடர்புடையவை. நாற்பதுக்கும் மேற்பட்ட நபர்களின் பழைய மருத்துவ ஆவணங்களை ஆய்வு செய்து, ஸ்டீவன்சனின் இந்தக்கூற்று உண்மையென நிரூபித்திருக்கிறார்.

ஒருவர் உயரத்தைக் கண்டு பயப்படுகிறாரா, அந்த பயம் முற்பிறவியில் உண்டானதாக இருக்கலாம். நெருப்பைக் கண்டு பயப்படுகிறாரா? முற்பிறவியில் அவரது மரணம் நெருப்பினால் ஏற்பட்டிருக்கலாம். போன ஜென்மத்தில் பாம்பு தீண்டி இறந்தவருக்கு, இந்தப் பிறவியிலும் பாம்புகளைக் கண்டாலே நடுக்கம் உண்டாகும். இப்படி ஒரு மனிதனின் பயம் என்பது அவனது முற்பிறவியில் உண்டான அனுபவத்தின் நீட்சியே என்றும் ஸ்டீவன்சன் தனது ஆய்வுகளின் மூலம் விளக்கியிருக்கிறார்.

முற்பிறவி நினைவுகள் பெரும்பாலும் குழந்தைப் பருவத்தில்தான் ஏற்படுகின்றன என்று அழுத்தமாகச் சொன்னவரும் ஸ்டீவன்சன் தான். 'இரண்டு முதல் ஐந்து வயது வரையிலான குழந்தைகள், தங்கள் முற்பிறவி நினைவுகளைத் தெளிவாகச் சொல்கின்றன.

அப்போது அந்தக் குழந்தைகளின் செயல்களைக் கண்டு பெற்றோர் பயப்படுகின்றனர். அந்தக் குழந்தைகளை மிரட்டுகின்றனர். அவர்களால் தங்கள் குழந்தை சொல்வதை ஏற்றுக்கொள்ளவே இயலாமல் போகிறது. ஆனால், இது அச்சமூட்டக்கூடிய மனநோய் அல்ல. குழந்தைகள் வளர வளர அவர்களுக்கு முற்பிறவி நினைவுகள் எல்லாம் கரைந்து விடுகின்றன. அவர்கள் இயல்பான வாழ்க்கையைத் தொடருகிறார்கள். இந்தப் பிறவியிலும் முன்ஜென்மத்தின் நினைவுகளுடனேயே நீண்ட காலம் வாழ்பவர்கள் மிக மிகக் குறைவுதான்' என்கிறார் ஸ்டீவன்சன்.

ஒரு குழந்தை, சிறு வயதிலேயே தன் தாய்மொழியைத் தவிர, பரிச்சயமில்லாத வேறொரு மொழியை சரளமாகப் பேசும் சம்பவங்களும் நடந்திருக்கின்றன. அந்த மொழி, முன்ஜென்மத்தில் அது கற்றுக்கொண்ட மொழி அல்லது அதன் தாய்மொழியாக இருந்திருக்கலாம். இப்படிப் பேசுவதை Xenoglossy என்கிறார்கள். இயன் ஸ்டீவன்சன் ஆராய்ந்த Xenoglossy கதை ஒன்றைப் பார்க்கலாம்.

★

1942. இரண்டாம் உலகப்போர் சமயம். பர்மா, ஜப்பானின் பிடியில் இருந்தது. பர்மாவின் நாதுல் என்ற பகுதியிலிருந்த ரயில் நிலையத்தில் மௌங் என்ற பர்மியர் சுமை தூக்கும் கூலியாக வேலை பார்த்தார். அவரது மனைவி டா அய் டின். அவர்கள் இருவருக்கும் மூன்று பெண் குழந்தைகள். வறுமையில் சிக்கித் தவித்தார்கள்.

அந்த ரயில் நிலையத்தின் அருகில் ஜப்பானிய ராணுவ முகாம் ஒன்று இருந்தது. அதில் ஜப்பானிய ராணுவ வீரர் ஒருவர் சமையல் பணிகளைக் கவனித்துக் கொண்டிருந்தார். அவருடன் நட்பை வளர்த்துக் கொண்ட அய் டின், சமையல் பணிகளில் உதவினார். உணவு கிடைக்குமல்லவா. ஜப்பானிய சமையல் குறிப்புகளை அவர் சொல்ல, பர்மிய சமையல் குறிப்புகளை இவள் சொல்ல, அடுப்பில் புதிய உணவுகள் தயாராகின.

கொஞ்ச காலத்தில் அந்த ஜப்பானிய ராணுவ வீரர் இடம் மாறிப் போனார். தொடர்பு அறுந்துபோனது. சில வருடங்கள் கழித்து அய் டின் மீண்டும் கர்ப்பமானாள். அந்தச் சமயத்தில் அய் டினுக்கு

ஜப்பானின் பிடியில் பர்மா

ஒரு கனவு வந்தது. அதில் அந்த ஜப்பானிய வீரர், சமையல் செய்வதுபோல தோற்றத்தில் வந்தார். 'நான் மீண்டும் வருவேன். உன்னுடனேயே இருப்பேன்' என்றார். அய் டின்னுக்கு வியர்த்தது. அடுத்த சில நாள்கள் இடைவெளியில் மீண்டும் அதை கனவு வந்தது.

1953, டிசம்பர் 26 அன்று அய் டின்னுக்குப் பிரசவம் நிகழ்ந்தது. மா டின் ஆங் மியோ - என்ற பெண் குழந்தை பிறந்தது. அய் டின்னுக்கு அது நாலாவது குழந்தை. அதன் இடுப்புப் பகுதியில் பெரியதாக ஒரு மச்சம் இருந்தது.

மா டின், மூன்றாவது வயதின் ஆரம்பத்திலேயே 'நான் வீட்டுக்குப் போக வேண்டும்' என்று அடிக்கடிச் சொல்ல ஆரம்பித்தாள். வீட்டில்தானே இருக்கிறாள். ஏன் இப்படிச் சொல்கிறாள் என்று அவளது பெற்றோருக்குப் புரியவில்லை. பின் புரியாத மொழியில் சில வார்த்தைகள் பேசினாள். கொஞ்ச காலத்துக்குப் பிறகு அது ஜப்பானிய மொழி என்று உணர்ந்து கொண்டார்கள். இவளுக்கு எப்படி ஜப்பானிய மொழி தெரியும் என்று குழம்பிப் போனார்கள்.

பின் மா டின், 'என் வீடு ஜப்பானில் இருக்கிறது. அங்கே நான் போக வேண்டும்' என்று வற்புறுத்த ஆரம்பித்தாள். விமானத்தின்

சத்தம் கேட்டபோதெல்லாம் பயந்து நடுங்கி அழுதாள். அவளுக்குப் பெண் பிள்ளைகளின் உடையே பிடிக்கவில்லை. ஆண் குழந்தைகளின் உடையையே விரும்பி அணிந்தாள். சிறுமிகளைத் தவிர்த்து சிறுவர்களுடன் விளையாடினாள். ஒரு துப்பாக்கி பொம்மையுடனேயே எந்நேரமும் திரிந்தாள். மூன்று பெண் பிள்ளைகளுக்குப் பின் நான்காவது ஆணாக இருக்க வேண்டும் என்று நினைத்தேன் அல்லவா. அதனால்தான் மா டின் பையன் போலவே நடந்துகொள்கிறளோ என்று அய் டின் நினைத்துக் கொண்டாள்.

கொஞ்சம் வளர்ந்த பின், 'நான் பெண்ணல்ல. சென்ற ஜென்மத்தில் ஆணாகப் பிறந்தவன்' என்றாள். பின் தன் முற்பிறவிக் கதையைக் கூறினாள். ஜப்பானின் வடக்குப் பகுதியில் ஓர் ஊரில் பிறந்தது, ஜப்பானிய ராணுவத்தில் பணிக்குச் சேர்ந்தது, இரண்டாம் உலகப்போருக்காக பர்மா வந்தது, அங்கே ராணுவ முகாமில் சமையல் வேலை பார்த்தது என்று பல விஷயங்களை மா டின் அடுக்கினாள்.

அய் டின்னால் நம்பவே முடியவில்லை. தான் பழகிய அந்த ஜப்பானிய ராணுவ சமையல்காரர் சொன்னதை எல்லாம் எப்படி இவள் சொல்கிறாள்? இவளுக்கு அந்த ஆளைத் தெரியவே தெரியாதே! எனில், என் கர்ப்ப காலத்தில் வந்த கனவு உண்மையா? அந்த ஜப்பானிய வீரருக்கு என்ன ஆயிற்று? அதற்கான பதிலையும் மா டின்னே சொன்னாள்.

'அமெரிக்கப் படைகள் விமானத் தாக்குதல் நடத்தின. நான் விறகுக்குவியல் ஒன்றின் அருகில் நின்று கொண்டிருந்தேன். அங்கிருந்து மறைவிடத்தை நோக்கி ஓடினேன். விமானத்தில் இருந்து சுட்டதில் என்னுடைய இடுப்புப் பகுதியில் குண்டு பாய்ந்து இறந்துபோனேன்' என்றாள். ஆம், அதே பகுதியில்தான் மா டின்னுக்கு மச்சம் இருந்தது.

ஜப்பானின் வடக்குப் பகுதியில் என் ஊர் இருக்கிறது. அங்கே என் மனைவியும் ஐந்து பிள்ளைகளும் தவித்துக் கொண்டிருப்பார்கள். நான் அங்கே போக வேண்டும் என்று மா டின், தனது இந்த ஜென்ம பெற்றோரை வற்புறுத்தத் தொடங்கினாள். ஆனால், அவை குறித்த தெளிவான விவரங்கள் அவளது நினைவில் இல்லை. தன்னை ஓர் ஆண் பிள்ளையாகவே நினைத்துக் கொண்டாள். தலைமுடியையும் சிறுவர்கள்போல கத்தரித்துக்

Lockheed P-38 Lightning

கொண்டாள். ஆண் பிள்ளையின் உடையுடன் பள்ளிக்கு வந்த மா டின்னை ஆசிரியர்கள் கடுமையாகக் கண்டித்தார்கள். அதனால், படிப்பைப் பாதியில் கைவிட்டாள்.

பூப்பெய்தினாள் மா டின். அவளால் அதை ஏற்றுக்கொள்ளவே முடியவில்லை. அழுதாள். முரட்டுத்தனமாக நடந்து கொண்டாள். கடும் மன உளைச்சலுக்கு ஆளானாள். 1974-ல் ஸ்டீவன்சன் மா டின்னைச் சந்தித்தார். அவள் பேசிய ஜப்பானிய மொழிச் சொற்கள், ஜப்பான் குறித்து அவளுக்கு இருந்த அறிவு, இரண்டாம் உலகப் போர் நினைவுகள், ராணுவ வீரராக ஆற்றிய பணி, அப்போது நேர்ந்த மரணம், அமெரிக்கப் போர் விமானத்தின் மாடல் (Lockheed P-38 Lightning) உள்பட மா டின் சொன்ன பல விவரங்கள் உண்மைதான் என்று ஸ்டீவன்சன் தன் ஆய்வில் கண்டுபிடித்தார். வயது ஏற ஏற, மா டின்னுக்குக் கூடுதலாக முன் ஜென்ம நினைவுகள் வந்தது ஸ்டீவன்சனுக்கும் ஆச்சரியத்தைத் தந்தது.

ஸ்டீவன்சன் மா டின்னை முதலில் சந்தித்தபோது, அவள் அங்கே ரயில் நிலையத்துக்கு அருகில், ஓர் ஆணைப்போல உடையணிந்து உணவு வியாபாரம் செய்து கொண்டிருந்தாள். ஸ்டீவன்சனிடம் பேசியபோது அவள் தெளிவாகச் சொன்னாள். ‘எனக்கு ஆண்களைத் திருமணம் செய்துகொள்வதில்

விருப்பமே இல்லை. ஒரு பெண்ணைத்தான் எனது வாழ்க்கைத் துணையாகத் தேர்ந்தெடுக்கப் போகிறேன்.'

ஆம், மனத்தளவில் ஆணாக வாழ்ந்து கொண்டிருந்த மாடின்னுக்கு, பெண்கள் மீதுதான் ஈர்ப்பு உண்டானது. அதை உலகம் தன்பாலின ஈர்ப்பு கொண்டவளாக, எதிர்மறையாகப் பார்த்தது. இந்தப் பிறவியில் ஓர் ஆண், மற்றொரு ஆணை விரும்பினால், அவன் சென்ற பிறவியில் பெண்ணாக இருந்திருக்கலாம். இந்தப் பிறவியில் ஒரு பெண், மற்றொரு பெண்ணை விரும்பினால், அவள் சென்ற பிறவியில் ஆணாக இருந்திருக்கலாம் என்பதுகூட மறுபிறவி ஆய்வுகளின் மூலம் அழுத்தமாக முன்வைக்கப்படும் கருத்தே.

★

மறுபிறவி உண்டென்று ஆணித்தரமாக, அறிவியல்பூர்வமாக உலகுக்கு நிரூபிக்க தன் வாழ்வை அர்ப்பணித்த இயன் ஸ்டீவன்சன் எழுதிய நூல்களின் பட்டியல் இது.

Twenty Cases Suggestive of Reincarnation, Cases of the Reincarnation Type, Vol. I: Ten Cases in India, Cases of the Reincarnation Type, Vol. II: Ten Cases in Sri Lanka, Cases of the Reincarnation Type, Vol. III: Twelve Cases in Lebanon and Turkey, Cases of the Reincarnation Type, Vol. IV: Twelve Cases in Thailand and Burma, Reincarnation and Biology: A Contribution to the Etiology of Birthmarks and Birth Defects, Children Who Remember Previous Lives: A Question of Reincarnation, European Cases of the Reincarnation Type.

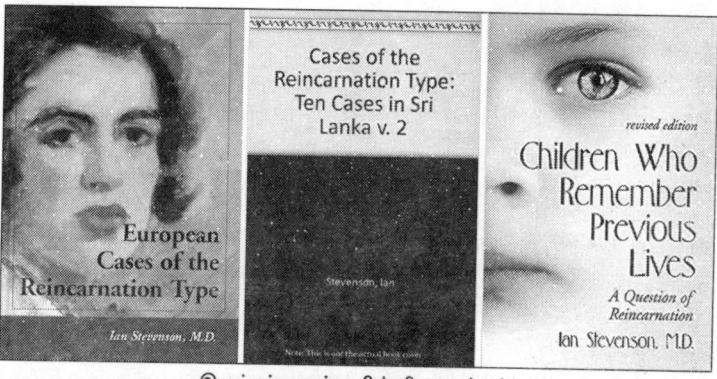

இயன் ஸ்டீவன்சனின் சில நூல்கள்

1960-களில் வெர்ஜினியா பல்கலைக்கழகத்தில் தனது துறைக்கு கோப்புகள் அடங்கிய ஒரு பெட்டியைக் கொண்டுவந்தார் ஸ்டீவன்சன். சில வார்த்தைகளை கடவுச்சொல்லாக வைத்து, அந்தப் பெட்டியைப் பூட்டி வைத்தார். பிறகு தன் சகாக்களிடம் சொன்னார்.

'மறுபிறவியை நிரூபிக்கத்தான் இந்தச் சோதனை. நான் இறந்த பிறகு உங்களுடைய கனவுகளில் வருவேன். அப்போது இதற்கான கடவுச்சொல்லைத் தெரிவிப்பேன். அதைக்கொண்டு நீங்கள் இந்தப் பெட்டியைத் திறந்து மறுபிறவி உண்டென்று இந்த உலகத்துக்கு எடுத்துச் சொல்லலாம்.'

2007-ல் தனது 88-வது ஸ்டீவன்சன் வயதில் இறந்துபோனார். ஸ்டீவன்சன் தங்கள் கனவில் வந்ததாகச் சொல்லி சில கடவுச் சொற்களைக் கொண்டு அவரது சகாக்கள் அந்தப் பெட்டியைத் திறக்க முயற்சி செய்திருக்கின்றனர். ஸ்டீவன்சனே மறுபிறவி எடுத்து ஒரு சிறுவனாகவோ அல்லது சிறுமியாகவோ அங்கு வந்து பெட்டியைத் திறப்பார் என்றும் சிலர் நம்பிக் கொண்டிருக்கின்றனர்.

இதுவரை பெட்டி திறக்கப்படவில்லை. மறுபிறவியை நிரூபிக்கும் கடவுச்சொல் இன்னும் கிடைக்கவில்லை.

11
கருப்பு ஆமை விட்ட சாபம்

அந்தச் சிறிய ஊரின் பெயர் யாங்ஸி (Yangsi). சீனாவின் தென்மேற்கில் அமைந்த சிச்சுவான் என்ற மாகாணத்திலுள்ள கடைக்கோடி கிராமம். அந்த ஊருக்கு நீங்கள் சென்றால், அங்கே சந்திக்கும் பத்தில் நான்கு பெரிய மனிதர்களுக்கு குனிந்துதான் கைகொடுக்க வேண்டியதிருக்கும். அல்லது அவர்கள் முக்காலியிலோ, நாற்காலியிலோ ஏறி உங்களுக்கு ஹலோ சொல்ல வேண்டியதிருக்கும். அவர்களது உயரம் அப்படி. ஊரில் எங்கே போனாலும் அப்படிப்பட்ட குள்ளமான மனிதர்களைச் சந்தித்து புன்னகையுடன் பேச முடியும்.

பல ஊர்களைச் சார்ந்த குள்ளமான மனிதர்கள் எல்லோரும் அங்கே வந்து வசிக்கிறார்களோ என்று நீங்கள் நினைக்கலாம். அப்படி இல்லை. அந்த ஊரில்

> கண்கள் கலங்க, நெஞ்சம் விம்ம, உதடுகள் துடிக்க, வார்த்தைகள் நடுங்க, அந்தக் கருப்பு ஆமை விட்ட சாபம். 'என்னைக் கொல்கிறீர்கள் அல்லவா! உங்கள் ஏழேழு தலைமுறையும் குள்ளமாகப் போகட்டும்!

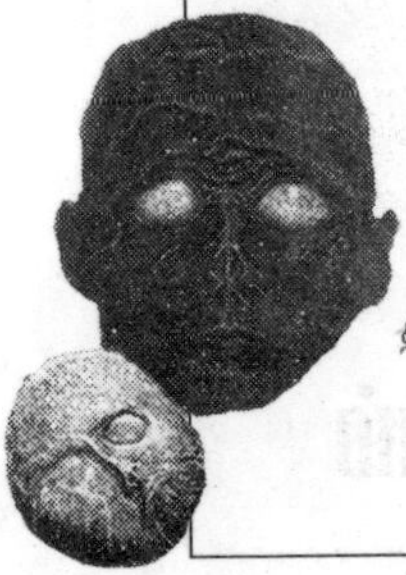

பிறக்கும் குழந்தைகளில் 40 சதவிகிதம் பேர், குள்ள மனிதர்களாக இருக்கின்றனர் என்பதே அதிர்ச்சி தரும் உண்மை.

ஏன்? எதற்கு? எப்படி? என்று பல காரணங்கள், பல்வேறு கோணங்களில் அலசி ஆராயப்படுகின்றன. நாம் அந்த கருப்பு ஆமையின் கண்ணீர்க் கதையிலிருந்து தொடங்குவோம்.

இந்தச் சம்பவம் எப்போது நடந்தது என்று உற்றுப் பார்த்தால் தேதி அவுட் ஆஃப் ஃபோகஸில்தான் தெரிகிறது. ஆகவே, சில பத்தாண்டுகளுக்கு முன்பு அல்லது சென்ற நூற்றாண்டில் நடந்தது அல்லது நடந்ததாகச் சொல்லப்படுகிறது என்பதை மனத்தில் கொண்டு, ஆமையைப் பின்தொடருவோம்.

இந்த ஆமைச் சம்பவம் நடப்பதற்கு முன்புவரை அங்கே குள்ள மனிதர்களே கிடையாதாம். சம்பவத்தன்று வாங் என்ற நபர், ஊருக்குள் சும்மா நடந்து சென்று கொண்டிருந்தார். அப்போது அவர் கண்ணில் ஆமை ஒன்று தென்பட்டது. அது மெதுமெதுவாகத் தன் பாதையில் ஊர்ந்து சென்று கொண்டிருந்தது. வாங், அப்படி ஒரு ஆமையை அதற்கு முன்பு அங்கே பார்த்ததில்லை. அடர் கருப்பு நிறம், சற்றே நீண்ட வித்தியாசமான கால்கள், உடலிலும் ஓட்டிலும் ஆங்காங்கே மஞ்சள் புள்ளிகள்.

வாங், அந்த ஆமையை அப்படியே தூக்கினார். பயந்துபோன ஆமை, தன் உடலை ஓட்டுக்குள் சுருக்கிக் கொண்டது. அதை எடுத்துக் கொண்டு ஊருக்குள் சென்றார். எதற்கு? பாம்பு, பல்லி, கரப்பான், தேள், வெட்டுக்கிளி, எறும்பு, எலி, தவளை, ஓணான், பச்சோந்தி என்று எதையும் மசாலா தடவி, வதக்கி, வறுத்துத் தின்று ஏப்பம் விடுவதுதானே சீனர்களின் உணவுக் கலாசாரம். வாங் என்ற அந்த நாம் சீனர் அன்றைக்கு கருப்பு ஆமைக்கறிக்குத் திட்டமிட்டார்.

அவர் அந்த ஆமையைக் கொல்ல முனைந்த சமயத்தில், ஒரு சிலர் வந்து தடுத்தார்கள். பாவம், விட்டுவிடலாம். இது வேறு மாதிரி இருக்கிறது. இதைக் கொல்ல வேண்டாம். வாங்கால் தன் நாக்கைக் கட்டுப்படுத்த முடியவில்லை. ஆமையைக் கொன்றார். கறியை வறுத்தெடுத்தார். அவரும், வேறு சிலரும் அதனைச் சுவை பார்த்தனர்.

சில தினங்கள் கழித்து, வாங் உள்ளிட்ட ஆமைக்கறி உண்ட சிலருக்கு ஏதேதோ உடல் உபாதைகள் உருவாகின. அதே சமயம் ஊரெங்கும் விநோத நோய் ஒன்றும் பரவியது. ஊர் மக்கள் பலரும் நோய்வாய்ப்பட்டனர். துன்பங்களை அனுபவித்தனர். அதற்குப் பிறகு யாங்ஸியில் பிறந்த பெரும்பாலான குழந்தைகள் உயரமாக வளரவில்லை. யாங்ஸி, குள்ள மனிதர்கள் நிறைந்த ஊராக மாற ஆரம்பித்தது. காரணம், கொல்லப்படுவதற்கு முன்பாக, கண்கள் கலங்க, நெஞ்சம் விம்ம, உதடுகள் துடிக்க, வார்த்தைகள் நடுங்க, அந்தக் கருப்பு ஆமை விட்ட சாபம். ‘என்னைக் கொல்கிறீர்கள் அல்லவா! உங்கள் ஏழேழு தலைமுறையும் குள்ளமாகப் போகட்டும்!’

இது நிஜம்தானா என்றால் ஆமை சாபம் விட்டதா, அது சீன மொழியா அல்லது வேறு மிருக பாஷையா, அதற்கு எதுவும்

ஆடியோ ஆதாரம் இருக்கிறதா, ஆமை சாபத்தால் உண்டான விநோத நோயின் தன்மைகளை நிரூபிக்கும் அப்பல்லோ ஆஸ்பத்திரி அறிக்கை எதுவும் இருக்கிறதா என்றெல்லாம் தேட வேண்டியதிருக்கும். இது யாங்ஸி மக்களின் நம்பிக்கை. தங்களில் பலர் குள்ளமாக இருப்பதற்கு ஆமையின் சாபமே காரணம் என்று சிலர் மனதார நம்புகிறார்கள்.

20000 பேர்களில் ஒருவர் குள்ளராக இருக்க வாய்ப்புண்டு என்பது உலக அளவிலான விகிதாச்சாரம். 2015-ல் எடுக்கப்பட்ட கணக்குப்படி யாங்ஸி கிராமத்தின் மக்கள் தொகை 80. அதில் 36 பேர் குள்ள மனிதர்கள். அதாவது சுமார் 45% பேர் அங்கே குள்ளமாக இருக்கிறார்கள். அவர்களில் அதிக உயரம் கொண்டவர் 3 அடி 10 அங்குலம். மிகக்குறைந்த உயரம் கொண்டவர் 2 அடி 1 அங்குலம். சில ஆண்டுகளுக்கு முன்பு அங்கே மக்கள் தொகை கொஞ்சம் கூடுதலாக இருந்த சமயத்தில் நூற்றுக்கும் மேற்பட்டோர் குள்ளர்களாக இருந்ததாக ஒரு புள்ளிவிவரம் சொல்கிறது.

யாங்ஸியில் வாழும் தலை நரைத்த பெருசுகள், இடுங்கிய கண்களுக்குள் இருந்து விரியும் காட்சிகள் வழியே சொல்லும் பழைய சம்பவம் ஒன்று முக்கியமானது. இதில் ஆமை கிடையாது. ஆனால், உண்மை இருக்கலாம் என்று நம்பப்படுகிறது. 'ரொம்ப வருசத்துக்கு முன்னாடி, நாங்க எல்லாம் சந்தோஷமா வாழ்ந்துக் கிட்டிருந்தோம். ஊர்ல ஒரு பிரச்னையும் கிடையாது. எல்லோரும் அமைதியா அவங்கவங்க வேலையைப் பாத்துக்கிட்டிருந்தோம். ஒரு கோடைகாலத்துல திடீர்னு ஒரு நோய் தாக்கிச்சு. ஊர்ல பல பேர் பாதிக்கப்பட்டாங்க. ரொம்ப கஷ்டப்பட்டாங்க. குறிப்பா ஐந்துல இருந்து ஏழு வயசுள்ள குழந்தைகளை இந்த நோய் அதிகம் பாதிச்சுது. அந்த குழந்தைளோட உடல் வளர்ச்சி பாதிக்கப்பட்டுச்சு. அதுக்கப்புறம் அவங்க வளரவே இல்லை. அந்த மர்ம நோயாலதான் யாங்ஸில குள்ளமானவங்க உருவாக ஆரம்பிச்சாங்க!'

அரசாங்கக் குறிப்பின்படி யாங்ஸி பகுதியில் 1951 சமயத்தில் ஏதோ ஒரு விநோத நோய் தாக்கியிருப்பது தெரிய வருகிறது. அந்நோயால் பலரது மூட்டு வளர்ச்சி பாதிக்கப்பட்டுள்ளது. 1985-ல் எடுக்கப்பட்ட மக்கள் தொகை கணக்கெடுப்பின்படி, யாங்ஸியில் அப்போது இருந்த குள்ள மனிதர்களின்

எண்ணிக்கை, 119. ஆக, ஒருவரை பாதித்த அந்த நோய், அவரது அடுத்தடுத்த தலைமுறையினருக்கும் பரவியிருக்கிறது. குள்ள மனிதர்களை உருவாக்கியிருக்கிறது என்பது ஒரு வாதம். ஆனால், அந்த நோய் என்ன நோய் என்பதை இதுவரை கண்டறிய இயலவில்லை.

வலுவான எதிர்வாதமும் உண்டு. 1951-ல் பரவிய விநோத நோயெல்லாம் இதற்குக் காரணமில்லை. அதற்கு முன்பாகவே யாங்ஸியில் குள்ள மனிதர்கள் வாழ்ந்திருக்கிறார்கள். 1911-லேயே அதற்கான பதிவு இருக்கிறது. 1947-ல் பிரிட்டிஷைச் சேர்ந்த அறிவியல் ஆய்வாளரான Dr. Karyl Robin Evans, சீனாவின் யாங்ஸி பகுதியில் சில நூறு குள்ள மனிதர்கள் வசிக்கிறார்கள் என்று தன் பதிவு ஒன்றில் குறிப்பிட்டிருக்கிறார். ஆக, யாங்ஸியில் குள்ள மனிதர்கள் எப்போது இருந்து உருவாக ஆரம்பித்தார்கள் என்பதற்கான விடை இல்லை.

இந்தப் பகுதியில் மட்டும் ஏன் குள்ள மனிதர்கள் உருவாகிறார்கள் என்பதைக் கண்டறிய பல்வேறு காலகட்டங்களில் அறிவியல் ஆராய்ச்சியாளர்களும், வேறு துறைகள் சார்ந்த நிபுணர்களும் யாங்ஸிக்கு வந்து விதவிதமான ஆய்வுகளை மேற்கொண்டிருக்கின்றனர். யாங்ஸி வாழ் குள்ள மனிதர்களும் விதவிதமான ஆய்வுகளுக்கு உட்படுத்தப்பட்டிருக்கின்றனர். அங்கே மண், நீர், காற்று, விளையும் பயிர்கள் போன்றவையும்

ஆய்வுக்கு உட்படுத்தப்பட்டிருக்கின்றன. ஆனால், எந்த ஓர் ஆய்வும் எந்தவிதமான நம்பகமான விடையையும் தரவில்லை.

1997-ல் சர்ச்சைக்குரிய சந்தேகம் ஒன்று எழுப்பப்பட்டது. யாங்ஸி கிராமத்தின் சில பகுதிகளில் மண்ணில் அதிக அளவு பாதரசம் கலந்திருக்கிறது என்றார்கள். ஆனால், அது முறையாக நிரூபிக்கப்படவில்லை. அதனால்தான் உயரம் குறைவானவர்கள் உருவாகிறார்களா என்பதற்கான விடையும் கிடைக்கவில்லை. பல்வேறு குடும்பங்களிலும் குள்ள மனிதர்கள் இருப்பதால், இதனை மரபணு சார்ந்த கோளாறாகவும் முத்திரை குத்த இயலாது.

> யாங்ஸி கிராமத்தின் புவியியல் அமைப்பே தவறாக இருக்கிறது. அதனால் இங்கே வாழும் மனிதர்களின் ஆரோக்கியத்தில் பாதிப்பு உண்டாகிறது. இரண்டே வார்த்தைகளில் சொல்வதென்றால் - வாஸ்து சரியில்ல!

ஃபெங் சுயி கேள்விப்பட்டிருப்பீர்கள்.
சீன வாஸ்து சாஸ்திரம். ஃபெங் சுயி என்பதன் பொருள், காற்றும் நீரும். பூமியிலுள்ள காற்றுடனும் நீருடனும் இசைந்து வாழ்வது உயிரினங்களுக்கு ஆரோக்கியத்தையும் அதிர்ஷ்டத்தையும் வளத்தையும் அள்ளித் தரும் என்பது ஃபெங் சுயி சாஸ்திரத்தின் அடிப்படை விஷயம். அந்த சாஸ்திரத்தின் அடிப்படையில் பார்த்தால், யாங்ஸி கிராமத்தின் புவியியல் அமைப்பே தவறாக இருக்கிறது. அதனால் இங்கே வாழும் மனிதர்களின் ஆரோக்கியத்தில் பாதிப்பு உண்டாகிறது. இரண்டே வார்த்தைகளில் சொல்வதென்றால் - வாஸ்து சரியில்ல!

இந்தக் கிராமத்தில் வாழ்ந்த முன்னோர்களுக்கு சரியான முறையில் ஈமச்சடங்குகள் நிறைவேற்றப்படவில்லை. அவர்களது ஆன்மாவின் கோபமும் சாபமும் வருத்தமும்தான் இங்கே குள்ள மனிதர்களைத் தொடர்ந்து உருவாக்கிக் கொண்டிருக்கிறது. இவையே காரணம் என்பது கிராமத்தில் வாழும் பாதிக்கப்பட்ட வாமன மனிதர்கள் சிலரது நம்பிக்கை.

இன்னொரு கோணத்தில் ஜப்பானியர்கள் மீதும் பழி போடப்படுகிறது. ஜப்பானியர்கள் சீனாவை ஆக்கிரமித்தபோது,

முகில் ● 187

விஷ வாயுக்களைச் செலுத்தினர். அதற்குப் பிறகு பிறந்த குழந்தைகள், குள்ளத்தன்மையால் பாதிக்கப்பட்டனர். உண்மையில் ஜப்பானியர்கள், யாங்ஸி பகுதியை எப்போதும் ஆக்கிரமித்ததில்லை என்பதால் இதனை இடதுகையால் புறக்கணித்துவிடலாம். இப்படி இன்றைக்கு வரை சொல்லப்படும் யூகங்கள் பலவும் தவிடுபொடியாகி விடுகின்றன.

சுமார் ஒரு நூற்றாண்டு காலமாக தொடரும் இந்த பாதிப்பால் தற்போது யாங்ஸியில் வாழ்பவர்களின் எண்ணிக்கை குறைந்து கொண்டே வருகிறது. அந்த மண்ணின் மைந்தர்கள், தங்கள் வருங்கால சந்ததியினராவது பாதிப்பின்றிப் பிறக்கட்டும், உயரமாக வளரட்டும் என்ற எண்ணத்துடன் அங்கிருந்து இடம்பெயர ஆரம்பித்துவிட்டார்கள். இதனால் வருங்காலத்தில் யாங்ஸி என்ற கிராமமே ஆள்கள் இன்றிக் கைவிடப்படுவதும் நிகழலாம். ஆனால், கைவிடவே முடியாத அந்தக் கேள்வி மட்டும் என்றும் உயிர்ப்புடன் வரலாற்றில் மின்னிக் கொண்டிருக்கும்.

யாங்ஸியில் மட்டும் அதிக அளவில் குள்ள மனிதர்கள் ஏன் பிறந்தார்கள்?

12

அவள் ஒரு முழிவிலி

அவள் ஒரு செல்வச்சீமாட்டி.

1885-ல் நியு யார்க்கில் பிறந்தவள். தந்தை பிரான்ஸிஸ் அர்னால்ட், மிகப்பெரிய ஏற்றுமதி நிறுவனம் ஒன்றை நடத்தி வந்தார். அப்போதே மில்லியனர். உறவினர்கள் பலரும் பெரும் பதவிகளில் இருந்தவர்கள். பல்வேறு சொத்துகளுக்கு அவளே வாரிசு. எனவே வசதியாக வளர்ந்தாள். பருவ வயதில் பார்ட்டிகளில் ஜொலித்தாள். அவள் முழுப்பெயர், டோரத்தி ஹேர்ரியெட் கேமிலி அர்னால்ட்.

1910, டிசம்பர் 12. காலை பதினொரு மணி இருக்கும். நாகரிக உடை, நளின ஒப்பனை, எழில் நடையுடன் டோரத்தி, தன் மாளிகையில் இருந்து வெளியே கிளம்பினாள். அவளது தாய் மேரி வழக்கம்போலக் கேட்டாள்.

'எங்கே போகிறாய்?'

'அடுத்தடுத்து பார்ட்டிகள் இருக்கின்றன. உடைகள் வாங்க வேண்டும்.'

'நான் துணைக்கு வரவா?'

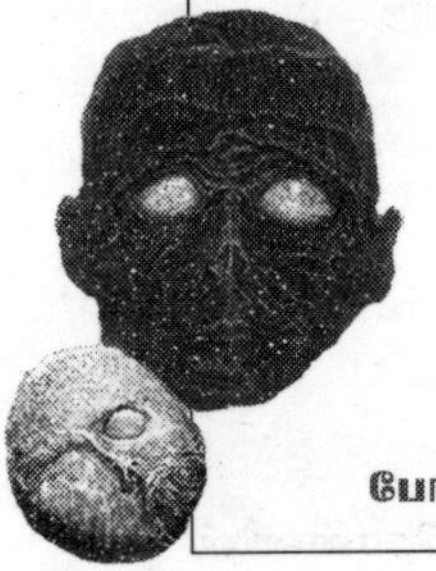

'எதுக்கும்மா?'

அப்படி டோரத்தி சொல்வது புதிதல்ல. ஏனென்றால் மேரி உடல்நிலை சரியில்லாதவள். அதிகம் வெளியில் செல்ல மாட்டாள்.

ஒப்பனையை மீண்டும் சரிபார்த்துக் கொண்டு டோரத்தி தன் வீட்டை விட்டு வெளியேறினாள். கடைசி முறையாக.

அத்தனைப் பெரிய நியு யார்க் நகரத்தில், ஜன நடமாட்டம் அதிகமுள்ள பகுதியில், நாகரிக உடையணிந்த பெண், அதுவும் பலரும் அறிந்த ஒருத்தி காற்றோடு காற்றாகக் காணாமல் போய்விட்டாளா?

நியு யார்க் நகரத்தில் அன்றைக்கு டோரத்தியை மேல்தட்டு மக்கள் பெரும்பாலானோருக்குத் தெரியும். பணக்கார வீட்டு பருவப் பெண். பார்ட்டிகளில் பிரபலம். அடிக்கடி ஷாப்பிங் செய்பவள் என்பதால் பல்வேறு கடைக்காரர்களும் அவளை அறிந்து வைத்திருந்தனர்.

டோரத்தி, சாக்லேட் விற்கும் கடை ஒன்றுக்குச் சென்றாள். தனக்குப் பிடித்த சாக்லேட்கள் சிலவற்றை அள்ளினாள். 'கணக்கில் வைத்துக் கொள்ளுங்கள்' என்றாள். பதிலுக்கு கடைக்காரர் புன்னகை சிந்தினார். அடுத்து ஐந்தாவது அவென்யூவின் 27-வது தெருவில் இருந்த பிரெண்டனோஸ் என்ற புத்தகக் கடைக்குச் சென்றாள். சில நிமிடங்கள் அங்கே செலவிட்டாள். ஒரே ஒரு புத்தகத்தை எடுத்துக் கொண்டாள். 'கணக்கில் ஏற்றிக் கொள்ளுங்கள்' என்றாள். சரி என்று தலையசைத்தார் கடைக்காரர்.

அங்கிருந்து வெளியேறி தன் தோழி கிளாடிஸ் கிங் என்பவளைச் சந்தித்தாள். சில நிமிடங்களில் கிளாடியிடமிருந்து விடைபெற்றுக் கிளம்பினாள்.

டோரத்தி

மாலை நேரம். இன்னும் டோரத்தி வீட்டுக்கு வரவில்லையே என்ற கவலை மேரியைச் சூழ ஆரம்பித்தது. பொறுமையோடு காத்திருந்தாள். பொறுமையைப் பயம் கவ்வியது. டோரத்தியின் தோழி ஒருத்தியிடமிருந்து தொலைபேசி அழைப்பு வந்தது. சாதாரண அழைப்புதான். 'தலைவலிக்கிறது என்று படுத்திருக்கிறாள்' என்று பொய் சொல்லி அழைப்பைத் துண்டித்தாள் மேரி.

டோரத்தியின் தந்தைக்கும் தகவல் தெரிந்தது. அவர்கள் போலீஸிடம் செல்வதற்குத் தயங்கினார்கள். குடும்ப கௌரவம்

முகில் ● 191

என்னாவது? கெய்த் என்ற தெரிந்த வக்கீலை அழைத்தார்கள். கெய்த், டோரத்தியின் வீட்டுக்கு வந்து பல கேள்விகளைக் கேட்டார். மேரி, டோரத்தி கிளம்பிச் சென்ற கோலத்தை விவரித்தாள்.

சிறிய பை. அதனுள் உடைகள் இருந்தனவா தெரியாது. இருபத்தைந்து டாலர் பணம் அவளிடம் இருந்திருக்கும். குளிர்கால புசுபுசு மேல் கோட் அணிந்திருந்தாள். அதற்குள்ளும் பணம் இருந்ததா என்பது எனக்குத் தெரியாது. நிஜமாகவே டோரத்தி வழக்கம் போல ஷாப்பிங்தான் சென்றாளா? அல்லது பொய் சொன்னாளா? அவளிடம் வேறு ரகசியத் திட்டங்கள் எதுவும் இருந்தனவா?

டோரத்தியின் அறை முழுவதையும் கெய்த் சோதனையிட்டார். அவளது உடைகள் அப்படியேதான் இருந்தன. வீட்டில் குளிருக்காக எரியும் கனப்பு அடுப்பில் சில காகிதங்கள் வீசப்பட்டிருப்பதைக் கண்டார். அந்தக் காகிதங்கள் கிட்டத்தட்ட எரிந்து போயிருந்தன. அது எதேச்சையாக வீசப்பட்டதா, இல்லை எதையும் மறைக்கும் நோக்கிலா? காகிதத்தில் இருந்ததைப் படிக்க முடியவில்லை. வேறெந்தத் தடயங்களும் வீட்டில் கிடைக்கவில்லை.

கெய்த்தும் டோரத்தியின் குடும்பத்தினரும் தெருக்களில் இறங்கினார்கள். ஹாஸ்பிட்டல், விருந்து நடக்கும் இடங்கள், ஹோட்டல், பூங்காக்கள் என்று பதைபதைப்புடன் தேடினார்கள். முடிவில்லாத தேடலாக அது நீண்டது. டோரத்தி, கடைசியாகச் சந்தித்த கிளாடிஸிடமும் எந்த உருப்படியான தகவலும் இல்லை. 'சென்ட்ரல் பார்க் வழியே வீட்டுக்கு நடந்து போகவிருப்பதாகத் தான் என்னிடம் சொன்னாள்' என்றாள் கிளாடியஸ்.

அவளிடமிருந்து விடைபெற்றுக் கிளம்பிய டோரத்தியை, 'நான் அங்கே பார்த்தேன்', 'நான் இங்கே பார்த்தேன்' என்று ஒருவர்கூட சொல்லவில்லை. அத்தனைப் பெரிய நியு யார்க் நகரத்தில், ஜன நடமாட்டம் அதிகமுள்ள பகுதியில், நாகரிக உடையணிந்த பெண், அதுவும் பலரும் அறிந்த ஒருத்தி காற்றோடு காற்றாகக் காணாமல் போய்விட்டாளா?

டோரத்தியின் குடும்பத்தினர் தங்கள் கௌரவத்தை எல்லாம் தூக்கிக் கடாசிவிட்டு, போலீஸிடம் செல்வதற்குள் ஆறு வாரங்கள் கரைந்திருந்தன. அப்போதும் அர்னால்ட், பத்திரிகையில் செய்தி வேண்டாம் என்று அடம்பிடித்தார். அதற்குப் பிறகு சில நாள்கள்

கழித்தே பத்திரிகைகள் பரபரப்புடன் முதல் பக்கச் செய்தியாக டோரத்தியைத் தாங்கி வந்தன. டோரத்தியைக் கண்டு பிடித்துத் தந்தால் சன்மானம் என்று விளம்பரங்கள் வெளிவந்தன. அந்தச் சமயத்தில் அநாதையாகச் செத்துப்போன, அடையாளம் தெரியாத இளம்பெண் பிணங்கள் எதுவும் டோரத்தியாக இருந்துவிடக்கூடாது என்று மேரி ஆண்டவரை வேண்டினாள். அந்தப் பிரார்த்தனை பலித்தது. ஆனால், அப்படிக் கூட டோரத்தி கிடைக்கவில்லை. கிடைக்கவே இல்லை. இப்போதுவரை.

என்னதான் ஆயிற்று டோரத்திக்கு?

வழக்கம்போல காதல் கிசுகிசு ஒன்று உண்டு. ஜூனியர் கிரிஸ்கோம் என்ற இளைஞனைத் திருமணம் செய்ய டோரத்தி விரும்பினாள். குடும்பத்தினருக்கு விருப்பமில்லை. கிரிஸ்கோமுடன் ஏற்கெனவே ரகசிய நிச்சயதார்த்தம் செய்து கொண்ட டோரத்தி, அந்த நன்னாளில் கமுக்கமாக ஓடிப் போய்விட்டாள். ஆனால், இதற்கு எந்த ஆதாரமும் கிடையாது. கிரிஸ்கோமே பத்திரிகையில் விளம்பரம் கொடுத்து டோரத்தியைத் தேடிக் கொண்டிருந்தான் என்பதையும் சொல்ல வேண்டும்.

டோரத்தி இரண்டு சிறுகதைகள் எழுதியிருந்தாள். அவற்றைப் பத்திரிகைகளுக்கு அனுப்பினாள். அவை திரும்பி வந்துவிட்டன. அதை அவளது குடும்பத்தினரே கேலி செய்தார்கள். அதனால் மனமுடைந்த டோரத்தி வீட்டை விட்டே ஓடிப்போய்விட்டாள் அல்லது ரகசியமாக எங்கோ சென்று தற்கொலை செய்து கொண்டாள் என்றார்கள். ஆனால், விரக்தியான மனநிலையில் எல்லாம் டோரத்தி இல்லை. அதுவும் சிறுகதை திரும்பி வந்ததெற்கெல்லாம் இப்படி மாயமாகிப் போகும் அளவுக்கு முட்டாளும் அல்ல.

சொல்லப்போனால், டோரத்தியின் நடவடிக்கையில் எந்தவிதமான வித்தியாசத்தையும் அவளது குடும்பத்தினர் உணரவில்லை. அவள் கிறிஸ்துமஸ் கால விருந்துகளுக்காக மாய்ந்து மாய்ந்து

தயாராகிக் கொண்டிருந்தாள். தவிர, தற்கொலை செய்து கொள்ளும் எண்ணமெல்லாம் டோரத்திக்குக் கிடையவே கிடையாது என்பதை குடும்பத்தினர் அழுத்தமாகவே சொன்னார்கள்.

டோரத்தி அப்போது கர்ப்பமாக இருந்தாள். அது அவளது குடும்பத்தினருக்குத் தெரியாது. கருவைக் கலைப்பது அப்போது சட்ட விரோதமானது. அதனால் டோரத்தி ஒரு மருத்துவமனைக்கு ரகசியமாகச் சென்றாள். அங்கே கருக்கலைப்பு சிகிச்சையில் ரத்தப்போக்கு அதிகமாகிச் செத்துப் போனாள். அவள் ஓர் இளம்பெண் என்பதால் இந்த இரக்கமற்ற வதந்தியும் கொஞ்ச காலத்துக்கு உயிரோடு இருந்தது.

'என் மகளுக்குப் பெரும் பிரச்னைகள் என்று எதுவுமே கிடையாது. அவளை யாரோ கடத்திச் சென்று கொன்றிருக்க வேண்டும்' - டோரத்தியின் தந்தை அர்னால்ட் அப்படித்தான் தன் மனத்தைத் தேற்றிக் கொண்டார்.

காணாமல்போனபோது டோரத்தியின் வயது 25. டிசம்பர் 12, 2018 உடன் டோரத்தி காணாமல் போன மர்மத்துக்கான வயது 108.

★

அவள் ஒரு சிறுமி.

சிரித்த முகம் கொண்டவள். படிப்பில் ஆர்வம் கொண்டவள். விளையாட்டிலும் விருப்பம் உண்டு. பள்ளியின் ஜூனியர்

ஆஷா

கூடைப்பந்து அணியில் இடம் பெற்றிருந்தாள். 2000-ல் அவளுக்கு ஒன்பது வயது முடிந்திருந்தது. அமெரிக்கா, நார்த் கரோலினா மாகாணத்தில் ஷெல்பி என்ற ஊரின் புறநகர்ப்பகுதியில் வசித்து வந்தாள். அருகில் ஃபால்ஸ்டன் எலிமெண்ட்ரி பள்ளியில் நான்காவது கிரேடு படித்து வந்த அவளது பெயர், ஆஷா ஜாகுவில்லா டிகிரி.

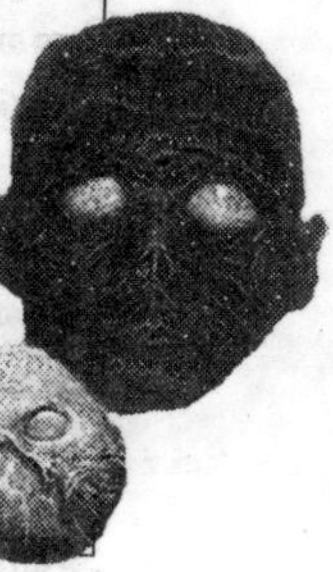

ஆஷாவின் பெற்றோர் ஹரால்ட் - ஈகுவில்லா, இருவருமே வேலைக்குச் சென்றனர். தனக்கான விஷயங்களைத் தானே செய்து கொள்ளுமளவுக்குப் பொறுப்பு மிக்கவள் ஆஷா. அதே சமயம் தனது குட்டிச் சகோதரன் ஓ'பிரயண்டையும் பாசத்தோடு கவனித்துக் கொண்டாள்.

அவளது பேக்கில் உடைகளையும், மற்ற பொருள்களையும் ஏற்கெனவே தயாராக எடுத்து வைத்து இருந்திருக்கிறாள். அதிகாலை 3.45 போல பேக்கை முதுகில் மாட்டிக் கொண்டு அவளே தனியாக வீட்டை விட்டுக் கிளம்பி இருக்கிறாள்

பிப்ரவரி 12, 2000. வீட்டில் ஆஷா அழுது கொண்டிருந்தாள். பெற்றோர் என்னவென்று விசாரித்தனர். அன்றைக்கு கூடைப்பந்து விளையாட்டில் அவள் தவறு செய்துவிட்ட தாகவும், அதனால் பாயிண்ட்ஸ் இழந்துவிட்டதால் அணியின் பிற சிறுமிகள் அவளிடம் சண்டையிட்டதாகவும் வருத்தத்துடன் சொன்னாள். கொஞ்ச நேரத்தில் விசும்பல் நின்று தன் சகோதர னுடன் வீடியோ கேம் விளையாட ஆரம்பித்துவிட்டாள்.

பிப்ரவரி 13, ஞாயிறு. ஆஷாவும் குடும்பத்தினரும் காலையில் தேவாலயம் சென்றார்கள். பின் குழந்தைகள் மட்டும் உறவினர் வீட்டுக்குச் சென்று திரும்பினார்கள். அன்று இரவு 8 மணிக்கெல்லாம் குழந்தைகள் தூங்கச் சென்றுவிட்டார்கள். அந்த ஞாயிற்றுக்கிழமையும் வேலைக்குச் சென்றிருந்த ஹரால்ட், இரவு 12.30-க்கு வீடு திரும்பினார். குழந்தைகள் அவர்களது அறையில் அசந்து தூங்குவதைக் கண்டார்.

அதிகாலை 2.30 மணிக்கு எழுந்து வந்த ஹரால்ட், மீண்டும் குழந்தைகள் அறையில் எட்டிப் பார்த்தார். குழந்தைகள் அசந்து தூங்கிக் கொண்டுதான் இருந்தார்கள். தூக்கத்திலேயே

முகில் ● 195

தலையணையிலிருந்து நகர்ந்து கிடந்தார்கள். ஹரால்ட், அவர்களது போர்வையைச் சரிசெய்துவிட்டு மீண்டும் தூங்கச் சென்றார்.

கொஞ்ச நேரம் கடந்திருக்கும். ஓ'பிரயண்ட், ஆஷா தூக்கத்தில் பேசுவதுபோல உணர்ந்து சற்றே புரண்டு படுத்தான். விழித்துப் பார்க்கவில்லை. அந்த இரவு முடிந்தது.

பிப்ரவரி 14, அதிகாலை 5.45. எழுந்து வந்த ஈகுவில்லா, சமையலறையில் தனது பணிகளை ஆரம்பித்தபடியே, குழந்தைகளை எழுப்புவதற்காகக் குரல் கொடுத்தாள். ஓ'பிரையண்ட் மட்டும் எழுந்து வந்தான். அறையில் ஆஷா இல்லை என்றான். வீடு முழுக்கத் தேடினார்கள். ஹரால்டும் எழுந்து வந்தார். தேடினார். வீட்டுக்கு வெளியே நிற்கும் காரினுள் தேடினார். ஈகுவில்லா அருகிலிருக்கும் தனது தாய் வீட்டுக்கு போன் செய்து விசாரித்தாள். அங்கும் அவள் வரவில்லை என்றதும் ஈகுவில்லாவின் தொண்டைக்குள் பயம் உருள ஆரம்பித்தது.

அவர்கள் சாலைக்கு வந்து 'ஆஷா...' என்று குரல் எழுப்பினர். அக்கம்பக்கத்தினரிடம் விசாரித்தனர். அருகிலுள்ள

ஹெரால்டு - ஈகுவில்லா

பகுதிகளுக்கெல்லாம் ஓடிச்சென்று தேடினர். காலை 6.40-க்கு போலீஸ் அங்கு வந்தது. நண்பர்கள், உறவினர்கள், போலீஸ் எல்லோரும் அன்றைக்கு முழுக்கச் சல்லடை போட்டுத் தேடினர். நம்பிக்கையே இன்றித்தான் அன்றைய தினம் முடிந்துபோனது. ஆனால், அன்றைக்குக் கிடைத்த தகவல்கள் ஒவ்வொன்றுமே ஹரால்டையும் ஈகுவில்லாவையும் பேரச்சத்தில் ஆழ்த்தியது.

ஓ'ப்ரையண்ட், தான் அரைகுறைத் தூக்கத்தில் ஆஷாவின் சத்தத்தைக் கேட்டதைச் சொன்னான். அப்போது மணி அதிகாலை 3.30 மணிக்கு மேல் இருக்கலாம். அதிகாலை நான்கு மணிபோல, வெள்ளை நிற முழுக்கை டீசர்ட், வெள்ளை பேண்ட், முதுகில் பேக் ஒன்று அணிந்து சென்ற ஒரு சிறுமியை இரண்டு பேர் ஹைவே 18-ல் பார்த்ததாகச் சொன்னார்கள். அடையாளங்களை வைத்துப் பார்க்கும்போது அது ஆஷாவேதான் என்பது தெளிவானது. அதில் ஒருவர் அந்தப் பகுதியில் பைக்கில் சென்றவர். இன்னொருவர் தன் காரை ஆஷாவை நோக்கிச் செலுத்தினார். 'இந்த நேரத்தில் இந்தச் சிறுமி தனியே எங்கே சென்று கொண்டிருக்கிறாள்?' - அவர் சந்தேகப்பட்டார். அந்த கார் தன்னை நோக்கி வருவதைக் கண்டதும் மிரண்டுபோன ஆஷா ஓட ஆரம்பித்தாள். சட்டென அருகிலிருந்த மரங்கள் அடர்ந்த வனப்பகுதிக்குள் புகுந்தாள். நிமிடங்களில் காணாமல் போனாள்.

ஆஷா என்றொரு சிறுமி காணாமல் போய்விட்டாள் என்று டீவியில் செய்தி வந்ததும் அந்த இருவரும் வந்து போலீஸிடம் தகவல் சொன்னார்கள். ஆஷாவின் அறையைப் பரிசோதனை செய்தபோது, அவளது பேக் ஒன்று, பல உடைகள், அவள் உபயோகிக்கும் பொருள்கள், சில பொம்மைகள் காணாமல் போயிருப்பது தெரிந்தது. ஆஷா அணிந்திருந்ததாகச் சொன்ன அந்தக் குறிப்பிட்ட வெள்ளை உடையும் அங்கு இல்லை. எனில், ஆஷாவே அதிகாலையில் எழுந்திருக்கிறாள். அவளது பேக்கில் உடைகளையும், மற்ற பொருள்களையும் ஏற்கெனவே தயாராக எடுத்து வைத்து இருந்திருக்கிறாள். அதிகாலை 3.45 போல பேக்கை முதுகில் மாட்டிக் கொண்டு அவளே தனியாக வீட்டை விட்டுக் கிளம்பியிருக்கிறாள். வெளியில் செல்லும்போது குளிருக்காக எப்போதும் அணியும் அவளது ஜெர்கினையும் எடுக்காமல்தான் சென்றிருக்கிறாள்.

எதற்காக வீட்டை விட்டுக் கிளம்பினாள் ஆஷா?

ஹெரால்டும் ஈகுவில்லாவும் உடைந்துபோய் உட்கார்ந் திருந்தனர். பிப்ரவரி 15 அன்று ஆஷா காணாமல் போன மரங்கள் அடர்ந்த பகுதியில் ஒரு பென்சில், சில சாக்லேட் தாள்கள், ஒரு மார்க்கர், மிக்கி மவுஸ் உருவம் கொண்ட ஜடை மாட்டி போன்றவை கண்டெடுக்கப்பட்டன. அவை ஆஷாவினுடையவையே.

அந்த வாரம் முழுக்கத் தீவிரமான தேடல் நடந்தது. அமெரிக்க தேசமெங்கும் ஆஷா குறித்த செய்திகள் பரபரப்பைக் கூட்டின. அடுத்த சில நாள்களுக்கு முதல் பக்கச் செய்தியாக இருந்தது. சில வாரங்கள் கழித்து உள்பக்கச் செய்தியாக இருந்தது. பின், சில மாதங்களுக்கு ஒருமுறை ஏதோ ஒரு செய்தி வந்தது. ஆனால், ஆஷாவோ, அவளைப் பற்றிய உருப்படியான தகவலோ வரவில்லை.

ஆஷா ஓடி மறைந்த வனப்பகுதி

ஆஷா, வீட்டிலிருந்து நிச்சயம் கடத்தப்படவில்லை. ஒன்பது வயதுச் சிறுமி அப்படி என்ன பெரிய திட்டத்துடன் வீட்டை விட்டுக் கிளம்பப் போகிறாள்? பெற்றோரை விசாரித்ததில் அவள் அவ்வளவு பெரிய மன அழுத்தத்திலும் இல்லை. இயல்பாகத்தான் இருந்ததாகச் சத்தியம் செய்தார்கள். சிறுபிள்ளைத்தனமாக வீட்டைவிட்டு வெளியே கிளம்பியிருந்தாலும் யாராலும்

கண்டேபிடிக்க முடியாத அளவுக்கு எங்கே சென்றிருப்பாள்? அவள் திட்டத்துக்கு வேறு யாரும் உடந்தையாக இருந்தார்களா? எதற்காகவோ வீட்டை விட்டு வெளியேறிய அவளை யாரும் கடத்தியிருப்பார்களா? ஏதேனும் விபத்தி சிக்கி...

2001, பிப்ரவரி 14. ஒரு வருடம் ஆகியும் ஆஷா வீடு திரும்பவில்லை. அன்று காலை ஹெரால்டும் ஈகுவில்லாவும் மேலும் சில நண்பர்களும் கூடினார்கள். ஆஷாவின் வீட்டிலிருந்து அவளது புகைப்படத்துடன், அவளைக் கண்டுபிடித்துத் தருமாறு சொல்லும் போஸ்டர்களுடன் நடக்க ஆரம்பித்தார்கள். ஆஷா, இறுதியாக எந்தப் பாதையில் சென்றாளோ, அதே சாலைகளில் நடந்தார்கள். அவள் இறுதியாகப் புகுந்து மறைந்த அந்த வனப்பகுதி வரை ஊர்வலமாகச் சென்றார்கள். அங்கே கொஞ்ச நேரம் அமைதியாக நின்றுவிட்டுக் கிளம்பினார்கள். அந்த இடத்தில் ஆஷாவைக் கண்டுபிடித்துத் தருமாறு ஒரு பெரிய பேனர் வைக்கட்டிருந்தது.

2001, ஆகஸ்ட் 3. போனில் ஒரு தகவலைக் கேட்டதும் அந்த இடத்துக்கு போலீஸார் விரைந்தனர். அது ஷெல்பி நகரத்திலிருந்து சுமார் 42 கிமீ தொலைவில் ஹைவே 18-ல் அமைந்துள்ள பர்கே கவுண்டி பகுதி. அங்கே ஒரு கட்டடம் கட்டுவதற்காக நிலத்தைத் தோண்டினார்கள். அங்கே பிளாஸ்டிக் பையால் சுற்றப்பட்ட ஒரு பொட்டலம் கிடைத்தது. கட்டடப் பணியாளர் ஒருவர் அதை எடுத்தார். பிரித்துப் பார்த்தார். அதில், ஸ்கூல் பேக் ஒன்று இருந்தது. அதில் ஆஷாவின் பெயரும் தொடர்பு எண்ணும் ஒட்டப்பட்டிருந்தது. அது, ஆஷா அன்று எடுத்துச் சென்ற பேக்தான். FBI, அந்த பேக்கை தடவியல் சோதனைக்காக அனுப்பிவைத்தது. உருப்படியாக எந்தத் தகவலும் கிடைக்க வில்லை. அந்தக் கட்டடம் கட்டப்பட்ட பகுதியிலும் வேறு தடயங்கள் சிக்கவில்லை. இறுதியாகக் கிடைத்த ஆஷா குறித்த தடயம் இதுவே.

பருவ வயதில் ஆஷா எப்படி இருப்பாள், பதின்மம் கடந்த பின் ஆஷா எப்படி இருப்பாள் என்றெல்லாம் கற்பனைப் புகைப் படங்களை உருவாக்கி, ஆஷாவின் பெற்றோர் இப்போதும் அவளைத் தேடிக் கொண்டிருக்கிறார்கள். வருடந்தோறும் பிப்ரவரி 14 அன்று, தங்கள் மகள் சென்ற அந்தப் பாதையில் ஊர்வலம் சென்று கொண்டிருக்கிறார்கள்.

'ஆஷா இறந்துபோயிருப்பாள் என்றுதான் சொல்கிறார்கள். அவள் எதற்காக வீட்டைவிட்டுப் போனாள் என்ற காரணம்

எனக்குத் தேவையில்லை. அவள் என்றைக்காவது திரும்பி வந்தால் போதும் என்று மட்டும்தான் நான் விரும்புகிறேன்' - பத்தொன்பது வருடங்களாக நம்பிக்கை தளராமல் தன் மகளுக்காகக் காத்துக் கொண்டிருக்கிறாள் ஈகுவில்லா.

பிப்ரவரி 14. உலகத்துக்குக் காதலர் தினம். ஷெல்பி நகரத்துக்கு அது ஆஷா காணாமல் போன நாள். ஆஷாவின் பெற்றோருக்கு அன்றைக்குத் திருமண நாளும்கூட.

★

அவள் ஒரு நடிகை.

முதல் உலகப்போர் தொடங்குவதற்கு இரண்டு ஆண்டுகளுக்கு முன்பு பிறந்தவள். அப்போதைய ரஷ்ய சாம்ராஜ்ஜியத்தின் கீவ் (இன்றைக்கு உக்ரைனின் தலைநகரம்) நகரமே அவளது பிறப்பிடம். அவளது பெற்றோர் (மிகோலெஜ் - ஹெலனா) இருவருமே போலந்தைச் சேர்ந்தவர்கள். அவள் ஓர் அழகான குழந்தை. அவள் பெயர் இனா பெனிட்டா.

முதல் உலகப்போர்சமயம். கீவில் இருக்க வேண்டாம், போலந்தின் கிரகௌவ் நகரத்துக்குச் சென்றுவிடலாம் என்று இனாவின் பெற்றோர் முடிவு செய்தனர். ஆனால், போர்க்காலத்தில் அது சாத்தியப்படவில்லை. 1920-ல் இனாவும் பெற்றோரும் ஒரு வழியாகப் போலந்துக்கு வந்து சேர்ந்தனர். பாரிஸில் கல்வி பயிலும் வாய்ப்பு இனாவுக்கு அமைந்தது. பின் போலந்தில் உயர்கல்வி கற்றாள்.

கலையார்வமும், உடல் நளினமும் கொண்டிருந்த இனா, 1931-ல் வார்ஸா தியேட்டர் குரூப் மூலமாக மேடை நாடகம் ஒன்றில் அறிமுகமானாள். மேடை நாடகங்கள் தந்த புகழால் அடுத்த ஆண்டிலேயே Puszcza என்ற போலிஷ் மொழித் திரைப்படத்தில் நாயகியாக வாய்ப்பு பெற்றாள். அடுத்தடுத்து நல்ல வாய்ப்புகள். ஒரு சில ஆண்டுகளிலேயே ஐரோப்பியக் கண்டத்தில் புகழ்பெற்ற நடிகைகளில் ஒருத்தியாக மிளிர்ந்தாள். இனாவின் துறுதுறு நடிப்பிலும் கவர்ச்சியிலும் ரசிகர்கள் இதயங்களைப் பறிகொடுத்தனர்.

இனா, 1939-க்குள் பதினெட்டு படங்களில் நடித்து முடித்திருந்தாள். இன்னொரு பக்கம் தியேட்டர் ஆர்ட்டிஸ்ட்டாகவும் தன்

இனா பெனிட்டா

திறமையை நிரூபித்தாள். அந்தச் சமயத்தில் சோவியத் மற்றும் ஜெர்மனியின் பிடியில் போலந்து இரண்டானது. இனா, ஜெர்மனியின் கட்டுப்பாட்டிலிருந்த போலந்தில், நாஜிக்கள் நடத்திய தியேட்டர்களில் நாடகம் நடித்துக் கொண்டிருந்தாள். ஆகவே, நாஜிக்களுடன் நெருங்கிப் பழகினாள். நாஜிக்களின் ஒரு படைப்பிரிவைச் சேர்ந்த வீரரான ஓட்டோ என்பவரைக் காதலிக்கவும் தொடங்கியிருந்தாள்.

போர் சமயத்தில் வாழ்க்கை கடினமாகத்தான் இருந்தது. 1944-ல் ஓட்டோவும் இனாவும் ஆஸ்திரியாவின் வியன்னாவுக்கு வந்தனர். அப்போது அவள் கர்ப்பமாக இருந்தாள். யாரெல்லாம் யூதர்கள், யாருடைய முன்னோர்கள் எல்லாம் யூதர்கள், யாருடைய ரத்தத்திலெல்லாம் யூத மரபணுவும் கலந்திருக்கிறது என்று அலசிப் பிழிந்து ஆராய்ந்து யூத இனச்சுத்திகரிப்பு நடவடிக்கையில் ஹிட்லர் தீவிரமாக இருந்தார் அல்லவா. இனாவின் தந்தை வழிப் பாட்டி ஒருத்தி யூத இனத்தைச் சேர்ந்தவள் என்ற விஷயம் கண்டுபிடிக்கப்பட்டது. வேறு வழியே இல்லை. இனாவுக்கு மரண தண்டனை உறுதியானது.

நாஜிக்களிடம் நெருக்கமாக இருந்த காரணத்தினாலும், ஓட்டோ வின் முயற்சியினாலும் இனாவின் உயிரும், அவள் வயிற்றிலிந்த சிசுவின் உயிரும் அப்போது தப்பியது. ஆனால், தண்டனையி லிருந்து தப்ப முடியவில்லை. நாஜிக்களின் பிடியிலிருந்த போலந்தின் Pawiak சிறையில் இனா அடைக்கப்பட்டாள். கொடூரமான சிறை என்றாலும் வெளியில் நிலவிய சூழலுக்கு சிறையே அவளுக்குப் பாதுகாப்பானதாகவும் தோன்றியது. அந்த ஏப்ரலில் அவளுக்கு ஒரு மகன் பிறந்தான். சிறையில் பூத்த சின்ன மலர், Tadeusz Michał.

ஹிட்லரின் இரும்புக்கரம் தளர ஆரம்பித்தது. இரண்டாம் உலகப் போரில் ஜெர்மனி புறமுதுகிட்டு எட்டுத்திக்கும் ஓடிக் கொண்டிருந்தது. அந்த ஜூலையில் போலந்தும் ஜெர்மனியின் அசுரப் பிடியிலிருந்து தன்னை விடுவித்துக் கொள்ள ஆரம்பித்த சமயம். 1944, ஜூலை 31 அன்று இனா, தன் மகன் மிக்கேலுடன் சிறையிலிருந்து விடுவிக்கப்பட்டாள். சிறையின் ஆவணங்களில் இது பதிவாகியிருக்கிறது. இனா, குறித்த கடைசி அதிகாரபூர்வப் பதிவு இதுவே.

சிறையிலிருந்து வெளியில் வந்த இனாவின் மனநிலை என்னவாக இருந்தது? தன் மகனைக் காப்பாற்ற வேண்டும். அதற்கு முதலில் போலந்திலிருந்து வெளியேற வேண்டும். எங்கே செல்லலாம்? எப்படிச் செல்லலாம்? யாரை நம்பலாம்? குழம்பித் தவித்தாள் இனா. அதற்குப்பின் என்ன ஆனாள்?

இனாவின் பிரபலமான புகைப்படம் ஒன்று உண்டு. திரைப்படம் ஒன்றின் காட்சியில் இனா, நவநாகரிக நளின உடையுடன் ஒய்யாரமாக நிற்பாள். அவள் முன் பரந்து கிடக்கும் நிலைக்

கண்ணாடிகளில் அவளது பிம்பங்கள் விதவிதமான கோணங்களில் வெளிப்படும். இனாவுக்கு என்ன ஆனது என்பது குறித்தும் விதவிதமான கோணங்களில் கதைகள் பேசப்பட்டன.

சிக்கலான சூழல் ஒன்றில் மாட்டிக் கொண்ட அவள், தன் குழந்தையுடன் தப்பிப் பிழைப்பதற்காக, கழிவுநீர்க் கால்வாய் ஒன்றில் இறங்கினாள். அதைக் கடக்க முயன்றாள். அப்போது குழந்தையுடன் அதில் மூழ்கி இறந்துபோனாள். இதுவே அதிகம் பரவிய செய்தி. ஆனால், இந்தச் சம்பவம், எங்கே, எப்போது நடந்தது என்பதற்கான ஆதாரம் எதுவும் கிடையாது.

மீண்டும் நாஜிக்களிடம் மாட்டிக் கொண்டாள். சித்ரவதைகளுக்கு ஆளாகி இறந்து போனாள். கப்பல் ஒன்றில் திருட்டுத்தனமாக ஏறி தப்பிச்செல்ல முயன்றாள். அந்தக் கப்பல் தாக்கப்பட்டு கடலில் மூழ்கிப்போனது. இனா, நோய்வாய்ப்பட்டு இறந்து போனாள். குழந்தை அநாதையானது. இப்படிப் பல கற்பனைகள் உண்டு. ஐரோப்பியக் கண்டத்தின் புகழ்பெற்ற நடிகையாக விளங்கிய இனா, இரண்டாம் உலகப்போருக்குப் பிறகு எங்குமே வெளிப்படவில்லை என்பது நிஜம்.

2018-ல் ஜார்ஜ் பாஸ்ச் என்பவரது பரம்பரையில் வந்த சிலர், இனா குறித்து ஒரு சில தகவல்களை வெளிவிட்டார்கள்.

இனா, கழிவு நீர்க்கால்வாயில் மூழ்கி இறக்கவில்லை. 1943 முதலே ஜார்ஜ் பாஸ்ச் என்பவருடன் ரகசியமாகப் பழகி வந்தாள்.

இரண்டாம் உலகப் போர் முடியும் வரை தன் மகனுடன் தலைமறைவாக இருந்தாள். 1945 ஏப்ரல் இறுதியில் இனா, ஜெர்மனியின் கோஸ்லர் என்ற நகரத்துக்கு வந்து சேர்ந்தாள். தன் பெயரை இன்னா பாஸ்ச் என்று மாற்றிக் கொண்டு, அந்த ஜூனில் ஜார்ஜ் பாஸ்ச்-ஐத் திருமணம் செய்துகொண்டாள். அப்போது அவள் ஜார்ஜின் குழந்தையைத் தன் வயிற்றில் சுமந்து கொண்டிருந்தாள். அந்த ஜூலையில் பெண் குழந்தை பிறந்தது. மூன்றே நாள்களில் இறந்துபோனது. இனா என்ற இன்னாவை விதி துரத்தியது. அந்த நவம்பரில் ஜார்ஜ் பாஸ்ச் கொலை செய்யப்பட்டார். அதற்கு மேலும் அங்கு வாழ இயலாத இனா என்ற இன்னா, மீண்டும் தலைமறை வானாள். அவள் மொராக்கோ அல்லது அமெரிக்கா அல்லது தென் அமெரிக்காவுக்குச் சென்றிருக்கலாம் என்று நம்பப் படுகிறது.

அவர்கள் வெளியிட்ட தகவல்களிலும் இனா, இன்னாவாகி சந்தித்த இன்னல்களை எல்லாம் நிரூபிக்கும் போதிய ஆதாரங்கள் இல்லை. 1946-க்கு மேல் இனா என்னவானாள் என்பது குறித்து அவர்களுக்கும் தெளிவாகத் தெரியவில்லை.

1930-களில் போலிஷ் திரையுலகத்தைக் கலக்கிய இனா, சில திரைப்படங்களின் க்ளைமேக்ஸில் நடிகையர் திலகமாகக் கலக்கி யிருப்பாள். ஆனால், அந்த நடிகையின் நிஜ வாழ்க்கைக்கான க்ளைமேக்ஸ் இன்றுவரை கேள்விக்குறியே!

13
பரிசுத்த ஆவி

துணிச்சல் நிறைந்த, எந்தவிதமான சவாலையும் எதிர்கொள்ளக்கூடிய, உயிர் பயமில்லாத, அறிவுள்ள, பொறுப்பான நபர்களை வரவேற்கிறோம். மர்மங்கள் நிறைந்த வீடொன்றில் ஒரு வருடம் இரவும் பகலும் தங்கி ஆராய்ச்சிகள் செய்ய வேண்டியதிருக்கும். விவரங்களும் ஆராய்ச்சிக்கான குறிப்புகளும், பயிற்சியும் வழங்கப்படும். வீடு ஒதுக்குப்புறமான இடத்தில் அமைந்திருப்பதால், சொந்த கார் அவசியம். விருப்பமுள்ளவர்கள்
- Box H.989, The Times, E.C.4 என்ற முகவரிக்கு எழுதுங்கள்.

மே 25, 1937 - டைம்ஸ் நாளிதழில் ஹாரி பிரைஸ் என்ற ஆவி ஆராய்ச்சியாளர் வெளியிட்ட விளம்பரம் இது. விளம்பரத்தைப் பார்த்து பலர் அதிர்ச்சியுற்றாலும், நூறுக்கும்

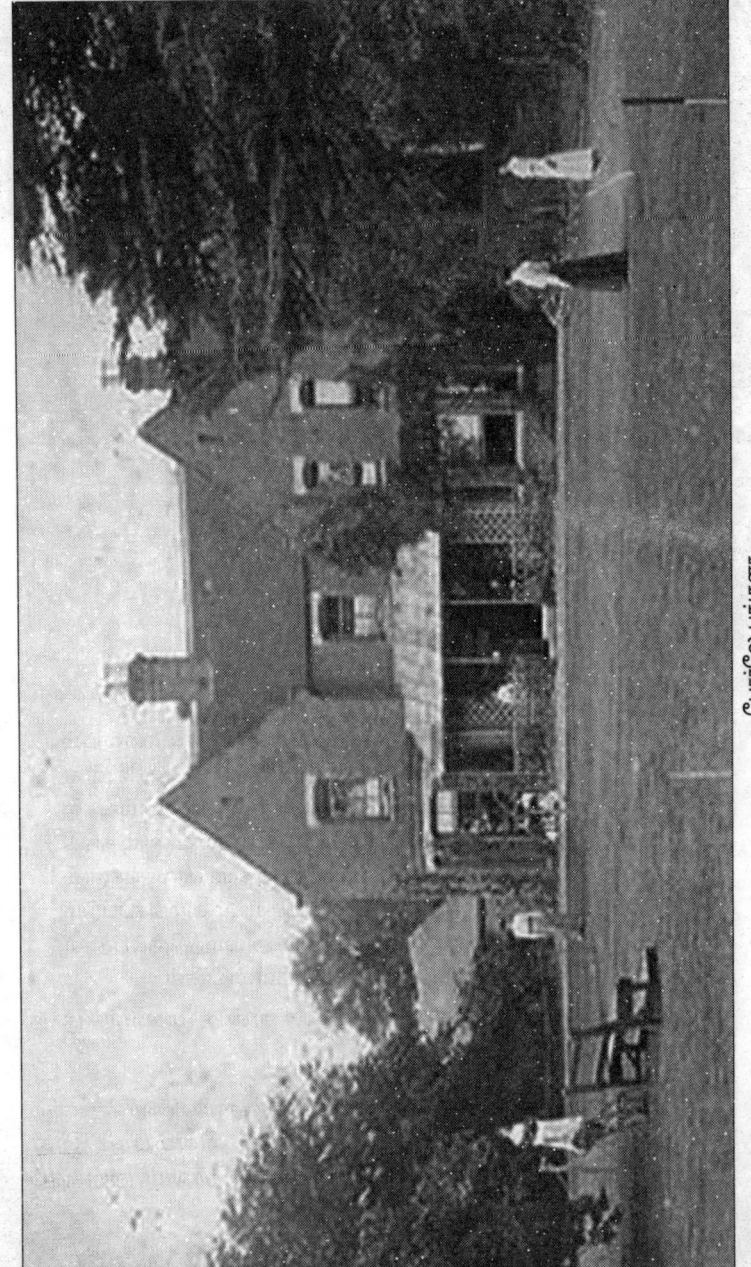

போர்லே பங்களா

மேற்பட்ட விண்ணப்பங்கள் வரவே செய்தன. நாற்பது பேரைத் தேர்வு செய்தார் பிரைஸ். பெரும்பாலானோர் மாணவர்கள்.

ஹென்றி புல்

தன் குழுவுடன், பிரிட்டனின் எஸெக்ஸ் மாகாணத்தில் கிழக்குக்கடற்கரையோரம் அமைந்துள்ள போர்லே (Borley) என்ற சிற்றூருக்குச் சென்றார். அந்த ஊரின் சர்ச்சுக்குச் சொந்தமான மர்ம பங்களா தான் அவர்களது ஆராய்ச்சிக்குரிய இடம். சர்ச்சுக்குப் பொறுப்பாக நியமிக்கப்படும் பாதிரியார்கள், தம் குடும்பத்துடன் அந்த பங்களாவில் தங்குவது வழக்கம். அதுவரை அங்கு வந்து தங்கி, வாழ்ந்து, பயந்து, வெளுத்த முகத்துடன் வெளியேறியவர்கள் சொன்ன சம்பவங்கள் ஒவ்வொன்றும் பிரைஸை, அந்த மர்ம பங்களாவை நோக்கி ஈர்த்தன.

நமக்கும் ஈர்ப்பு ஏற்பட இங்கே ஃப்ளாஷ்பேக் அவசியமல்லவா. பார்த்துவிடலாம்.

போர்லேவில் அந்த சர்ச் எப்போது கட்டப்பட்டது என்பதற்கான மிகச் சரியான குறிப்புகள் இல்லை. கிபி 1066-ல் மரத்தாலான ஒரு சிறிய சர்ச் கட்டப்பட்டது. அதற்கு அடுத்த நூற்றாண்டில் கல் கட்டடமாக சர்ச் உருமாறியது. 1875-ல் சர்ச்சுக்குப் பாதிரியாராக இருந்த ஹென்றி புல் (Henry Bull), தான் குடும்பத்துடன் தங்குவதற்காக எல்லா வசதிகளும் நிறைந்த, இரண்டடுக்கு பங்களாவைக் கட்டினார். தனது மகன் ஹாரி புல் உடனும், நான்கு மகள்களுடனும் அங்கே வந்து குடியேறினார். சர்ச்சுக்கு அருகிலேயே பங்களா, சுற்றிலும் தோட்டம், அழகான சூழ்நிலை, அன்பாகப் பழகும் ஊர்மக்கள். எல்லாம் லாலா லாலா லாலா லாலா

ஒருமுறை குதிரைகளின் குளம்பொலி கேட்டு வெளியே வந்து ப்ார்த்தார் ஹாரி. தலையில்லாத ஒருவர், குதிரை வண்டியில் அந்த இடத்தைக் கடந்து செல்வது போன்ற காட்சி தெரிந்தது

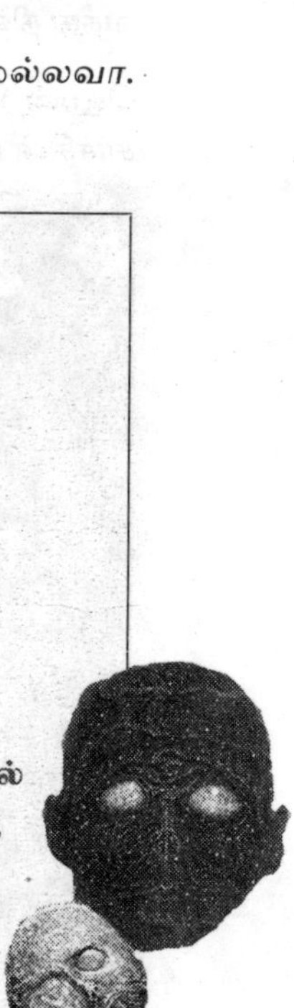

லாலலாவென மகிழ்ச்சியாகத்தான் போய்க் கொண்டிருந்தது - அந்தக் கன்னியாஸ்திரியின் ஆவி எண்ட்ரி கொடுக்கும்வரை.

அந்த ஊரின் ஸ்கூல் தலைமையாசிரியர், ஹென்றி புல்லைத் தேடி வந்து மிரட்சியுடன் பேசினார் (1885). 'நான் ரெண்டு நாளைக்கு முன்னால இங்க தோட்டத்துல கலங்கலா ஒரு பொம்பளை உருவத்தைப் பாத்தேன். பழுப்பு கலர்ல டிரெஸ். கன்னியாஸ்திரி மாதிரி தெரிஞ்சுது. திடீர்னு மறைஞ்சிருச்சு.' தலைமையாசிரியர் மட்டுமல்ல, அப்பகுதி மக்களும் அதேபோன்ற உருவத்தைப் பார்த்ததாக ஹென்றி புல்லிடம் தெரிவித்திருந்தனர்.

அன்று பங்களாவில் இரவு விருந்து. எல்லோரும் கூடியிருந்த சமயத்தில் ஹாலின் ஒரு சன்னலுக்கு வெளியே முகம் ஒன்று தெரிந்தது. இளம்பெண் ஒருத்தியின் பரிதாபமான முகம். மங்கலாக. விருந்து வெலவெலத்துப் போனது. அடுத்தடுத்த விருந்துகளிலும் ஹென்றி புல்லுக்கு இதே அனுபவம். ஹாலின் சன்னலை செங்கல் கொண்டு மறைத்தார். இளம்பெண் உருவம் வேறு இடங்களில் வந்து நின்றது.

ஹென்றி புல், 1892, மே 7-ல் போர்லே பங்களாவில் இறந்தார். சர்ச்சின் பாதிரியாராக அவரது மகன் ஹாரி புல் பொறுப்பேற்றார்.

ஹாரி புல்லின் குடும்பத்தினர்

திருமணமாகாத நான்கு சகோதரிகளோடும் கன்னியாஸ்திரியின் ஆவியுடனும் அவரது வாழ்க்கை அமானுஷ்யமாகத்தான் போய்க் கொண்டிருந்தது. திடீரெனக் கேட்கும் விநோத ஒலிகள், பங்களாவின் மீது வந்து விழும் கற்கள், படிகளில் யாரோ ஏறும் சத்தம், திடீரெனப் பறக்கும் பொருள்கள் - இப்படி ஆவியின் சேட்டைகளுக்குரிய அத்தனை விஷயங்களாலும் இரவுத் தூக்கம் என்பதே இல்லாமல் போனது.

ஒருமுறை குதிரைகளின் குளம்பொலி கேட்டு வெளியே வந்து பார்த்தார் ஹாரி. தலையில்லாத ஒருவர், குதிரை வண்டியில் அந்த இடத்தைக் கடந்து செல்வது போன்ற காட்சி தெரிந்தது. கருப்பு நிறத்தில் முழுநீள அங்கி அணிந்த முன் வழுக்கை கொண்ட பாதிரியார் ஒருவரை, அதேபோன்ற குதிரை வண்டியில் கண்டதாக வேறு சிலர் ஹாரியிடம் கூறினர்.

அடிக்கடி பெண் குரலொன்று 'மேரியன்' என்று பெயர் சொல்லி அழைத்தது. தவிர எழுதப் படிக்கத் தெரிந்த அந்த ஆவிகள், புதிதாக சுவர்களில் கிறுக்க ஆரம்பித்தன. துண்டுக் காகிதங்களும் கிடைத்தன. பாதிக்கும்மேல் புரியவில்லை

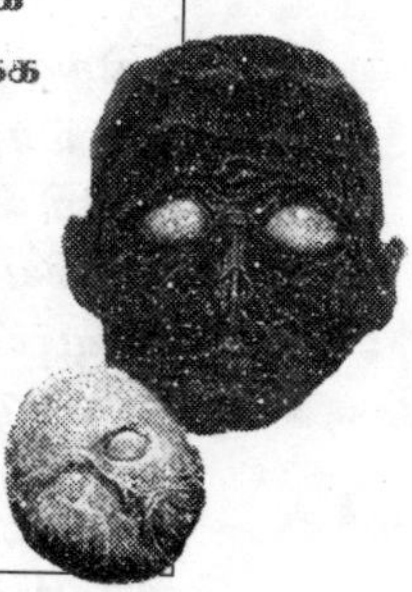

1900, ஜூலை 28. நான்கு சகோதரிகளும் தோட்டத்தில் கன்னியாஸ்திரியின் ஆவி காலாற நடந்து கொண்டிருப்பதைப் பார்த்தனர். தம் தைரியத்தை எல்லாம் திரட்டிக் கொண்டு நெருங்கினார்கள். அருகில்... மிக அருகில் சென்று...

'நீங்கள் யார்? ஏன் இங்கேயே சுற்றிக் கொண்டு இருக்கிறீர்கள் என்று தெரிந்து கொள்ளலாமா?'

கேட்டே விட்டார்கள். பதில் சொல்ல விரும்பாத கன்னியாஸ்திரி ஆவி, பட்டெனக் காற்றில் கரைந்துபோனது. அந்த ஆவியாகப் பட்டது வெள்ளிக்கிழமைகளில் ரிலீஸ் ஆகும் தமிழ் சினிமாவா என்ன, கதையே இல்லாமல் இருப்பதற்கு. ஊர் மக்கள் அந்த கன்னியாஸ்திரியின் கதையென்று ஒன்றை காலம் காலமாகச் சொல்லி வந்தார்கள்.

அதாகப்பட்டது கிபி 1362-ல், போர்லேவில் வசித்த ஒரு பாதிரியாருக்கும் ஒரு கன்னியாஸ்திரிக்கும் இடையே காதல்

பங்களாவின் உள்ளே

உதித்தது. இருவருமே இறை ஊழியத்தை விட்டுவிட்டு இல்வாழ்க்கைக்குள் நுழைய விரும்பினார்கள். குறிப்பிட்ட இரவில் கன்னியாஸ்திரி அங்கே வந்துவிட வேண்டும். பாதிரியார் தனது நண்பரான இன்னொரு பாதிரியாருடன் குதிரை வண்டியில் காத்திருப்பார். அந்த ஊரை விட்டே ஓடிப் போய்விட வேண்டுமென்பதே திட்டம். அது மற்ற பாதிரியார்களுக்கும் தெரிந்துபோனது.

வண்டியேறிக் கிளம்பும் சமயத்தில் சுற்றி வளைக்கப்பட்டார்கள். வண்டிக்கார பாதிரியாரின் தலை தரையில் தனியாக உருண்டது. காதலன் பாதிரியார் அடித்து உதைத்து அங்கேயே தூக்கில் தொங்க விடப்பட்டார். கன்னியாஸ்திரியை இழுத்துச் சென்று, ஏற்கெனவே கட்டி வைக்கப்பட்டிருந்த ஒரு கல்லறையில் தள்ளி உயிரோடு சமாதி கட்டினர். அவர்கள்தாம் ஆத்மா சாந்தியடையாமல் ஆவியாகச் சுற்றிக் கொண்டிருக்கிறார்கள்.

1927 வரை ஹாரி புல் அந்த மர்ம பங்களாவில் ஆயிரத்தெட்டு பீதிகளுடன் வாழ்ந்தார். அந்த ஜூன் 9-ல் உயிரை விட்டார். அடுத்த சில மாதங்களுக்கு பங்களா காலியாகத்தான் கிடந்தது. கன்னியாஸ்திரியின் ஆவி, பழுது பார்க்க வந்த தச்சர்களை பயமுறுத்தித் துரத்தியது.

இதையெல்லாம் அறிந்திருந்தும் அடுத்த பாதிரியார் எரிக் ஸ்மித், தன் மனைவியுடன் பங்களாவில் வந்து தங்கினார். அவரை வரவேற்கும் விதமாக, கழட்டி வைக்கப்பட்ட காலிங்பெல் அடிக்கடி ஒலித்தது. விளக்குகள் தானாக எரிந்தன. படிகளில் யாரோ ஓடும் சத்தம் கேட்டது. கூடவே ஒரு கூப்பாடும் கேட்டது - 'வேண்டாம் கார்லோஸ், வேண்டாம்!'

ஹாரி பிரைஸ்

யார் கார்லோஸ்? செத்துப் போன ஹென்றி புல்லின் செல்லப் பெயர்தான் கார்லோஸ். அவரும் இங்கேதான் ஆவியாகச் சுத்திக் கொண்டிருக்கிறாரா? ஸ்மித் நிறையவே குழம்பிப் போனார். ஒருநாள் அலமாரியில் மர்ம பார்சல் ஒன்று இருக்க, பிரித்துப் பார்த்த ஸ்மித், அலறாத குறைதான். அதனுள் இளம்பெண் ஒருத்தியின் மண்டை ஓடு சிரித்தது. அடிக்கடி கனவிலும் நிஜத்திலும் தலையில்லாத ஒருவன் குதிரை வண்டி ஓட்டிக் கொண்டிருக்க, ஸ்மித் 1929-ல் டெய்லி மிரர் பத்திரிகையின் உதவியை நாடினார்.

போர்லே மர்ம பங்களா குறித்த முதல் செய்தி டெய்லி மிரரில் வந்தது. பங்களாவில் நடக்கும் விஷயங்களை எல்லாம் கேட்ட அவர்கள்தான், ஆவி ஆராய்ச்சியாளரான ஹாரி பிரைஸை வரவழைத்தனர். அவரும் நாலைந்துமுறை பங்களாவுக்கு வந்து போனார். கன்னியாஸ்திரியின் ஆவியைக் கண்டதாக பேட்டிக் கொடுத்தார். பத்திரிகைச் செய்திகள் கிளப்பிய பரபரப்பில், ஏகப்பட்ட பேர் பங்களாவைப் பார்க்க வர ஆரம்பித் தனர். ஆவிகளின் தொல்லையைவிட அவர்களது தொல்லை அதிகமாக இருக்க, ஸ்மித் பங்களாவைக் காலி செய்து கொண்டு கிளம்பினார்.

அடுத்த வருடம், புதிய பாதிரியாராக ஃபோய்ஸ்டர் என்பவர், தன் மனைவி மேரியன், வளர்ப்பு மகள் அடிலெய்ட் உடன் பங்களாவுக்குள் இடது காலை எடுத்து வைத்தார். ஆவியின்

மேரியன்

எரிந்த பங்களா

விளையாட்டுகள் தொடர்ந்தன. ஒருமுறை சிறுமி அடிலெய்ட் ஓர் அறைக்குள் செல்ல அந்த அறையின் கதவு தானாகப் பூட்டிக் கொண்டது. சிறுமி கதற, மேரியன் பதற, அவளை மீட்பதற்குள் விழிபிதுங்கி விட்டது. அடிக்கடி பெண் குரலொன்று 'மேரியன்' என்று பெயர் சொல்லி அழைத்தது. தவிர எழுதப் படிக்கத் தெரிந்த அந்த ஆவிகள், புதிதாக சுவர்களில் கிறுக்க ஆரம்பித்தன. துண்டுக் காகிதங்களும் கிடைத்தன. பாதிக்கும்மேல் புரியவில்லை. அதற்கு மேரியன் பதில் கேள்வி கேட்டாலும், எழுதப்பட்ட பதிலும் கிறுக்கல்களாகவே இருந்தன. மேரியன், இரவில் படுக்கையில் இருந்து பலமுறை தூக்கியெறியப் பட்டார்.

1935-க்கு மேல் அங்கே இருக்கப் பிடிக்காத மேரியன், குடும்பத் தோடு வெளியேறினார். அதற்குப் பிறகே ஹாரி பிரைஸ், அந்த பங்களாவை ஒரு வருடம் லீஸுக்கு எடுத்து நாற்பது பேருடன் வந்து ராப்பகலாக ஆவி ஆராய்ச்சிகளைச் செய்ய ஆரம்பித்தார். ஹெலன் என்ற மாணவி, கன்னியாஸ்திரி ஆவியுடன் பேசினார். எழுத்துகள், எண்கள் கொண்ட பலகையில், நகரும் சிறு மரத்துண்டை வைத்து அந்த ஆவி சொன்னதாக ஹெலன் புரிந்து கொண்ட விஷயம் இதுதான்.

'என் பெயர் மேரி லேரி. பிரான்ஸைச் சேர்ந்த கன்னியாஸ்திரி. வால்டெக்ரெவ் என்பவரை மணந்துகொண்டு இங்கே வந்து விட்டேன். 1667-ல் கணவரால் கொல்லப்பட்டேன். எனக்கான இறுதிச் சடங்கைச் சரியாகச் செய்யவில்லை. அதை முறைப்படி செய்து விட்டால் நான் அமைதியடைந்து விடுவேன். அதற்கு உதவுங்கள்.'

ஆவி கிறுக்கிய பதில்கள்

வால்டெக்ரெவ் என்பவர், பதினேழாம் நூற்றாண்டில் அந்த இடத்திலிருந்த வீட்டின் உரிமையாளர் என்று தெரிய வந்தது. மேற்படி எந்தவித ஆதாரமும் கிடைக்காததால் மாணவி ஹெலனால் அதை நிரூபிக்க முடியவில்லை.

1939-ல் கேப்டன் கிரெக்ஸன் என்பவர், பங்களாவை

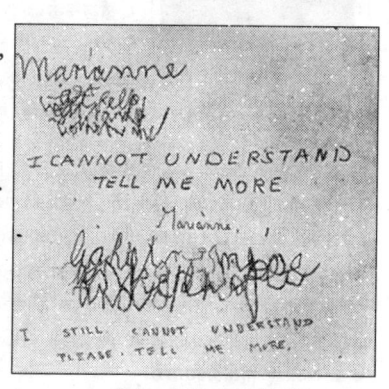

விலைக்கு வாங்கி தைரியமாகக் குடியேறினார். சில நாள்கள் கடந்திருக்கும். அவர் புத்தகங்கள் நிரம்பிய பெட்டியைப் பிரித்து அடுக்கிக் கொண்டிருக்கும்போது, விளக்கு தானாகக் கீழே விழுந்து உடைந்து தீ மளமளவெனப் பரவி, பங்களா எரிந்து கூடாக நின்றது.

உயிர்ச் சேதமில்லை. ஆனால் எரியும் நெருப்பின் வழியே கன்னியாஸ்திரியின் உருவத்தைக் கண்டதாகச் சொன்னார்கள். மர்ம பங்களாவில் இருக்கப் பிடிக்காமல், தானே வீட்டைக் கொளுத்திய கிரெக்ஸன், இன்ஷூரன்ஸ் கம்பெனியிடம் பணம் வாங்க நடத்திய நாடகம் இது என்றும் பேச்சு கிளம்பியது. எரிந்த இடத்தில் ஹாரி பிரைஸ், சென்று தோண்டி, நோண்டிப் பார்த்தார். சில எலும்புகள் கிடைத்தன. மேரி லேரியின் எலும்பு களாக இருக்குமோ? ஹாரி, அவற்றை உரிய மரியாதைகளுடன் நல்லடக்கம் செய்யச் சொல்லி ஒப்படைத்தார். அவளது ஆத்மா சாந்தியடைவதற்காக.

1944-ல் எரிந்த கட்டடமும் முழுமையாக இடிக்கப்பட்டது. அச்சமயத்தில்கூட இடிப்பவர்கள் மேல் ஆவிகள் கற்களை வீசி எறிந்ததாகச் சம்பவங்கள் உண்டு. போர்லே பங்களாவால் ஹாரி பிரைஸ், அடிக்கடி பிபிசியில் பேசினார். 'The Most Haunted House in England' என்ற புத்தகத்தை வெளியிட்டு பலரையும் மிரள வைத்து பிரபலமானார். இன்னொரு புத்தகத்தையும் வெளியிட்டார். அதுவும் ஹிட். *1948*-ல் அடுத்தப் புத்தகத்தை எழுதிக் கொண்டிருக்கும் போதே ஹாரி பிரைஸ் செத்துப் போனார்.

பல ஆண்டுகள் கடந்துவிட்டன. இன்றும் பிரிட்டனில் போர்லே பங்களா இருந்த இடம் ஆவிகளின் புகலிடமாக, இங்கிலாந்தின் மிகவும் மர்மமான இடமாக நடுக்கத்துடன் புகழப்படுகிறது. சொல்ல முடியாது, மூன்றாவது புத்தகத்தை எழுதி முடிக்க முடியாமல் செத்துப்போன பிரைஸ்கூட அங்கே, ஆவிகளோடு ஆவியாக தலையில்லாதவன் ஓட்டும் குதிரை வண்டியில் திரிந்து கொண்டிருக்கலாம்.

14

கரை ஒதுங்கிய கால்கள்

2007, *ஆகஸ்ட் 20.*

கனடாவின் மேற்கு எல்லை மாகாணமான பிரிட்டிஷ் கொலம்பியப் பகுதியில் அமைந்துள்ள ஜெடீடியா தீவு. அந்த மாகாணத்தில் இருக்கும் பெரும்பாலான கடற்கரைகள் எல்லாம் பாறைகள் சூழ்ந்த மலைப் பகுதிகளில் அமைந்திருப்பவை. பசிபிக் பெருங்கடலின் அலைகள் வந்து அந்தப் பாறைகளில் மோதி வெண் நீர்த் திவலைகளைச் சிந்தும். அங்கே கடல் சிங்கங்களின் நடமாட்டம் அதிகம்.

அந்தத் தீவில், வாஷிங்டனில் இருந்து சுற்றுலா வந்த இளம்பெண் ஒருத்தி காலாற நடந்து கொண்டிருந்தாள். ஏதேச்சையாக ஒரு ஷூ அவள் கண்ணில்பட்டது. கடல் அலையில் கரை ஒதுங்கிய ஷூ. அசுவாரசியமாக

கபோரிலா தீவு கடற்கரை

அதை நெருங்கினாள். சும்மா கையில் எடுத்துப் பார்த்தாள். பதறிக் கீழே போட்டாள்.

அந்த ஷூவினுள் வெட்டப்பட்ட மனிதப் பாதத்தின் மிச்சமும் இருந்தது.

போலீஸுக்குத் தகவல் சென்றது. அவர்கள் வந்து அந்த ஷூவை ஆராய்ந்தனர். 12-ம் எண் கொண்ட அடிடாஸ் ஸ்போர்ட்ஸ் ஷூ. வலது காலினுடையது. அந்த மாடலை அடிடாஸ் நிறுவனம் 2003-ல் தயாரித்தது. பெரும்பாலான ஷூக்கள் இந்தியாவுக்குத்தான் அனுப்பப்பட்டன. காலுக்குச் சொந்தக்காரர் ஓர் ஆண்.

கடற்பகுதியில் வேறு எதுவும் வலதுகால் பாதமற்ற உடல் இருக்கிறதா என்று தேடிப்பார்த்தனர். அப்படி எதுவும் இல்லை. எங்கோ, ஏதோ ஒரு விபத்தில் சிக்கிய ஒருவரது வலது கால் பாதம் மட்டும் துண்டாகி இங்கே கரை ஒதுங்கியிருக்கலாம் என்று போலீஸார் நினைத்தனர்.

ஆறு நாள்கள் கழித்து, அதாவது 2007, ஆகஸ்ட் 26 அன்று கபோரிலா தீவு கடற்கரையில் இன்னொரு ஷூ கிடைத்தது. வலது கால் ஷூ. வலது கால் பாதமுடன். இந்தமுறை ரீபோக் தயாரிப்பு. அளவு 12. நிறம் வெள்ளை. 2004-ல் தயாரிக்கப்பட்ட அந்த மாடல் ரீபோக் ஷூக்கள், வட அமெரிக்காவில் அதிகம் விற்பனையானதாகச் சொன்னார்கள். ஆராய்ந்து பார்த்து, இரண்டாவதாகக் கரை ஒதுங்கியது ஓர் ஆணின் கால் என்றார்கள். பிறகு மரபணுவை

வைத்து அது யாராக இருக்கும் என்று தேடிப் பார்த்தார்கள். தேசத்தின் குடிமக்கள் விவரங்களோடு ஒப்பிட்டுப் பார்த்ததில் ஒரு நபரோடு ஒத்துப்போனது. அந்த நபர் 2006-ல் காணாமல் போனவர் என்பதும் தெரிய வந்தது.

2008, பிப்ரவரி 8 அன்று, மூன்றாவது பாதம் நைக் ஷூவுடன் கரை ஒதுங்கியது. ஷூவின் அளவு 11. ஒதுங்கிய இடம், பிரிட்டிஷ் கொலம்பியாவின் வால்டெஸ் தீவு. இதுவும் வலது காலே. இடது கால், அதே ஆண்டின் ஜூன் 16 அன்று, வெஸ்ட்ஹெம் தீவில் கரை ஒதுங்கியது. அந்தப் பாதங்களுக்குரிய மனிதரைக் கண்டுபிடித்தார்கள். அவர், பிரிட்டிஷ் கொலம்பியாவின் சர்ரே நகரவாசி. சுமார் நான்கு ஆண்டுகளுக்கு முன்பே காணாமல் போயிருந்தார். அவரது மரணத்தில் மர்மமிருப்பதுபோல போலீஸாருக்குத் தோன்றவில்லை. தற்கொலையாக இருக்கலாம் அல்லது கடலுக்குள் ஏதாவது சாகசம் செய்யப்போய் இப்படி நேர்ந்திருக்கலாம் என்று நினைத்த போலீஸார், பெரிதாக அலட்டிக் கொள்ளவில்லை.

சர்ரே மனிதனின் இடது பாதம் கரை ஒதுங்கியதில் ஐந்தாம் பாதம். அதற்கு முன்பே 2008, மே 22-ல் நான்காவது பாதம் கரை ஒதுங்கியிருந்தது. இந்த முறை பிரிட்டிஷ் கொலம்பியாவின் கிர்க்லேண்ட் தீவுப்பகுதியில். இது ஒரு பெண்ணின் வலது பாதம். மரணமுற்ற அந்தப் பாதம் நியு பேலன்ஸ் என்ற நிறுவனம் தயாரித்த ஷூவைத் தரித்திருந்தது. (எனில், இடது பாதம்? ஒரு பத்தித் தள்ளிப் போங்கள்! கிடைக்கும்.)

Juan de Fuca என்ற ஜலசந்திப் பகுதி. அங்கிருந்து கனடா - அமெரிக்கா எல்லைப்பகுதி 16 கிமீ தொலைவில்தான் இருந்தது. அங்கே கடற்கரையோரமாக ஒருவர் கூடாரமடித்துத் தங்கியிருந்தார். விடியலில் சோம்பல் முறித்தபடி அவர் கடலருகே வந்தபோது, கருப்பு நிற ஸ்போர்ட்ஸ் ஷூ ஒன்று கரை ஒதுங்கியிருந்ததைக் கண்டார். அதைக் கையில் எடுத்துப் பார்த்தவர், விதிர்விதிர்த்துப் போனார். அதேதான். ஆறாவது பாதம். வலதுகால். எலும்பும் சதையுமாக ஷூவுக்குள், பாசிப் படர்ந்து காணப்பட்டது. பிரிட்டிஷ் கொலம்பியாவுக்கு வெளியே கண்டெடுக்கப்பட்ட முதல் பாதம் அதுதான்.

அதே ஆண்டின் நவம்பர் 11-ல் ஏழாவது பாதம், பிரிட்டிஷ் கொலம்பியாவின் ரிச்மண்ட் என்ற கடற்கரை நகரத்தில் நதி

ஒன்றின் கரையில் காணக்கிடைத்தது. கருப்பு நிற ஸ்போர்ட்ஸ் ஷூ. பெண்ணின் இடது கால் பாதம். மே 11-ல் கிர்க்லேண்ட் தீவில் ஒதுங்கிய பாதத்தின் இணை இது. மரபணு, ஷூ மாடல் எல்லாம் அதை உறுதிப்படுத்தின. யார் அந்தப் பெண் என்பதற்கும் பதில் ஒன்று 2011-ல் கிடைத்தது.

ஓடினாள் ஓடினாள் வாழ்க்கையின் ஓரத்துக்கே ஓடினாள் அந்தப் பெண். நியு வெஸ்ட்மின்ஸ்டர் நகரத்தின் பிரமாண்டப் பாலமான பட்டுல்லோ மீதேறி நின்றாள். தன் உலக வாழ்க்கைக்கு முற்றுப்புள்ளியை அங்கிருந்து நீருக்குள் குதித்து வைத்துக் கொண்டாள். சம்பவம் நிகழ்ந்தது 2004-ல். அவள் உடல் கண்டெடுக்கப்படவில்லை. அவளது ஜோடிப் பாதங்களே ஐந்தாண்டுகள் கழித்து தனித்தனியாகக் கரை ஒதுங்கியிருக் கின்றன என்று தெரிய வந்தது.

ஆரம்பத்தில் போலீஸோ, ஊடகங்களோ பாதங்கள் அடுத்தடுத்து கரை ஒதுங்கும் சங்கதியைப் பெரிய பிரச்னைக்குரிய விஷய மாகவோ, மர்மமான வழக்காகவோ யோசிக்கவில்லை. சந்தேகப்படவில்லை.

யாரோ ஒரு நபரோ அல்லது ஒரு குழுவோதான் இதைச் செய்திருக்க வேண்டும். கணுக்காலில் சங்கிலியைக் கட்டி, கனத்த எடை கொண்ட இரும்புக் குண்டுடன் கடலில் தள்ளிக் கொல்கிறார்களோ என்று சந்தேகப்படுகிறேன்

2009-ல் எட்டாவது பாதம், 2010-ல் ஒன்பதாவது, பத்தாவது பாதங்கள், 2011-ல் பதினொன்று, பன்னிரண்டு, பதின்மூன்றாவது பாதங் கள் கரை ஒதுங்கின. அதில் மூன்று மட்டுமே பிரிட்டிஷ் கொலம்பியா மாகாணத்தில் கண்டெடுக்கப்பட்டன. மீதி மூன்றும் அமெரிக்காவின் வாஷிங்டனில் வெவ்வேறு பகுதிகளில் கண்டெடுக்கப்பட்டன. ஆறில் நான்கு வலது பாதங்கள். இரண்டு பாதங்களின் சில எச்சங்கள் மட்டுமே கிடைத்ததால் வலதா, இடதா என்று கண்டறிய முடியவில்லை. ஆறில் இரண்டு பேர் ஆண்கள். ஒரு சிறுவன், ஒரு சிறுமியும் உண்டு. இரண்டு பாதங்களின் பாலினம் கண்டுபிடிக்க முடியவில்லை.

விட்பே தீவு கடற்கரை

எட்டரை இன்ச்சில் நைக் ஷூவுடன் இருந்த எட்டாவது பாதத்துக்குரிய மனிதன், 2008-ல் வான்கூவர் நகரின் காணாமல் போன ஒருவன் என்பதை போலீஸார் கண்டறிந்தார்கள். வாஷிங்டனின் விட்பே தீவு கடற்கரையில் கண்டெடுக்கப்பட்ட ஒன்பதாவது பாதத்துக்குரிய சிறுமி குறித்த விவரங்களை பிரபல துப்பறியும் நிபுணர்களாலும் கண்டறிய இயலவில்லை. வாஷிங்டனின் டகோமா பகுதியில் கண்டெடுக்கப்பட்ட பத்தாவது பாதத்துக்குரிய சிறுவன், இளங்குற்றவாளியாக இருக்குமோ என்று அமெரிக்க போலீஸார் சந்தேகப்பட்டார்கள். பிரிட்டிஷ் கொலம்பியாவின் சாசாமட் ஏரிப்பகுதியில் கண்டெடுக்கப்பட்ட பன்னிரண்டாவது பாதம், 1987-ல் காணாமல் போன உள்ளூர் மீனவர் ஒருவரது அடையாளங்களுடன் ஒத்துப்போனது. வாஷிங்டனின் லேக் யூனியன் நீர்ப்பரப்பில், ஒரு பாலத்தின் கீழ் கண்டெடுக்கப்பட்ட பதின்மூன்றாவது பாதமும் ஷூவும் ஒரு பிளாஸ்டிக் பைக்குள் இருந்தன.

மேற்சொன்ன பதின்மூன்று துண்டான பாதங்களும் தவறாமல் ஸ்போர்ட்ஸ் ஷூக்கள் அணிந்திருந்தன. அமெரிக்க, கனடா போலீஸாருக்குத் தலைசுற்ற ஆரம்பித்தது. இந்த உயிரற்ற

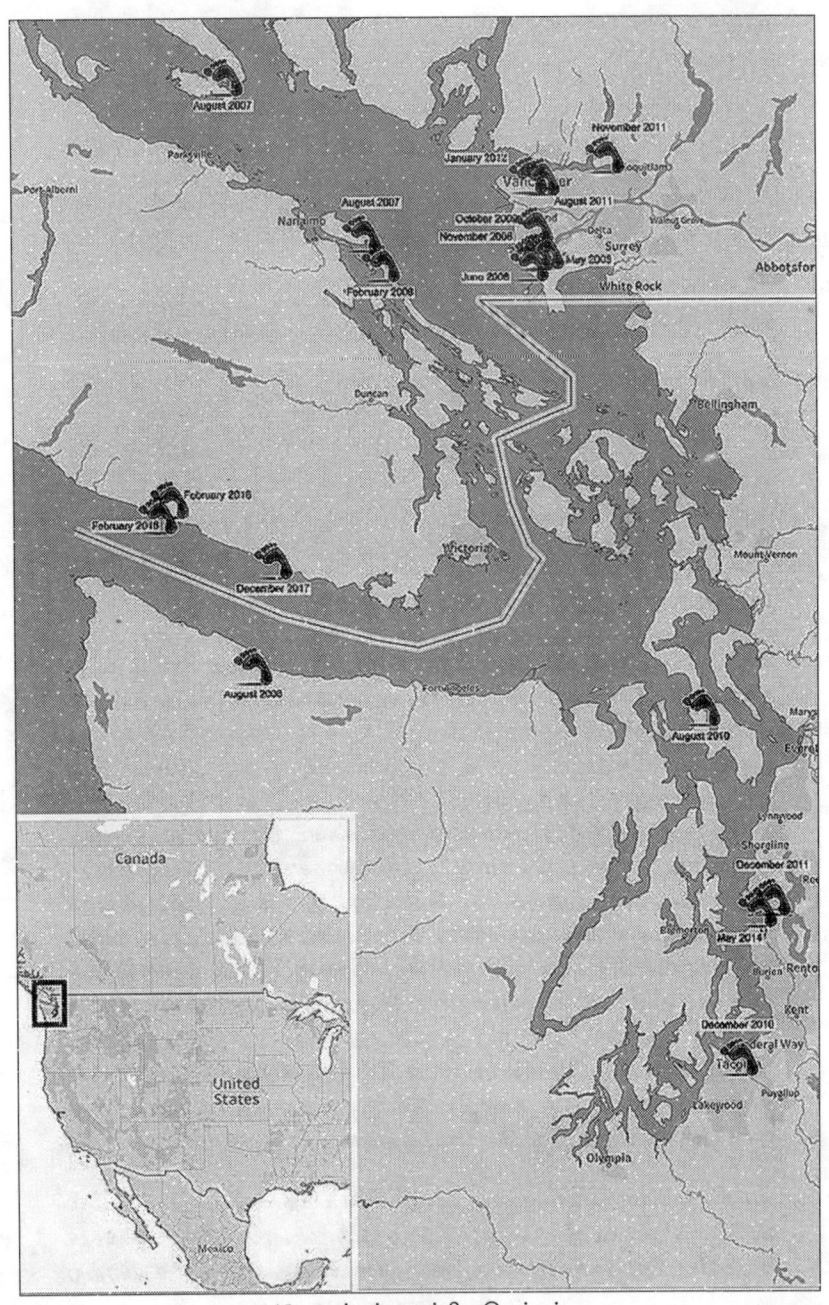

18 பாதங்கள் ஒதுங்கிய இடங்கள்

பாதங்களின் செய்தி, உயிர் கொண்டு உலகம் முழுக்க உலவ ஆரம்பித்தது.

பதினான்காம் பாதம். 2012, ஜனவரி 16. கனடா, வான்கூவர் கடல் அருங்காட்சியம் அருகில். ஸ்போர்ட்ஸ் ஷூ. ஆள் அடையாளம் தெரியவில்லை. பதினைந்தாம் பாதம். 2016, பிப்ரவரி 7. வாஷிங்டன், சியாட்டில். ஆண். இடது. நியூ பேலன்ஸ் ஷூ. வெள்ளை நிறம். பத்தரை இன்ச். 2013, 2015-ம் ஆண்டுகளில் பாதம் எதுவும் கரை ஒதுங்கவில்லை என்று சொல்ல முடியாது. யாராலும் கண்டெடுக்கப்படவில்லை.

2016, பிப்ரவரி 7-ல் வான்கூவரின் பொட்டனிகல் கடற்கரையில் பதினாறாம் பாதமும், அடுத்த ஐந்து நாள்கள் கழித்து அதன் ஜோடிப் பாதமும் (எண் பதினேழு) கண்டெடுக்கப்பட்டன. ஸ்போர்ட்ஸ் ஷூக்கள் உண்டு. இறைவனின் பாதங்களை அடைந்துவிட்ட அந்தப் பாதங்களின் உரிமையாளரையோ, அவர்தம் உடலையோ கண்டுபிடிக்க முடியவில்லை. 2017, டிசம்பர் 8-ல் பதினெட்டாம் பாதமும் வான்கூவரில் கிடைத்து அந்த ஆண்டுக்கான மர்ம இடைவெளியை நிரப்பியது.

★

2007 - 2017. பதினொரு ஆண்டுகளில் மொத்தம் பதினெட்டுப் பாதங்கள். அதுவும் ஸ்போர்ட்ஸ் ஷூக்களுடன். அதில் இரண்டு ஜோடிப் பாதங்களும் அடக்கம். எதனால்? எப்படி? மர்மத்தை விளக்கும் கற்பனைக் குதிரைகள் எட்டுத் திக்கிலிருந்தும் மிதந்து வந்தன.

2008-ல் பாதம் ஒன்றைக் கண்டு தகவல் சொன்னவர், தி கார்டியன் பத்திரிக்கைக்கு நடுங்கும் குரலுடன் பேட்டி கொடுத்தார். 'யாரோ ஒரு நபரோ அல்லது ஒரு குழுவோதான் இதைச் செய்திருக்க வேண்டும். கணுக்காலில் சங்கிலியைக் கட்டி, கனத்த எடை கொண்ட இரும்புக் குண்டுடன் கடலில் தள்ளிக் கொல்கிறார்களோ என்று சந்தேகப்படுகிறேன். கடலுக்குள் ஆள் இறந்த பிறகு, மீனோ வேறு உயிரினங்களோ ஆளைத் தின்ற பிறகு, ஷூக்கள் மட்டும் மீதமிருக்கும் பாதத்துடன் நீருக்கு மேல் மிதந்து வந்து கரை ஒதுங்குகின்றன.'

அபாரமான கற்பனையாக இருக்கலாம். அதேசமயம் சாத்தியமே இல்லாத ஒன்று என்றும் சொல்ல முடியாதல்லவா. இதே போன்ற

சந்தேகங்களுடன் வேறு சில அனுமானங்களும் வெளிவந்தன. வான்கூவருக்கு கிழக்குப் பகுதியில் அமைந்த குவாட்ரா என்ற தீவின் அருகே 2005-ல் பயணிகள் விமானம் விபத்துக்குள்ளாகி கடலில் விழுந்தது. அதில் இறந்து போனவர்களது கால்கள் இப்போது ஒதுங்கியிருக்கலாம் என்றார்கள். 2004, டிசம்பர் 26 அன்று இந்தியப் பெருங்கடலில் சுனாமி தோன்றி பல தேசங்களையும், கடற்கரை நகரங்களையும் கபளீகரம் செய்த தல்லவா. அப்போது கடல் ஏகப்பட்ட மனிதர்களை விழுங்கி விட்டு, இப்போது அவர்களது பாதங்களை மட்டும் பசிபிக் பெருங்கடலின் ஓரம் துப்பிக் கொண்டிருக்கிறது என்று சிலர் கருத்து தெரிவித்தார்கள்.

கனடாவில் வெளியாகும் டோராண்டோ ஸ்டார் பத்திரிகை, 2008-ல் வெளியிட்ட கட்டுரை ஒன்றில் விதவிதமான மர்மக் கோணங்களைக் கட்டவிழ்த்துவிட்டது. எங்கோ, எதற்கோ கொல்லப்பட்ட மனித உடல்களை, மர்மக்கப்பல் ஒன்றில் ஒரு கண்டெயினர் முழுக்க ஏற்றி வந்திருக்கிறார்கள். அந்த உடல்களை நடுக்கடலில் யாரும் அறியா வண்ணம் கொட்டுகிறார்கள். சுறாக்களும் திமிங்கலங்களும் தின்றது போக எஞ்சிய பாதங்கள் மட்டும் இங்கே கரை ஒதுங்குகின்றன. அல்லது உடல் உறுப்புக் களுக்காக ஆள்களைக் கடத்தும் கும்பலின் வேலையாக இது இருக்கலாம். அல்லது யாரோ ஒரு சைக்கோ அல்லது சீரியல் கில்லர் இந்த வேலையைச் செய்து கொண்டிருக்கக்கூடும். அந்த சைக்கோ கடற்கரையோரமாக வாக்கிங், ஜாக்கிங் போகும் ஆள்களை மட்டும் கடத்தி, பாதத்தை மட்டும் ஷூவுடன் வெட்டி வீசிவிட்டுப் போகிறான் என்ற ரத்தம் சொட்டும் கோணமும் விரிந்தது.

அமெரிக்காவிலோ, அதை ஒட்டிய பகுதியிலோ எந்த மர்மம் நிகழ்ந்தாலும், அதில் ஏலியனுக்கும் இடமுண்டு அல்லவா. ஏலியன்கள்தாம் மனிதர்களைக் கடத்தி, கால் பாதங்களை மட்டும் வெட்டிக் கடலில் வீசுகிறார்கள் என்ற பரிசுத்தக் கற்பனையும் பேசப்பட்டது.

இதற்கிடையில் திகிலைக் கிளப்புவதெற்கென்றே சில விஷமிகள் களமிறங்கினார்கள். கடற்கரையோரமாகக் குருதிக் கறைகளுடன் சில ஷூக்கள் கண்டெடுக்கப்பட்டன. அவற்றை ஆராய்ந்து பார்த்தபோது, ஷூவுக்குள் இருந்தது விலங்குகளின் மாமிசம் என்று தெரிய வந்தது. இறந்து போன விலங்குகளின்

கால் எலும்பு, கெட்டுப் போன கோழிக்கறி, மனிதனின் பாதத்தை ஒத்த போலி உருவம் போன்றவற்றை ஷூக்களினுள் நிரப்பி, கடற்கரையில் போட்டு சிறுபிள்ளைத்தனமாக பீதி ஏற்றினார்கள். இதுபோன்ற சம்பவங்கள் கனடா, அமெரிக்கா இரண்டிலுமே நடந்தன. அந்த விஷமிகளில் சிலர் போலீஸாரால் பிடிக்கப்பட்டு சிறையில் அடைக்கப்பட்டதும் நடந்தது.

★

சில அர்த்தமுள்ள கேள்விகள் முன் வைக்கப்பட்டன.

காலின் பாதங்கள் மட்டும் கரை ஒதுங்குவது ஏன்? அதுவும் ஷூக்கள் அணிந்த பாதங்கள் மட்டும் கரை ஒதுங்குவது எதனால்? அவை எல்லாமே ஸ்போர்ட்ஸ் ஷூக்களாக மட்டும் இருப்பது எதனால்? உலகின் வேறு எந்தப் பகுதியிலாவது தொடர்ந்து இப்படிப் பாதங்கள் கரை ஒதுங்குகின்றனவா? பசிபிக் கடற்பகுதியில் மட்டும், அதுவும் குறிப்பாக கனடாவின் பிரிட்டிஷ் கொலம்பியா மற்றும் அமெரிக்காவின் வாஷிங்டன் கடற்கரைப் பகுதிகளில் மட்டும் பாதங்கள் ஏன் ஒதுங்குகின்றன? 2007-க்கு முன்பு வரை இப்படியெல்லாம் நடக்கவில்லையே?

விபரீதக் கற்பனைகளையும், சாட்சிகளற்ற ஊகங்களையும் புறந்தள்ளிவிட்டு, தடயவியல் மற்றும் உடற்கூறு நிபுணர்கள் சிலர் இயற்கையான, எளிமையான காரணங்களையும் பதில்களையும் முன்வைத்தனர்.

இவை அனைத்துமே எப்போதோ, எங்கோ கடலிலோ, ஏதாவது நீர் நிலையிலோ விழுந்து மடிந்த மனிதர்களுடைய பாதங்களே. அதற்கான காரணம் தற்கொலையோ, கொலையோ, விபத்தோ, எதுவாக வேண்டுமானாலும் இருக்கலாம். அது ஒரு சில பாதங்களின் விஷயத்தில் கண்டுபிடிக்கப்பட்டும் இருக்கிறது.

1887-லேயே வான்கூவரில் ஒரு ஷூ பாதத்துடன் ஒதுங்கியிருக்கிறது. அந்தப் பகுதிக்கு *Leg-In-Boot Square* என்ற பெயரும் வைக்கப்பட்டு இருக்கிறது. 1914-ல்கூட இப்படி ஒரு ஷூ ஒதுங்கியதாக தி வான்கூவர் சன் பத்திரிகை செய்தி சொல்கிறது.

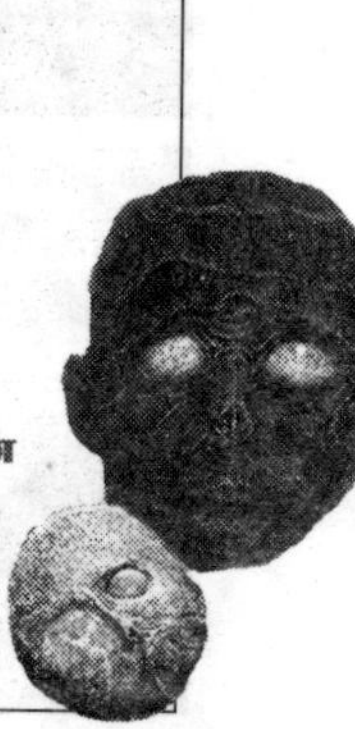

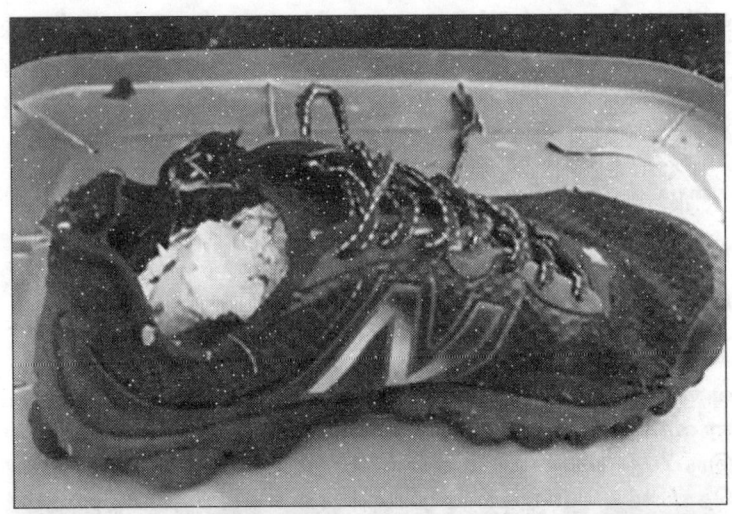

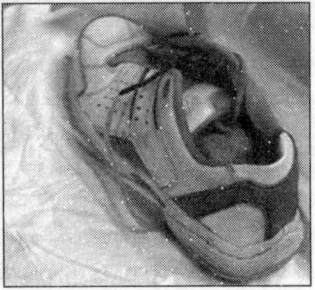

கரை ஒதுங்கிய சில ஷூக்கள்

நீருக்குள் அந்த மனிதர்களது இறந்த உடல்கள் இயற்கையான முறையில் சிதைவடைந்து போயிருக்கும். உடலின் மற்ற பாகங்கள் மக்கிப் போய்விட்டிருக்கும் அல்லது கடல் வாழ் உயிரினங்கள் உண்டிருக்கும். எஞ்சிய கால் எலும்பிலிருந்து கணுக்கால் எலும்பு மட்டும் தனியே கழண்டிருக்கும். அதுவே மேலே மிதந்து வந்து கரை ஒதுங்கியிருக்கும்.

ஏன் கால் பாதங்கள் மட்டும் கரை ஒதுங்கின்றன?

ஸ்போர்ட்ஸ் ஷூக்களே காரணம். அவை நீரின் மேல் மிதக்கும் தன்மை கொண்டவையாக இருக்கின்றன. அவையே பாதங்களைப் பத்திரமாகக் கரை சேர்க்கின்றன. இதுவரை கிடைத்த ஷூக்களிலும் பாதங்களின் எலும்புகளே பெரும்பாலும் மிஞ்சியிருக்கின்றன. கிடைத்த சதைப்பகுதி குறைவுதான். அவையும் இயற்கையாகத்தான் சிதைவடைந்திருக்கின்றன என்பதையும் கவனிக்க வேண்டும். தவிர, ஷூ இல்லாமல், வெட்டப்பட்ட வெறும் பாதம் மட்டும் எங்கும் கண்டெடுக்கப் படவில்லை. அல்லது பாதங்கள் சாதாரண ஷூ உடனோ, செருப்பு உடனோ கண்டெடுக்கப்படவில்லை.

2007-க்கு முன் இப்படி ஷூக்கள் ஒதுங்கவில்லையே?

1887-லேயே வான்கூவரில் ஒரு ஷூ பாதத்துடன் ஒதுங்கியிருக் கிறது. அந்தப் பகுதிக்கு Leg-In-Boot Square என்ற பெயரும் வைக்கப்பட்டிருக்கிறது. 1914-ல்கூட இப்படி ஒரு ஷூ ஒதுங்கியதாக தி வான்கூவர் சன் பத்திரிகை செய்தி சொல்கிறது.

சரி, அப்போதெல்லாம் அரிதாக நடந்த விஷயம், இப்போது அடிக்கடி நடப்பது ஏன்?

இந்த நூற்றாண்டில் நவீனத் தொழில்நுட்பங்களுடன் தயாரிக்கப்படும் ஸ்போர்ட்ஸ் ஷூக்கள் பெரும்பாலும் எடை குறைவானவையாக, நீரில் மிதக்கும் தன்மை கொண்டவையாக இருக்கின்றன. பல ஷூக்களில் காற்றுப் பைகள் (Air Pockets) இருக்கின்றன. எனவே, கால் எலும்பிலிருந்து கணுக்கால் விடுபடும்போது, நீரின் அடி மட்டத்திலிருந்து ஷூக்கள் மேலே எம்பி வந்து கரை ஒதுங்குகின்றன.

சரி, ஏன் பசிபிக் பகுதியில் மட்டும் இதுபோன்று நடக்கிறது?

Leg-In-Boot Square

அங்குள்ள நீரோட்டங்களின் தன்மையாக இருக்கலாம். அதனால், பல நூறு மைல்களுக்கு அப்பால் நீரில் குதித்த மனிதனின் பாதம் மட்டும் இங்கே வந்து கரை ஒதுங்கலாம். வாய்ப்பு இல்லை என்று சொல்ல முடியாது.

அறிவுபூர்வமான மேற்படி விளக்கங்களையும் மறுக்க முடியாது. ஆனால், இந்தப் பாதங்களுக்கெல்லாம் இப்படித்தான் நடந்ததா என்பதை ஸ்டெப் பை ஸ்டெப்பாக நிரூபிக்கவும் முடியாது.

டெயில் பீஸ்: லெக் பீஸ்: 2018, மே 6. பிரிட்டிஷ் கொலம்பியாவின் கபோரிலா தீவு. காலை நேரத்தில் கடற்கரையோரமாக நடைப்பயிற்சி சென்ற ஒருவர், பத்தொன்பதாவது பாதத்தை ஸ்போர்ட்ஸ் ஷூவுடன் கண்டெடுத்தார். இப்போது நீங்கள் இதைப் படித்து முடிக்கும் வேளையில் பாதங்களின் எண்ணிக்கை $19+1$ அல்லது $+2$ அல்லது $+n$ அதிகரித்திருக்கலாம்.

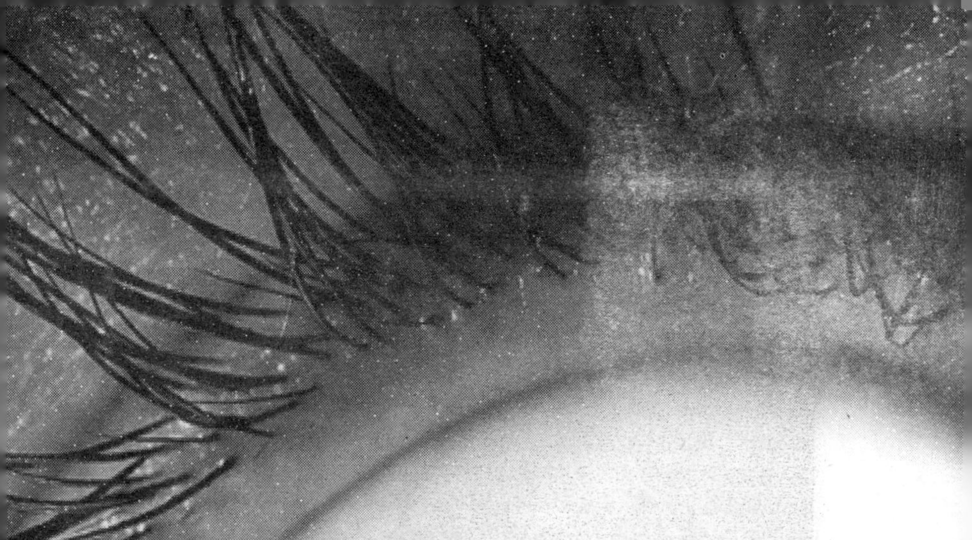

15
மர்மமான மண்டை ஓடுகள்

மண்டை ஓடுகள் நிறைந்த மரப்பெட்டியைக் காண வில்லை என்று செய்தியைப் படித்தாலோ, பார்த்தாலோ நமக்கு என்ன தோன்றும்?

இதெல்லாம் ஒரு செய்தியா? அல்லது அது என்ன யாரோ மந்திரவாதியின் பெட்டியா? யாராவது திருடிக்கொண்டு போய்விட்டார்களா? இப்படிக் கேள்விகள் எழலாம்.

அந்த மரப்பெட்டியிலுள்ள மண்டை ஓடுகளின் வயது சுமார் இரண்டரை லட்சம் அல்லது மூன்று லட்சம் ஆண்டுகள் இருக்கும் என்று தெரிந்தால்? மண்டை ஓட்டின் கீழ் தாடை அகலமாகப் பிளப்பதுபோல நம் வாயும் அனிச்சையாகப் பிளப்பதைத் தவிர்க்கவே முடியாது.

என்ன சம்பவம் இது? விளக்கமாகப் பார்க்கலாம்.

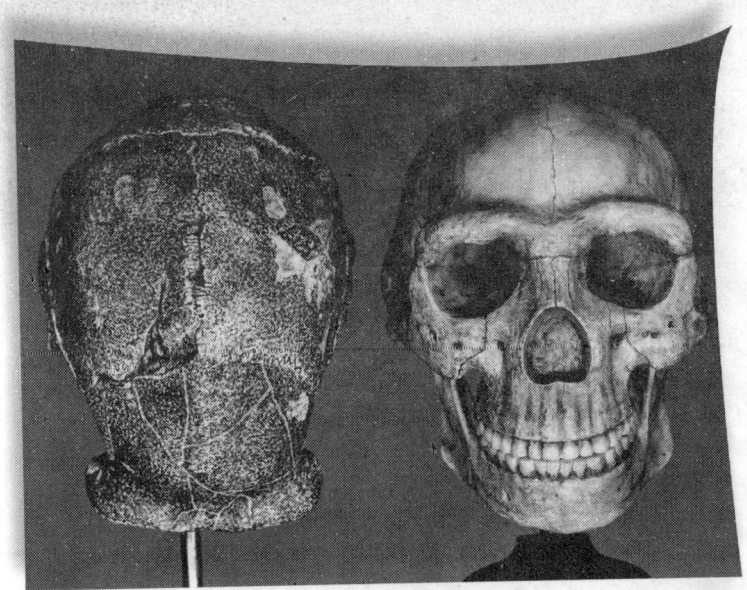

பீகிங் மனிதனின் மண்டை ஓடு

சீனாவின் தலைநகரம் பெய்ஜிங்கின் பழைய பெயர் பீகிங். *1921*-ல் பீகிங்கிற்கு அருகிலுள்ள சொவ்கொவ்தியான் (Zhoukoudian) என்ற பள்ளத்தாக்கில் ஸ்வீடனைச் சேர்ந்த ஆய்வாளர் ஆண்டர்சன் அகழ்வாராய்ச்சி நடத்தினார். ஆதி மனிதனின் படிமங்கள் அங்கே கிடைக்கும் என்ற கணிப்புடன் ஆராய்ச்சி நடத்தப்பட்டது. நம்பிக்கை பொய்க்கவில்லை. *1923*-ல் ஆண்டர்சனின் உதவியாளரான ஓட்டோ ஸ்டேன்ஸ்கி, இரண்டு கடைவாய்ப் பற்களைச் சேகரித்தார். பல்லாராய்ச்சியில் இறங்கினார். அந்தப் பற்களின் வயது சில லட்சம் ஆண்டுகள். அவை ஆதி மனிதனின் பற்களாக இருக்கக்கூடும் என்பது தெரிய வந்தபோது ஓட்டோ ஸ்டேன்ஸ்கியின் வாயெல்லாம் பல்.

1926-ல் அதுகுறித்த ஆய்வு அறிக்கைகளை ஓட்டோ வெளியிட்டார். *1928*-ல் பீகிங்கின் யூனியன் மருத்துவக் கல்லூரியைச் சேர்ந்த உடற்கூறியல் நிபுணர் டேவிட்சன் பிளாக், ஓட்டோவின் கண்டுபிடிப்புகளின் மீது ஆர்வம் கொண்டார். அதற்குப் பிறகு அதே பகுதியில் நடத்தப்பட்ட அகழ்வாராய்ச்சியில், கீழ்தாடையுடன் கூடிய சில பற்கள், மண்டை ஓட்டின் சில துண்டுகள் கண்டெடுக்கப்பட்டன. பிறகு சீன தொல்பொருள் ஆய்வாளர்கள்

சிலரது தலைமையிலும், சார்டின் (Pierre Teilhard de Chardin) என்ற பிரெஞ்சு ஆய்வாளரது முயற்சியிலும் அங்கே தொடர்ந்து தேடுதல் பணி நடைபெற்றது. அடுத்த சில வருடங்களில் ஆறு முழுமையான மண்டை ஓடுகள் கிடைத்தன. தவிர, மண்டை ஓட்டின் பகுதிகள், பற்கள், தாடை எலும்புகள் என மொத்தம் 200 படிமங்கள் கிடைத்தன. அவை மொத்தம் 40 மனிதர்களின் உடல்களைச் சார்ந்த எலும்புகள் என்று கண்டறியப்பட்டன.

பீகிங்கில் கண்டெடுக்கப்பட்டதால் அந்த மண்டை ஓடுகளுக்குச் சொந்தமான மனிதர்களுக்கு 'பீகிங் மனிதர்கள்' என்ற பெயரே வைக்கப்பட்டது. அங்கே ஒரு குகைப்பகுதியில் அவர்கள் வாழ்ந்ததற்கான எச்சங்களும் கண்டறியப்பட்டன. டேவிட்சன் பிளாக், பீகிங் மனிதன் குறித்த தொடர் ஆராய்ச்சியில் ஈடுபட்டார். 1934-ல் பிளாக் இறந்துபோன பிறகு, சார்டின் அந்த ஆராய்ச்சிப் பணிகளைத் தொடர்ந்தார்.

பீகிங் மனிதனுக்கு முன்பாகவே கண்டெடுக்கப்பட்டவன் ஜாவா மனிதன். நீளமான கைகளையுடைய ஜாவா மனிதனை முழுமையான வளர்ச்சியடைந்த மனிதர்களாக ஏற்றுக்கொள்ள முடியவில்லை. ஜாவா மனிதனை குரங்குக்கும் மனிதனுக்கும் இடைப்பட்ட பரிணாம வளர்ச்சி கொண்டவனாகத்தான் ஆராய்ச்சியாளர்கள் கருதுகிறார்கள். ஆனால், ஆய்வுகளின்படி

பீகிங் மனிதர்கள் வாழ்ந்த குகை

மேலே ஜாவா மனிதன், கீழே பீகிங் மனிதன்

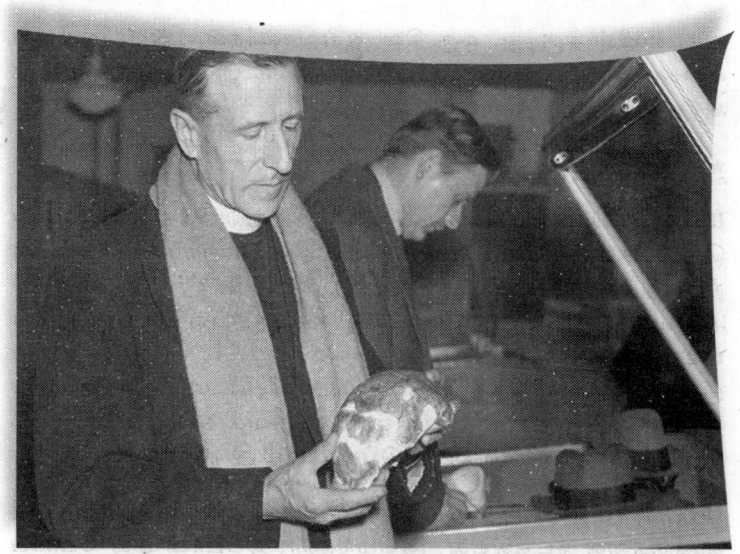

ஆராய்ச்சிப் பணியில் சார்டின்

பீகிங் மனிதன், ஜாவா மனிதனைவிட பரிணாம வளர்ச்சியடைந் தவனாகக் கருதப்படுகிறான். அவன் நான்கு கால்களால் நடக்க வில்லை. இரண்டு கால்களால் நிமிர்ந்தே நடந்திருக்கிறான். சுமார் 5 அடி உயரத்தில் வலிமையானவாக இருந்திருக்கிறான். அவன் பார்ப்பதற்கு குரங்கு போல் இல்லாமல், மனிதன் போலத் தான் தெரிந்திருக்கிறான். கல்லினால் ஆன ஆயுதங்களைப் பயன்படுத்தியிருக்கிறான். நெருப்பின் உபயோகத்தை அறிந்திருக்கிறான். எனவே அவனிடம் நாகரிகம் இருந்திருக்கிறது. மனிதனுக்கான பண்பு இருந்திருக்கிறது. இன்றைய நாகரிக மனிதனின் மூதாதையன் பீகிங் மனிதனே என்று சார்டின் தனது ஆய்வுகள் மூலம் விளக்கினார்.

பீகிங் மனிதனின் வயது சுமார் 3,00,000 முதல் 5,00,000 ஆண்டு களுக்கு உட்பட்டதாக இருக்கலாம் என்று ஆய்வுகள் தெரிவித்தன. பீகிங் மனிதனின் படிமங்களைக் கொண்டு ஆய்வு செய்தவர்களில் முக்கியமானவர் ஜெர்மனியைச் சேர்ந்த ஆய்வாளரான பிரான்ஸ் (Franz Weidenreich). மனித இனத்தின் வரலாற்றை விளக்குவதில் பீகிங் மனிதனின் கண்டுபிடிப்பு மிக முக்கியமானது. பீகிங் மனிதன் என்பவன் ஆதி மனிதனின் மூதாதையனாக இருக்கலாம். குறிப்பாக ஆதி சீன மனிதனே பீகிங் மனிதனாக இருந்திருக்கலாம். அவனது வழித்தோன்றல்களே இன்றைய சீன மனிதர்கள் என்பது

பிரான்ஸின் கருத்து. ஒரு சில ஆய்வாளர்கள், பீகிங் மனிதன் என்பவன் ஆதி ஐரோப்பிய மனிதனாக இருக்கலாம் என்று கருதுகின்றனர்.

★

1937-ல் ஜப்பானியப் படைகள் சீனாவை ஆக்கிரமித்தன. அப்போது சொவ்கொவ்தியான் பள்ளத்தாக்கில் அகழ்வாராய்ச்சிப் பணிகள் நிறுத்தி வைக்கப்பட்டன. பீகிங் யூனியன் மருத்துவக் கல்லூரி ஆய்வுக்கூடத்தில் அதுவரை சேகரிக்கப்பட்ட பீகிங் மனிதனின் படிமங்கள் பாதுகாப்புடன் வைக்கப்பட்டிருந்தன. அவை குறித்த ஆய்வுகள் தொடர்ந்தன. ஜப்பானியப் படைகள் சீனாவில் இருந்தாலும், பீகிங் யூனியன் மருத்துவக் கல்லூரி வளாகம் அமெரிக்கப் படைகளின் கட்டுப்பாட்டில் இருந்தது.

1941, டிசம்பர் 7, ஜப்பான் அதிரடியாக பியர்ல் துறைமுகத் தாக்குதலை நடத்தியது. அமெரிக்கா, ஜப்பான் மீது போர்ப் பிரகடனம் செய்தது. யூனியன் மருத்துவக் கல்லூரியில் ஆய்வுப்

ஆய்வாளர் பிரான்ஸ்

பணிகளை மேற்கொண்டிருந்த ஆய்வாளர் பிரான்ஸ் பதறிப் போனார். அந்த மருத்துவக் கல்லூரி வளாகம் ஜப்பானிய வீரர்களால் கைப்பற்றப்பட்டால், பீகிங் மனிதனின் படிமங்களை அவர்கள் அபகரித்து விடுவார்கள் என்று பயந்தார். எனவே, அவற்றைப் பத்திரமாக அமெரிக்காவுக்கு அனுப்பி வைக்க வேண்டும் என்றார்.

வேறு சில ஆய்வாளர்கள், வேண்டாம் என்று மறுத்தனர். அவற்றை சீனாவில் இருந்து வெளியே கொண்டு போகக்கூடாது என்று தடுத்தனர். ஆனால், அந்த மருத்துவக் கல்லூரி அமெரிக்க வீரர்களின் கட்டுப்பாட்டில் இருந்ததால், பீகிங் மனிதனின் படிமங்களை நியு யார்க் நகரத்தின் American Museum of Natural History-க்குக் கொண்டு செல்ல அமெரிக்கா முடிவெடுத்தது. ஆகவே வேறு சில ஆய்வாளர்கள் அந்தப் படிமங்களின் மாதிரிகளைச் செய்து தங்களுடன் வைத்துக் கொண்டனர்.

அமெரிக்க வீரர்கள், அந்த மரப்பெட்டிகளைத் துறைமுகத்துக்கு ரயிலில் எடுத்துச் சென்றனர். அப்போது ஜப்பானிய வீரர்கள் ரயிலைச் சூறையாடினர். அதில் அந்த மரப்பெட்டிகளும் சூறையாடப் பட்டன

பிரான்ஸ், இரண்டு சீன உதவியாளர்களைக் கொண்டு அந்த மண்டை ஓடுகள், பற்கள், தாடை எலும்புகள் உள்ளிட்ட படிமங்களை எல்லாம் பஞ்சுக்குள் பொதிந்து வைத்து, அதன் மேல் ஒட்டும் டேப் சுற்றி பத்திரமாகப் பொட்டலம் கட்டினார். அவை அனைத்தும் இரண்டு மரப்பெட்டிகளில் பாதுகாப்பாக வைக்கப்பட்டன. யூனியன் மருத்துவக் கல்லூரியில் பணியாற்றிய மேரி ஃபெர்கஸன் என்ற பெண் இதைக் கண்ணால் கண்ட சாட்சி. அங்கே பணியாற்றிய Ms. Taschdjian என்ற பெண் தனது சுயசரிதையில், அந்த இரண்டு மரப்பெட்டிகளும் அமெரிக்காவின் கடற்படையைச் சேர்ந்த வாகனத்தில் ஏற்றப் பட்டதாகவும், அங்கிருந்து எடுத்துச் செல்லப்பட்டதாகவும் குறிப்பிட்டிருக்கிறார்.

கண்ணால் கண்ட உண்மையான சாட்சியங்கள் இவ்வளவுதான். யூனியன் மருத்துவக் கல்லூரி வளாகத்தின் வாசலைத் தாண்டிய

முகில் ◐ 233

யூனியன் மருத்துவக் கல்லூரி வளாகம்

பிறகு அந்த மண்டை ஓட்டு மரப்பெட்டிகள் என்ன ஆயின என்பது இன்றுவரை மர்மமே. இப்படி ஆயிருக்கலாம், அப்படி ஆயிருக்கலாம், இப்படியும் ஆயிருக்கலாம், அப்படிக்கூட ஆயிருக்கக்கூடும் என்ற ஏகப்பட்ட அனுமானங்கள் உண்டு.

சரி, மரப்பெட்டிகளை அமெரிக்கக் கடற்படை வாகனத்தில் ஏற்றினார்கள். அதன் பிறகான திட்டம் என்னவாக இருந்தது?

கடற்படை வாகனத்திலிருந்து இறக்கி, ராணுவ ரயில் மூலமாக சொவ்கொவ்தியான் துறைமுகத்துக்கு அருகிலிருந்த அமெரிக்காவின் ஹோல்கோம்ப் ராணுவ முகாமுக்கு மரப்பெட்டிகளைக் கொண்டு செல்ல வேண்டும். அமெரிக்கக் கப்பலான பிரஸிடெண்ட் ஹாரிசன், சொவ்கொவ்தியான் துறை முகத்துக்கு வந்த பிறகு பெட்டிகளை அதில் ஏற்றி அமெரிக்கா வுக்கு அனுப்ப வேண்டும்.

இதில் எந்தக் கட்டம் வரை திட்டமிட்டபடி சரியாக நடந்தது என்பதே தெரியாது. அல்லது இதுதான் உண்மையான திட்டமா அல்லது ரகசிய மாற்றுத்திட்டம் உண்டா என்றும் சிலர் கேள்வி எழுப்புகிறார்கள். அமெரிக்கா அல்லவா. அனைத்துச் சந்தேகங்களுக்கும் இடமுண்டுதானே.

அமெரிக்க வீரர்கள், அந்த மரப்பெட்டிகளைத் துறைமுகத்துக்கு ரயிலில் எடுத்துச் சென்றனர். அப்போது ஜப்பானிய வீரர்கள் ரயிலைச் சூறையாடினர். அதில் அந்த மரப்பெட்டிகளும் சூறையாடப்பட்டன. இதென்ன வெறும் மண்டை ஓடுகள்? இவற்றை வைத்து என்ன செய்யப் போகிறோம் என்று அதன் அருமை தெரியாமல் ஜப்பானிய வீரர்கள் எங்கோ குப்பையில் எறிந்துவிட்டார்கள் என்று ஓர் அனுமானம் உண்டு. அந்த மரப்பெட்டிகளைக் கைப்பற்றிய ஜப்பானிய வீரர்கள், இந்த மண்டை ஓட்டு எலும்புகள் பாரம்பரிய முறையில் மருந்துகள் செய்ய உபயோகப்படும் என்பதால் ரகசியமாக ஓரிடத்தில் புதைத்து வைத்தனர். பின்பு பத்திரமாக ஜப்பானுக்கு அனுப்பி வைத்தனர் என்ற வதந்தி அல்லது ஆதாரமற்ற செய்தி உண்டு.

ஹோல்கோம்ப் ராணுவ முகாமுக்கு அந்தப் பெட்டிகள் ரயில் மூலமாகப் பத்திரமாகக் கொண்டு வரப்பட்டன. ஆனால், பிரஸிடெண்ட் ஹாரிசன் கப்பல் போரில் சிக்கிக் கொண்டதால், சொவ்கோவ்தியான் துறைமுகத்துக்கு வரவே இல்லை. அதற்குப் பதிலாக அமெரிக்கச் சரக்குக் கப்பல் ஒன்றில் அந்த மரப்பெட்டி களை ஏற்றி அனுப்பினார்கள். அதற்கு பிறகு அவை என்னவாயின என்பது தெரியவில்லை என்று சிலர் சொல்கிறார்கள்.

இல்லை, சீனாவிலிருந்து அந்த மரப்பெட்டிகள் அமெரிக்காவுக்கு அனுப்பப்படவே இல்லை. சீனாதான் ரகசியமாக இன்றைக்கும் அவற்றைப் பதுக்கி வைத்திருக்கிறது என்று சிலர் வாதிடு கிறார்கள். அமெரிக்காவுக்கு அந்த மரப்பெட்டிகள் பத்திரமாகச் சென்று சேர்ந்தன. அவை அமெரிக்காவில்தான் இருக்கின்றன. ஆனால், அந்த அரிய படிமங்களைத் திருப்பித் தர மனமில்லாத அமெரிக்க அரசு, அவை தன்னிடம் இல்லையென பொய் சொல்வதாகச் சிலர் வாதிடுகிறார்கள்.

சீனாவின் செல்வங்கள் பலவற்றுடன், இந்த பீகிங் மண்டை ஓட்டுப் படிமங்கள் அடங்கிய மரப்பெட்டியையும் ஜப்பானிய வீரர்கள் கொள்ளையடித்தார்கள். அவற்றையெல்லாம் ஜப்பானியக் கப்பல் ஒன்றில் ஏற்றி அனுப்பி வைத்தார்கள். அந்தக் கப்பல் நடுக்கடலில் மூழ்கிப்போனது அல்லது மூழ்கடிக்கப்பட்டது. பீகிங் மண்டை ஓடுகளும் கடலுக்குள் காணாமல் போய்விட்டன என்றும் சொல்லப்படுவதுண்டு.

1943-ல் ஹோல்கோம்ப் ராணுவ முகாம்

மேற்சொன்னவை எல்லாம் மேலோட்டமான அனுமானங்கள். ஓ இப்படியும் நடந்திருக்கலாம் என்று நம்பத்தகுந்த அனுமானங்கள் உண்டு. அந்த அனுமானங்களை நம்பி, பீகிங் மனிதனைத் தேடி நடத்தப்பட்ட தேடுதல் வேட்டைச் சம்பவங்களும் உண்டு. முதலில் ஜப்பானின் கோணத்தில் சில 'இப்படி இருக்கலாம்' களைப் பார்க்கலாம்.

அமெரிக்க கப்பற்படை வாகனத்தில் அந்த மரப்பெட்டிகளை எடுத்துச் செல்லும்போது ஜப்பானிய வீரர்கள் அதை மறித்துக் கைப்பற்றினர். அந்த மரப்பெட்டிகளை தங்கள் ராணுவ முகாமுக்கு எடுத்துச் சென்றனர். Awa Maru என்ற ஜப்பானியக் கப்பலில் அந்தப் பெட்டிகள் அனுப்பி வைக்கப்பட்டன. அமெரிக்க நீர்மூழ்கிக் கப்பல் ஒன்று, அந்தக் கப்பலைக் கடலிலேயே வீழ்த்தியது. மரப்பெட்டிகள் கடலின் மடியில் உறங்கப்போயின. வெகு தாமதமாக இந்த விஷயத்தைக் கேள்விப்பட்ட சீன அரசு, 1977-ல் குறிப்பிட்ட கடல் பகுதியின் அடி ஆழத்தில் தேடுதல் வேட்டை நடத்தியது. மூழ்கிய ஜப்பானியக் கப்பலோ, அந்த மரப் பெட்டிகளோ கிடைக்க வில்லை.

அடுத்தது. ஜப்பானுக்கு வெற்றிகரமாகக் கொண்டு செல்லப் பட்ட அந்த மரப்பெட்டிகள் ரகசியமாக ஓரிடத்தில் புதைக்கப் பட்டன. இரண்டாம் உலகப்போரின் முடிவில் ஜப்பானில் தேடுதல் வேட்டை நடத்திய அமெரிக்கப்படைகள், பீகிங்

மனிதனின் படிமங்கள் அடங்கிய மரப்பெட்டிகளையும் சல்லடைப் போட்டுத் தேடியது. அவை கிடைக்கவில்லை.

மற்றுமொன்று. இரண்டாம் உலகப்போரில் கலந்துகொண்ட ஜப்பானிய வீரர் ஒருவர், தனது மரணப்படுக்கையில் ரகசியம் ஒன்றை வெளியிட்டார் (1966). 'ஜப்பானிய வீரர்கள், பீகிங் மனிதனின் படிமங்களைக் கைப்பற்றினர். அவற்றைப் பத்திரமாகப் பாதுகாக்கும் பொறுப்பை ஜப்பானிய அரசு எனக்கு வழங்கியது. நான் அவற்றைப் பாதுகாத்தேன். போரின் முடிவில் ஜப்பான் வீழ்ந்தபோது, அந்த மரப்பெட்டிகளை பழைமையான பைன் மரம் ஒன்றின் அடியில் புதைத்து வைக்கச் சொல்லி எனக்கு உத்தரவு வந்தது. அதன்படியே நான் செய்தேன்' என்றார். அவர் சொன்ன அடையாளங்களுடன் கூடிய அந்தக் குறிப்பிட்ட பைன் மரத்தடியில் தேடிப்பார்த்தபோது மரப்பெட்டிகள் கிடைக்கவில்லை. அதற்கு முன்பே வேறு யாரோ அதை எடுத்துப் போய்விட்டார்கள் என்று நம்பப்படுகிறது.

பீகிங் மனிதனின் எலும்புகளோடு அதிகம் ஒட்டி உறவாடிய ஆய்வாளர் பிரான்ஸ் 1948-ல் தனது எழுபத்தைந்தாவது வயதில் இறந்துபோய்விட்டார். அதன் இருப்பிடம் குறித்து தெரிந்த அதிகாரபூர்வமான ஆள் என்று ஒருவரும் கிடையாது. பீகிங் மனிதன் படிமங்கள் காணாமல் போய் எழுபது வருடங்களுக்கும் மேலாகிவிட்டன. இடைப்பட்ட காலத்தில் அமெரிக்க, சீன அரசுகள் மற்றும் அமெரிக்கா, சீனாவைச் சேர்ந்த தனிப்பட்ட நபர்கள் என்று பலரும் அந்த அரிய எலும்புப் பொக்கிஷத்தைக் கண்டுபிடித்துக் கொடுத்தால் அல்லது அது இருக்கும் இடம் பற்றிய சரியான துப்பு கொடுத்தால் பரிசு உண்டு என்று அறிவித்திருக்கின்றன / அறிவித்திருக்கிறார்கள். ஆனால், யாராலும் கண்டுபிடிக்க முடிய வில்லை.

அப்படி ஓர் இரவில் பதுங்கு குழி தோண்டும்போது ரிச்சர்ட் பௌவென் மரப்பெட்டி ஒன்றைக் கண்டெடுத்தார். அதில் எலும்புகளும் மண்டை ஓடுகளும் இருந்தன

லீ ரோஜர்ஸ் பெர்கர்

1972-ல் அமெரிக்காவின் செல்வந்தரான கிறிஸ்டோபர் ஜானஸ் என்பவர், பீகிங் மண்டை ஓடுகளைக் கண்டு பிடித்துத் தருபவர்களுக்கு $5000 பரிசு என்று அறிவித்தார். என்னிடம் இருக்கிறது. எனக்கு $5,00,000 வேண்டும் என்று ஒரு பெண், அவரைத் தொடர்பு கொண்டாள். ஆனால், அதற்குப் பிறகு அந்தப் பெண் காணாமல் போய்விட்டாள். இப்படி ஒரு சில சம்பவங்கள் உண்டு. 2005-ல் சீன அரசு குழு ஒன்றை அமைத்து பீகிங் மனிதனை மீண்டும் தேடியது. எதுவும் நடக்கவில்லை.

பில்ட்டௌன் மனிதன் (Piltdown Man) என்ற ஆதி மனிதனின் எலும்புகளைக் கண்டுபிடித்ததாக 1912-ல் சார்லஸ் டௌசன் என்பவர் அறிவித்தார். குரங்குக்கும் மனிதனுக்கும் இடைப் பட்டவன் இந்த பில்ட்டௌன் மனிதன் என்றெல்லாம் சொன்னார். பின்னர் அவரும் அவரைச் சார்ந்தவர்களும் கூறியதெல்லாம் பொய் என்று 1953-ல் அறிவிக்கப்பட்டது. அதேபோலத்தான் இந்த பீகிங் மனிதன் எலும்புகள் கண்டுபிடிப்பு என்பதே ஏமாற்றுவேலை. சார்டினும் அவரைச் சார்ந்தவர்களும் சொன்ன பொய்கள். அவற்றை நிரூபிக்க முடியாது என்பதால் அந்தப் படிமங்கள் காணாமல் போனதாகச் சொல்லிவிட்டார்கள். பீகிங் மனிதனின் மர்மத்தில் இப்படியொரு கோணமும் உண்டு.

★

2010-ல் நேஷனல் ஜியாகிரபிக் சொஸைட்டியைச் சேர்ந்த ஆய்வாளரான லீ ரோஜர்ஸ் பெர்கருக்கு ஒரு மெயில் வந்தது. அனுப்பியவர் அமெரிக்காவைச் சேர்ந்த பவுல் பௌவென். அவரது தந்தை ரிச்சர்ட் பௌவென் இரண்டாம் உலகப்போரில் அமெரிக்க வீரராக சீனாவில் பணியாற்றியவர், போருக்குப்

பிறகும் சுமார் மூன்று ஆண்டுகள் சீனாவில் பணியில் இருந்தவர் என்று குறிப்பிட்டிருந்தார். அந்த முதல் மெயிலின் சாராம்சம் இதுதான்.

என் தந்தை ரிச்சர்டுக்கு இப்போது 80 வயது ஆகிறது. அவர் இரண்டாம் உலகப்போர் சமயத்திலும், அதற்குப் பின்பும் சீனாவில் ராணுவப் பணியில் இருந்தவர். அவருக்கு பீகிங் மனிதனின் படிமங்கள் வைக்கப்பட்ட மரப்பெட்டிகள் புதைக்கப் பட்டிருக்கும் இடம் தெரியும். அவற்றை மீட்டெடுப்பதில் உங்களுக்கு விருப்பமிருந்தால் நீங்கள் தொடர்பு கொள்ளலாம்.

லீ பெர்கர், ஏற்கெனவே இதுபோல ஆதிகால மண்டை ஓடுகளை, எலும்புக்கூடுகளை மீட்டெடுத்த பெருமைக்குரியவர். தொல்மானுடவியல் அறிஞர். ஆகவே அவர் பவுல் மூலமாக அவரது தந்தை ரிச்சர்ட் பௌவெனைத் தொடர்பு கொண்டு பேசினார். அதில் கூடுதல் விவரங்கள் தெரிய வந்தன.

ரிச்சர்ட் பௌவென், 1947 வரை சீனாவில் கடற்படை சார்ந்த படைப்பிரிவில் பணியில் இருந்தவர். டைன்ஸ்டென் மற்றும் சின்வாங்டாவோ (இன்றைய பெயர் Qinhaungdao) ஆகிய ராணுவ முகாம்களில் அவர் பணிபுரிந்திருக்கிறார். 1947. சீனப் புரட்சியின் இறுதிக் கட்டத்தில் தேசியவாதிகளுக்கும் கம்யூனிஸ்டுகளுக்கும் உள்நாட்டுப் போர் தீவிரமாக நடந்து கொண்டிருந்தது. வெளிநாட்டுப் படை வீரர்கள் கொஞ்சம் கொஞ்சமாக சீனாவிலிருந்து விலகிக் கொண்டிருந்தனர். அங்கே கடைசியாக மிச்சமிருந்த சில நூறு அமெரிக்க வீரர்களில் ரிச்சர்ட் பௌவெனும் இடம்பெற்றிருந்தார்.

ரிச்சர்ட் பௌவென்

சீனாவின் செம்படையில் ஒரு பிரிவு, சின்வாங்டாவோ பகுதியைத் தன் கட்டுப்பாட்டில் கொண்டு வந்திருந்தது. அந்தப் பகுதியில் சீன தேசியவாதப் படைகளுக்கும் செம்படைகளுக்கும் கடும் மோதல் நிகழ்ந்து கொண்டிந்தது. அதே பகுதியில் அமெரிக்க ராணுவ முகாமில் இருந்த ரிச்சர்ட் பௌவெனுக்கும் அவரது சகாக்களுக்கும்

இரவு நேரத்தில் கிறிஸ்துமஸ் வான வேடிக்கையைப் பார்ப்பது போல அந்தப் போர்க்காட்சி தெரிந்தது.

ரிச்சர்டின் கமாண்டர், தன் வீரர்களுக்கு பதுங்கு குழிகளைத் தோண்டி வைக்குமாறு கட்டளையிட்டார். இரவெல்லாம் பதுங்கு குழிகளைத் தோண்டினார்கள். பகலில் அவற்றில் பதுங்கியபடி ஓய்வெடுத்தார்கள். அப்படி ஓர் இரவில் பதுங்கு குழி தோண்டும் போது ரிச்சர்ட் பௌவென் மரப்பெட்டி ஒன்றைக் கண்டெடுத்தார். அதில் எலும்புகளும் மண்டை ஓடுகளும் இருந்தன. அன்றைக்கு அங்கே அதிகப் பதட்டம் நிலவிய காரணத்தினால், ரிச்சர்ட் பெட்டியை மீண்டும் அதே இடத்தில் புதைத்துவிட்டார்.

பிறகு செம்படையினர், அமெரிக்கப்படை வீரர்களை சரணடையச் சொன்னார்கள். அமெரிக்க வீரர்கள் அந்த ராணுவ முகாமைக் காலி செய்தார்கள். பின் ரிச்சர்டும் அவரது சகாக்களும் அமெரிக்காவுக்குத் திரும்பிவிட்டார்கள்.

பீகிங் மனிதனின் படிமங்கள், அவற்றின் முக்கியத்துவம், அவை வைக்கப்பட்டிருந்த மரப்பெட்டிகள், அவை காணாமல் போன சம்பவம் குறித்தெல்லாம் மிகவும் தாமதமாகத்தான் ரிச்சர்ட் பௌவென் அறிந்துகொண்டார். அந்த மரப்பெட்டிகள் யூனியன் மருத்துவக் கல்லூரியிலிருந்து ஹோல்கோம்ப் ராணுவ முகாமுக்குத்தான் கொண்டு வரப்பட்டதாகச் சொல்கிறார்கள் அல்லவா. ரிச்சர்ட் பணியில் இருந்ததும் அதே ராணுவ முகாம் அமைந்திருந்த பகுதியில்தான். அந்த இரவில் பதுங்கு குழி அமைப்பதற்காகத் தோண்டியபோது கிடைத்த மரப்பெட்டியில் தான் கண்டது பீகிங் மனிதனின் படிமங்களாகத்தான் இருக்கும் என்று ரிச்சர்டுக்கு உறுதியாகத் தோன்றியது. இந்த விஷயத்தைக் குறிப்பிட்டு சீனாவின் பல்கலைக்கழகங்கள் சிலவற்றுக்கு அஞ்சல் அனுப்பினார். யாரும் ரிச்சர்ட்டைத் தொடர்பு கொள்ளவில்லை. இறுதி முயற்சியாகத்தான் தன் மகன் பவுல் மூலம் லீ பெர்கரைத் தொடர்பு கொண்டார் ரிச்சர்ட்.

அது எந்த இடம் எனக்கு நன்றாகத் தெரியும். அதன் மாதிரி வரைபடத்தை நான் தருகிறேன். அந்தப் பெட்டிகள் நிச்சயம் அங்கேயேதான் இருக்கும் என்று நம்புகிறேன் என்றார் ரிச்சர்ட். தவிர, கூகுள் எர்த்தில் தேடி அந்த இடத்தின் குத்துமதிப்பான அச்சரேகை, தீர்க்கரேகையையும் குறித்துக் கொடுத்தார் (Latitude 39°53'59.48"N - Longitude 119°32'51.32"E).

Qinhaungdao துறைமுகம் இன்று

ரிச்சர்ட் பௌவென் சொல்லும் ராணுவ நிகழ்ச்சிகளெல்லாம் உண்மைதானா என்பதை அமெரிக்க அரசிடம் சரிபார்த்துக் கொண்டார் லீ பெர்கர். அவர் சில சாத்தியக்கூறுகளை யோசித்துப் பார்த்தார். யூனியன் மருத்துவக் கல்லூரி வளாகத்திலிருந்து, ஹோல்கோம்ப் முகாமுக்கு அமெரிக்க ராணுவ வீரர்களால் கொண்டு வரப்பட்ட மரப்பெட்டிகள், அங்கேயே பாதுகாப்பாகப் புதைத்து வைக்கப்பட்டிருக்கலாம். புதைத்தவர்கள் பின்பு அங்கிருந்து வேறிடத்துக்குச் சென்றிருக்கலாம் அல்லது போரில் இறந்து போயிருக்கலாம். இந்த மரப் பெட்டிகள் அப்படியே கைவிடப்பட்டிருக்கலாம். பின்னர் 1947-ன் ஓர் இரவில் ரிச்சர்ட் எதேச்சையாக அந்தப் பெட்டிகளை மீண்டும் தோண்டி எடுத்திருக்கலாம். அவை என்னவென்றே தெரியாமலே மறுபடியும் புதைத்து வைத்திருக்கலாம். அந்த மரப்பெட்டிகள் இப்போதும் அதே இடத்தில் பாதுகாப்பாக உறங்கிக் கொண்டிருக்கலாம். லீ பெர்கர் நம்பினார். ஆகவே, அந்த மரப்பெட்டிகளைத் தேடி சீனாவுக்குக் கிளம்பினார்.

நேஷனல் ஜியோகிராபிக் சொஸைட்டி மற்றும் சீன அரசின் உதவியுடன் லீ பெர்கர் ஒரு குழுவை அமைத்துக் கொண்டு, அன்றைய சின்வாங்டாவோ - இன்றைய Qinhaungdao துறைமுகப் பகுதிக்குச் சென்றார். ரிச்சர்ட் குறித்துக் கொடுத்த அட்ச - தீர்க்க ரேகைப் பகுதியைக் கண்டடைந்தார். அப்போது ராணுவ முகாமாக இருந்த அந்தப் பகுதி, இப்போது கட்டடங்கள் சூழ்ந்த பகுதியாக பெரும் வளர்ச்சி கண்டிருந்தது.

லீ பெர்கரும் அவரது குழுவினரும் அந்தப் பகுதி முழுவதையும் பார்வையிட்டனர். மரப்பெட்டிகள் இருக்கக்கூடிய பகுதி என்று மூன்று இடங்களைக் கணித்தனர். ஒரு சேமிப்புக் கிடங்கு, வாகனங்கள் நிறுத்தும் பகுதி, இன்னொரு பெரிய கட்டடம். 1970-க்கு முன்புவரை அந்தப் பகுதியெல்லாம் வெட்ட வெளியாகத்தான் இருந்திருக்கிறது. அப்போதே இந்தத் தகவல் கிடைத்திருந்தால் ஒரு சதுர மீட்டர் விடாமல் தோண்டியிருக்கலாம். ஆனால், இப்போது சாத்தியமில்லை என்று தெரிந்தது.

நடந்த உண்மைகளுக்கு மிக நெருக்கமாக இருப்பதினால், ரிச்சர்ட் பௌவெனின் வார்த்தைகளை லீ பெர்கரால் மறுக்க முடியவில்லை. அதேசமயத்தில் அன்றைக்கு இரவில் அவர் கண்டெடுத்த மரப்பெட்டியில் இருந்தது பீகிங் மனிதனின் எலும்புகள்தானா என்பதையும் உறுதியாகச் சொல்ல முடியவில்லை. அதை ரிச்சர்டாலேயே சொல்ல முடியாது.

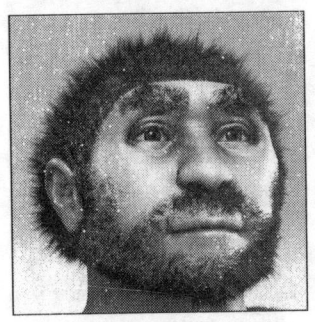

கட்டமைக்கப்பட்ட பீகிங் மனித முகம்

1970-களில் Qinhaungdao பகுதியில் நிறைய கட்டடங்களைக் கட்ட ஆரம்பித்தார்கள். அப்போது ஏதாவது ஒரு கட்டடத்துக்காக ஆழமாக அஸ்திவாரம் தோண்டும்போது இந்தப் பெட்டிகள் கிடைத்திருந்தால், அவை வெறும் எலும்புக்கூடுகள் என்ற அளவில் கணிக்கப்பட்டு எங்காவது தூக்கி வீசப்பட்டிந்தால்? அதற்கும் வாய்ப்பிருக்கிறது.

சுமார் மூன்று முதல் ஐந்து லட்சம் ஆண்டுகளுக்கு முன்பு வாழ்ந்த பீகிங் மனிதன், 1930-ல் மீண்டும் வெளிச்சத்துக்கு வந்தான். இரண்டாம் உலகப்போரினால் காணாமல் போன அவன், இப்போதும் மண்ணுக்குள்தான் இருக்கிறானா? சொவ்கொவ்தியான் பகுதியில் கிடைத்துபோல பீகிங் மனிதனின் எலும்புக்கூடுகள் வேறு ஏதாவது இடங்களில் கிடைக்க வாய்ப்பிருக்கிறதா?

இந்தக் கேள்விகளுக்கான விடைகளை பூமிதான் சொல்ல வேண்டும்.

16
சாத்தானும் டிராகனும்

புளோரிடாவின் கடற்படைத் தளம். அனுபவம் வாய்ந்த விமானியான சார்லஸ் கரோல், 'ஃப்ளைட் 19' ரக அமெரிக்கப் போர் விமானங்கள் நிறுத்தப்பட்டிருக்கும் தளத்துக்கு வந்தார். ஒரு விமானத்தில் ஏறினார். அவரையும் சேர்த்து மொத்தம் பதினான்கு வீரர்கள் ஐந்து விமானங்களில் ஏறியிருந்தார்கள். எப்படி குண்டு வீச வேண்டும் என்று கற்றுக் கொடுப்பதற்கான பயிற்சி ஓட்டத்துக்கு சார்லஸின் தலைமையில் ஐந்து விமானங்களும் கிளம்பின. அது டிசம்பர் 5, 1945. குளிர்காலம்தான் என்றாலும் வானிலை அவ்வளவு மோசமாக இல்லை.

உத்தேசமாக இரண்டு மணி நேரங்களில் திரும்பி வர வேண்டிய விமானங்கள், நேரம் கடந்தும் வரவில்லை. அந்தத் தளத்தை எந்த விமானியும் தொடர்பு கொள்ளவில்லை.

ஐந்து விமானங்கள்

தளத்திலிருந்தும் தொடர்பு கொள்ள முடியவில்லை. என்ன பிரச்னையாக இருக்கும்? அந்த ஐந்து விமானங்களைத் தேட, இன்னொரு விமானம் 13 நபர்களை ஏற்றிக் கொண்டு கிளம்பியது. அந்த விமானமும் திரும்பி வரவில்லை. பின்னர் நடந்த தேடலில் கண்டுபிடிக்கப்படவும் இல்லை. அதிலிருந்தவர்கள் யாருமே உயிருடனோ, சடலமாகவோ மீட்கப்படவும் இல்லை.

பார்படோஸ் தீவிலிருந்து 'சைக்ளோப்ஸ்' என்ற அந்த அமெரிக்க போர்க் கப்பல், மார்ச் 4, 1918 அன்று கிளம்பியது. மொத்தம் 309 பேர் கப்பலில் இருந்தார்கள். அந்த நேரத்தில் கடலில் பெரும்புயல் உருவானதாகவோ, சூறாவளி வீசியதாகவோ பதிவு இல்லை. ஆனால், கப்பல் கரை சேரவில்லை. அதில் இருந்தவர்கள் யாருமே இறந்துகூட கரை ஒதுங்கவில்லை. 1963, பிப்ரவரி 4 அன்று எண்ணெய் ஏற்றிச் சென்ற சரக்குக் கப்பலான சல்பர் குயினுக்கும் இதே நிலைதான். அதிலிருந்த 39 ஊழியர்களும் காற்றில், காலத்தில் கரைந்துபோனவர்கள் தாம்.

வட அட்லாண்டிக் பெருங்கடலிலுள்ள அஸோர்ஸ் தீவிலிருந்து பெர்முடா நோக்கிக் கிளம்பிய பயணிகள் விமானம் ஸ்டார் டைகர். பெர்முடாவிலிருந்து ஜமைக்காவின் கிங்ஸ்டன் நோக்கிக்

கிளம்பிய பயணிகள் விமானம் ஸ்டார் ஏரியல். இரண்டுமே பிரிட்டிஷ் சௌத் அமெரிக்கன் ஏர்வேஸுக்குச் சொந்தமானவை. இரண்டுமே தரையிறங்கவில்லை. அடுத்தடுத்த வருடங்களில் (1948, 1949 ஜனவரிகளில்) காணாமல் போன அந்த விமானங்களின், பயணிகளின் நிலை இன்றுவரை '?'தான்.

மேலே விவரிக்கப்பட்டிருக்கும் விபத்துகள் அனைத்துக்குமே ஒரு தொடர்பு உண்டு. எல்லா விபத்துகளும் வட அட்லாண்டிக் பெருங்கடலின் ஒரு குறிப்பிட்ட பகுதிக்குள், இன்னும் தெளிவாகச் சொல்ல வேண்டுமென்றால் ஒரு குறிப்பிட்ட முக்கோண எல்லைக்குள் நிகழ்ந்தவை. முக்கோண எல்லை என்றால், ஆம், அதுவேதான். பெர்முடா முக்கோணம். அந்தக் கடல் பகுதிக்குள் நுழையும் எந்தக் கப்பலுமே மீண்டதில்லை; மேலே பறக்கும் விமானங்களைக் கூட விழுங்கிவிடும் மர்மப் பகுதி அது. இப்படிப் பொத்தாம் பொதுவாக ஊதிப் பெருக்கப்பட்ட விஷயங்களைக் கேள்விப் பட்டிருப்போம்.

எங்கே இருக்கிறது இது? அமெரிக்காவின் மியாமியிலிருந்து, வட அட்லாண்டிக் பெருங்கடலின் நடுவிலுள்ள பெர்முடா தீவு வரை, அதன் தெற்கிலுள்ள Puerto Rico தீவையும் சேர்த்து வைத்து கோடு போட்டால் கிடைக்கும் முக்கோணமே பொதுவாக அறியப் பட்ட அந்த மர்மப் பிரதேசம். சிலர் இதன் பரப்பளவைக் குறைத்தும் கூட்டி யும் வேறுமாதிரி சொல்கிறார்கள். 'சாத்தானின் முக்கோணம்' என்ற செல்லப் பெயரும் இதற்குண்டு.

பெர்முடாமுக்கோணம் குறித்த பீதிக்கு பிள்ளையார் சுழி போட்ட பெருமை கொலம்பஸுக்குத்தான். 1492-ல் அந்தப் பகுதியில் பயணம் செய்த அவர், தன் கப்பலிலிருந்த திசைகாட்டி சரியாக இயங்கவில்லை என்றும், விநோதமான ஒளிகளை அந்தக் கடல் பகுதியில் கண்டதாகவும் குறிப்புகள் எழுதி வைத்துள்ளார். 1609-ல் பெர்முடா தீவில் தனது காலனியை

> அந்த மர்ம மேகங்களைத் தாண்டி வெளியே வந்துவிட்டது விமானம். என் விமானத்தின் அதிகபட்ச வேகமே மணிக்கு 300 கிமீதான். ஆனால், அது 3000 கிமீ வேகத்தில் பறந்தது எப்படி என்பது பேரதியசமே

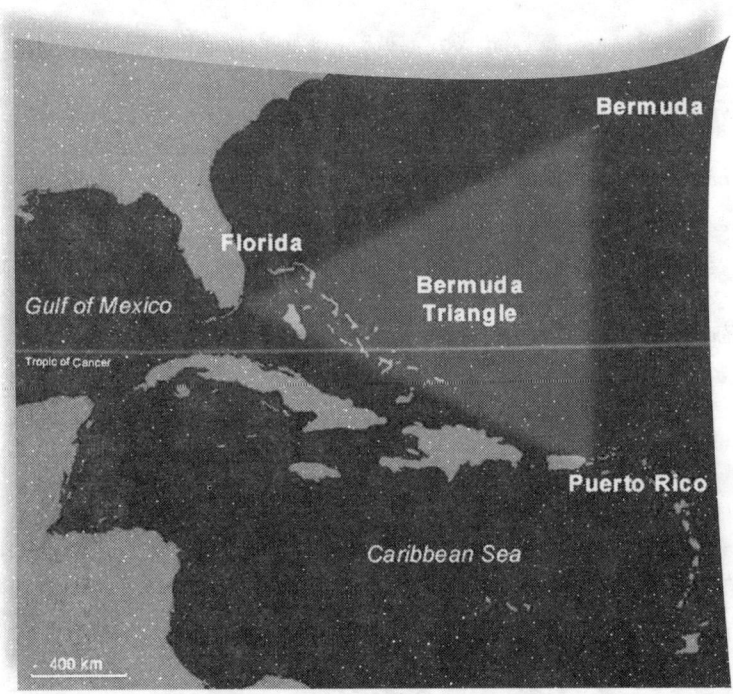

வரைபடத்தில் பெர்முடா முக்கோணம்

நிறுவ பிரிட்டன் அனுப்பிய கப்பலான 'ஸீ வென்ச்சர்', திடீரென வீசிய கடும் புயலில் சிக்கி, 150 பேருடன் மூழ்கிப் போனது. பெர்முடா முக்கோணப் பகுதியில் நடந்த முதல் விபத்தாகச் சரித்திரம் பதிவு செய்திருப்பது இதைத்தான்.

அதற்குப் பின்பான நானூறு வருடங்களில், பல நூறு விபத்துகள், ஏராளமான உயிரிழப்புகள். அந்தப் பிரதேசத்துக்குள் செல்லும் யாருமே உயிரோடு திரும்பி வர வாய்ப்பே இல்லை என்று நடுங்கும் அளவுக்கு சென்ற நூற்றாண்டின் மத்தியில்தான் பெரும் பீதி கிளப்பப்பட்டது. 1962-ல் சாண்ட் என்பவர் 'ஃப்ளைட் 19' விமானங்கள் தொலைந்து போனதன் பின்னணியில் மர்மங்களிருப்பதாக அந்தப் பிரதேசத்தைக் குறிப்பிட்டு கட்டுரை வெளியிட்டார். 1964-ல் வின்சென்ட் காடிஸ் என்பவர், 'மரண பெர்முடா முக்கோணம்' என்ற வார்த்தைகளுடன், உலகத்தையே அச்சமூட்டும் வகையில் தன் கட்டுரையை எழுதி யிருந்தார். அதன்பின்தான் அனைவருமே, அந்தப் பிரதேசத்தை மிரட்சியுடன் பார்க்க ஆரம்பித்தனர்.

சரி, நிஜமாகவே பெர்முடா முக்கோணத்தில் அத்தனை விபத்துகள் நடப்பதற்கான காரணம் என்னவாக இருக்க முடியும்?

இதற்கான காரணிகளைப் பார்ப்பதற்கு முன் ஒரு மறுப்பு. வட அட்லாண்டிக் பெருங்கடலில் நடந்த பல விபத்துகளை எல்லாம் சேர்த்து, பெர்முடா முக்கோணத்தின் எல்லைக்குள் நடந்ததாகச் சேர்த்துச் சொல்லிவிடுகிறார்கள். புள்ளிவிவரங் களாக அடுக்கப்படும் பல விபத்துகள் நடந்ததற்கான முறையான ஆதாரங்கள் கிடையாது. பெர்முடா முக்கோண எல்லைக்குள் கப்பல்கள் காணாமல் போவதற்கு அல்லது மூழ்கிப் போவதற்கு அவற்றில் ஏற்படும் பழுது, மாலுமிகளின் கவனக்குறைவு, மிக மோசமான வானிலை, பெரும் சூறாவளி, கடலுக்குள் இருக்கும் எரிமலைகளின் வெடிப்பு, அதனால் ஏற்படும் பூகம்பம், அப்போது தோன்றும் பேரலைகள் - இப்படி ஏதாவது ஒரு காரணம் இருக்கலாம். இது பொதுவான பதில்.

கப்பல் விபத்துகளுக்குச் சரி. விமானங்களையும் கடல் விழுங்கு கிறதே. அது எதனால்?

இதற்கு நாம் புரூஸ் ஜெர்னெனின் வார்த்தைகளை காதில் வாங்க வேண்டும். அமெரிக்காவைச் சேர்ந்த பணக்கார வியாபாரியான புரூஸ், தன் சொந்த விமானத்தில் பெர்முடா முக்கோணப் பகுதியில் பறப்பது வழக்கம். 1970 சமயத்தில் ஒருமுறை தன் தந்தையுடன், விமானத்தில் பஹாமாஸிலிருந்து கிளம்பினார். 'வானிலை தெளிவாகத்தான் இருந்தது. ஆனால், திடீரென கருமேகங்கள் கபகபவெனச் சூழ்ந்தன. விமானம் ஏகத்துக்கும் தடுமாறியது. ஆனால், எனக்குத்தான் விமானம் ஓட்டுவதில் பதினைந்து வருடங்கள் அனுபவம் உண்டே. கஷ்டப்பட்டுச் சமாளித்தேன். திசைகாட்டி முன்னும் பின்னும் வேகமாக முட்டிக் கொண்டிருந்தது.

மேகக் கூட்டத்தை விட்டு எப்படி வெளியேறுவது என்று தவித்துக் கொண்டிருந்த எனக்கு, தூரத்தில் ஓர் ஒளி தெரிந்தது. அது குகை போன்ற ஓரிடத்துக்கு அழைத்துச் செல்வதாகவும் தோன்றியது. ஏதோ ஒரு தைரியத்தில் அதனுள் விமானத்தைச் செலுத்தினேன். விமானம் பல மடங்கு வேகமாக என் கட்டுபாட்டையும் மீறிப் பறந்தது. அதுவும் விநோதமான கருநிறக் கோடுகளான வளையங் களுக்குள். அது என்னவென்று புரியவில்லை. ஆனால், இருபதே

புரூஸ் ஜெர்னென்

நொடிகளில் சுமார் 16 கிமீ பறந்து, அந்த மர்ம மேகங்களைத் தாண்டி வெளியே வந்துவிட்டது விமானம். என் விமானத்தின் அதிகபட்ச வேகமே மணிக்கு 300 கிமீதான். ஆனால் அது 3000 கிமீ வேகத்தில் பறந்தது எப்படி என்பது பேரதியசமே.'

பெர்முடா முக்கோணத்தின் மர்மத்தினூடே பறந்து சென்று மீண்டு வந்த ஒரே நபராக புரூஸைத்தான் சொல்ல முடியும். அவரது வார்த்தைகள், மர்மத்தின் மீதான நம்பிக்கையை மேன்மேலும் வலுப்படுத்தின.

உலகில் அதிகம் ஆராய்ச்சி செய்யப்பட்ட மர்மங்களில் ஒன்றாக பெர்முடா முக்கோணத்தைச் சொல்லலாம். மர்மத்தின் விடை இதுவாகத்தான் இருக்கலாம் என்று வெவ்வேறு கணிப்புகள் வெளிவந்தன, வந்துகொண்டே இருக்கின்றன. பெர்முடா முக்கோணப் பகுதியில் புவியீர்ப்பு விசை மிக அதிகம். விமானங்களும் கப்பல்களும் கட்டுப்பாடு இழக்க அதுவே காரணம். தவிர, சூரியனின் மின்காந்த அலைகளால் திசை காட்டிகள் பாதிக்கப்பட்டு, தவறான திசைகளைக் காண்பிக்கின்றன போன்றவை பொதுவான கணிப்புகள். வேற்றுக் கிரகவாசி கள், பூமியில் தமக்கான இறங்குதளத்தை இந்த முக்கோணப் பகுதியில்தான் அமைத்திருக்கிறார்கள். எல்லாமே ஏலியன் களும், அவர்களது பறக்கும் தட்டுகளும் செய்யும் நாச வேலை என்ற கோணத்திலும் சில விளக்கங்கள் உண்டு. அந்தக் கடல் பகுதி அமானுஷ்யங்களால் சூழ்ந்தது. எல்லாம் ஆவிகள் செய்யும்

ஸ்டீவ் மில்லர்

வேலை என்ற கருத்துக்கும் கால் முளைக்காமலில்லை.

இயற்கை எரிவாயுவின் ஒரு வடிவமான மீத்தேன்ஹைட்ரேடுகள், ஒரு குறிப்பிட்ட பகுதியில் மையம்கொண்டுள்ளன. இவை நீரின் அடர்த்தியைக் குறையச் செய்பவை. இதனால் திடீரென உண்டாகும் மீத்தேன் வெடிப்புகளால், நீரின் அடர்த்தி முற்றிலும் மாறிப்போகிறது. அதாவது கப்பல்கள் மிதக்க முடியாத அளவுக்கு. எனவே கப்பல்கள் மூழ்கிப் போகின்றன என்பது அறிவியல்பூர்வ அனுமானங்களில் ஒன்று. ஆனால் விமானங்களுக்கு இது பொருந்தாது.

இந்த நூற்றாண்டில் புதிய தியரி ஒன்று வெளியானது. பெர்முடா முக்கோண எல்லையில் எங்கும் இல்லாதபடியான அறுங்கோண வடிவிலான மேகங்கள் காணப்படுகின்றன என்பதை செயற்கைக்கோள் படங்கள் மூலமாக கொலராடோ பல்கலைகழகத்தின் வானியல் ஆய்வாளரான ஸ்டீவ் மில்லர் என்பவர் கண்டறிந்தார். அந்த மேகங்களே பெர்முடா முக்கோண மர்மத்தின் மூலகர்த்தா என்று தன் கருத்தை முன்வைக்கிறார் ஸ்டீவ்.

டிராகனின் முக்கோணமும், பெர்முடா முக்கோணத்துக்கு உரிய அத்தனை மர்மங்களையும், கூடுதல் கற்பனைகளையும் உள்ளடக்கியது. கப்பல்கள், விமானங்கள், சிறு படகுகள், மனிதர்கள் காணாமல் மீளாமல் போவது இங்கும் சகஜமாம்.

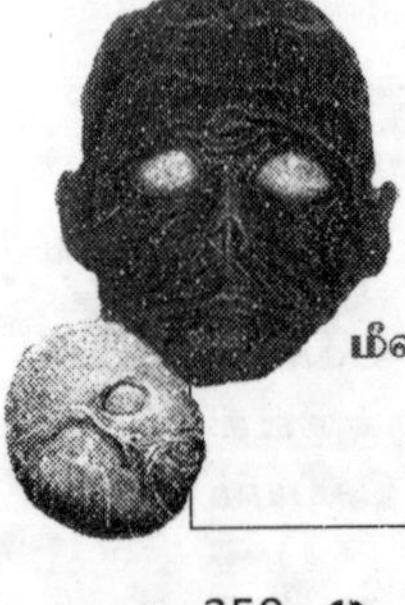

'அறுங்கோண வடிவத்தில் காணப்படும் இந்த மேகங்கள், பெர்முடா முக்கோணத்தின் மேற்குப் பகுதியில் கிட்டத்தட்ட 30 கிமீ முதல் 90 கிமீ பரப்பளவில் படர்ந்துள்ளன. அறுங்கோண மேகங்களுக்குக் கீழே கடல் பகுதியில், மணிக்கு 170 மைல் வேகத்தில் அதி தீவிர சூறாவளிகள் உண்டாகின்றன. அவை, கடல் மட்டத்திலிருந்து காற்று பந்துகள் போல உருவெடுத்து தீவிர வேகத்தில் வீசுகின்றன. அதாவது கடல் மட்டத்திலிருந்து மேலே எழும்பி, மீண்டும் கீழ்நோக்கித் திரும்புகின்றன.

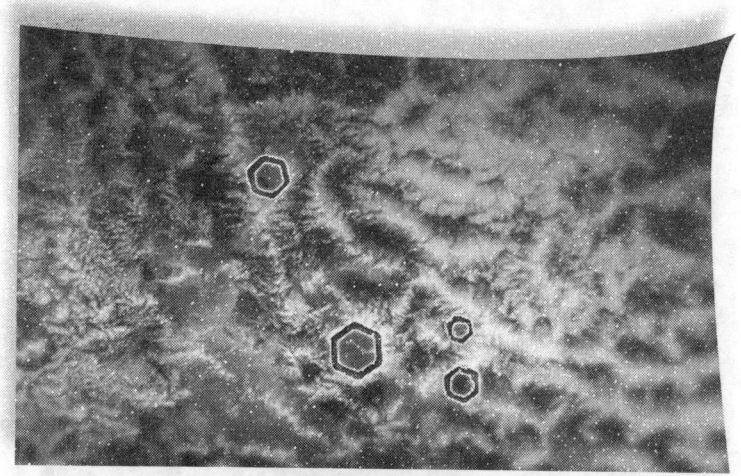

அறுங்கோண வடிவ மேகங்கள்

அப்போது 45 அடி உயரம் வரை ராட்ஷசக் கடல் அலைகள் உருவாகின்றன. இந்த கடல் பந்து சூறாவளிகளின் தாக்கத்தாலும், ராட்ஷசக் கடல் அலைகளாலும் தான் அந்தப் பகுதியில் பயணம் செய்யும் கப்பல்களும் விமானங்களும் நிலைகுலைந்து கடலுக்குள் மாயமாகின்றன.'

இது ஸ்டீவின் தியரி. இதை ராண்டி செர்வெனி என்ற வானிலை ஆய்வாளரும் வழிமொழிகிறார். இந்த அறுங்கோண மேகங்களுக்கு Killer Clouds என்று பெயரிடப்பட்டுள்ளது. இந்தக் கருத்தை உலகம் இன்னும் முற்றிலுமாக ஏற்றுக் கொள்ளவில்லை.

முக்கோணத்தில் அடிப்பக்கத்தில் என்ன மர்மம் இருக்கும் என்று உலகம் தொடர்ந்து தலையைப் பிய்த்துக் கொண்டிருக்க, முக்கோணத்தின் மறுபக்கத்திலும் மர்மம் இருக்கிறது என்றொரு செய்தியும் வெளிவந்தது. மறுபக்கம் என்றால் பூமிப்பந்தில் பெர்முடா முக்கோணம் அமைந்துள்ள இடத்துக்குச் சரியாக எதிர்ப்பக்கத்தில். பசிபிப் பெருங்கடலில் ஜப்பானின் மேற்குக் கரையிலிருந்து, தெற்கில் யேப் தீவுக்கும், மேற்கில் தைவானுக்கும் இடைப்பட்ட பகுதி. இதனை ஜப்பானியர்கள், 'டிராகனின் முக்கோணம்' என்கிறார்கள்.

டிராகனின் முக்கோணமும், பெர்முடா முக்கோணத்துக்குரிய அத்தனை மர்மங்களையும், கூடுதல் கற்பனைகளையும் உள்ளடக்கியது. கப்பல்கள், விமானங்கள், சிறு படகுகள்,

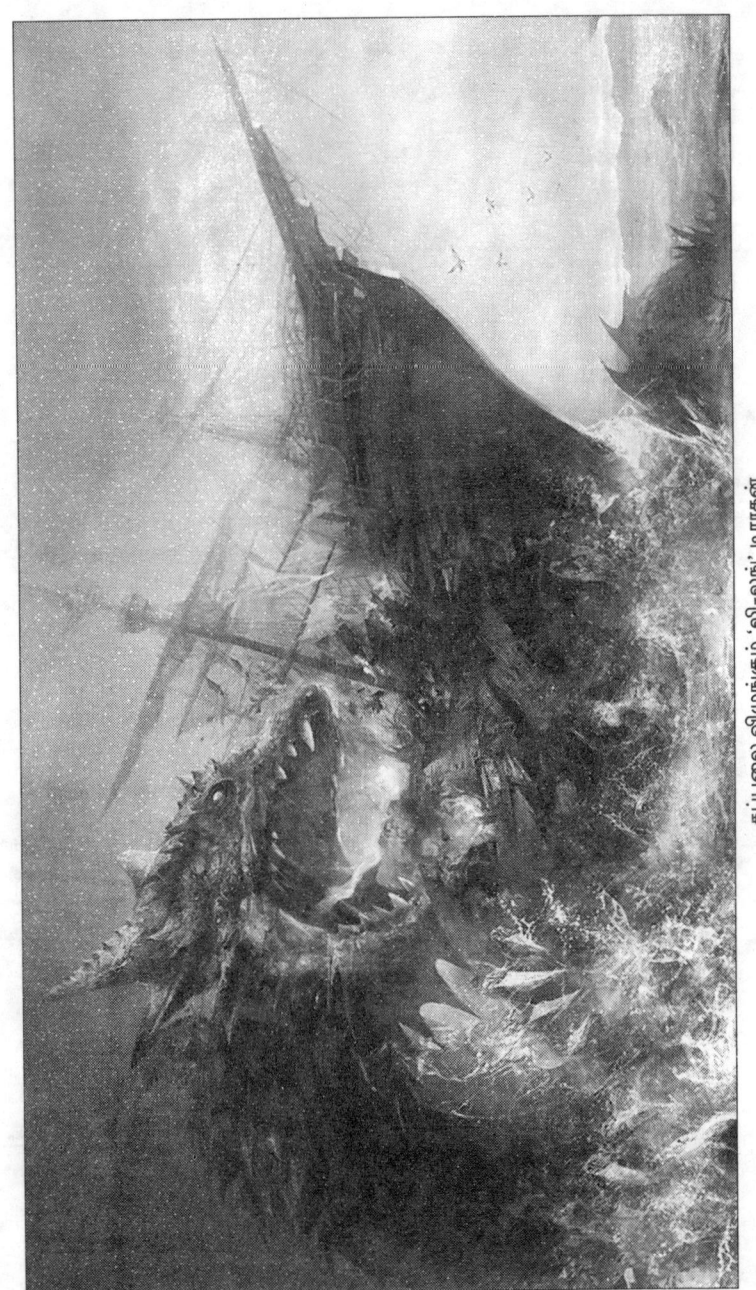

கப்பலை விழுங்கும் 'லி-லங்' டிராகன்

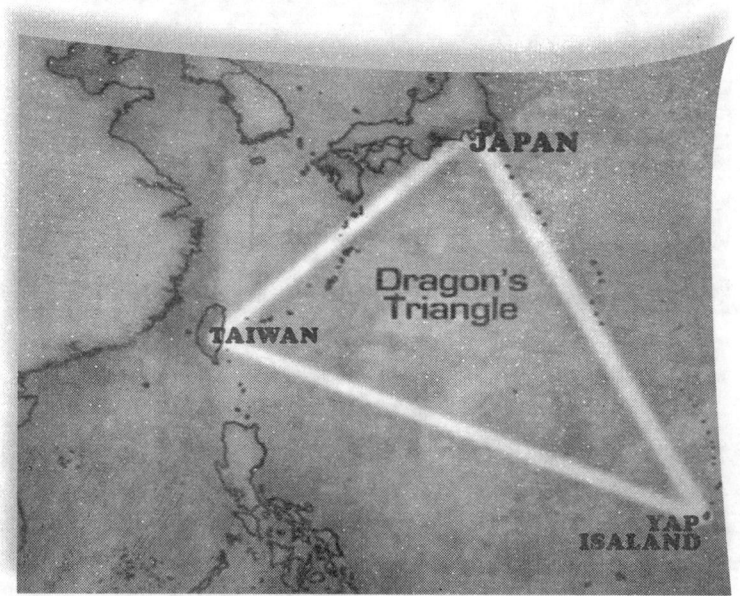

வரைபடத்தில் டிராகனின் முக்கோணம்

மனிதர்கள் காணாமல், மீளாமல் போவது இங்கும் சகஜமாம். 1950-ல் ஜப்பானிய அரசே இந்த முக்கோணத்தை 'ஆபத்தான கடல்பகுதி' என்று அறிவித்திருக்கிறது. இந்த மர்மத்தை ஆராயச் சென்ற ஜப்பானியக் கப்பல், 22 ஆய்வாளர்களுடன் மாயமாகிப் போனதும் நிகழ்ந்திருக்கிறது. 'அந்தப் பகுதியில் செல்லும்போது சில நேரம் கப்பல் நம் கட்டுப்பாட்டில் இருக்காது. விநோதமான சிவப்பு ஒளிக்கற்றைகள் தென்படும். காதைப் பதம் பார்க்கும் ஒலிகளும் அச்சுறுத்தும். கடலின் சீற்றம் அதிகமாக இருக்கும்' - இவை கடல் பயணிகளின் பொதுவான கருத்து. அந்தக் கடல் பகுதியை ஆளும் டிராகனின் பெயர் 'லி-லங்'. கப்பலை மட்டுமல்ல; விமானங்களை விழுங்குவதுகூட அந்த டிராகன்தான் என்பது ஜப்பானியர்களின் நம்பிக்கை. இதனால்தான் 'டிராகன் முக்கோணம்' என்று பெயர் வைத்திருக்கிறார்கள்.

எதிலுமே உண்மையில்லை. தம் படைப்பை விற்பதற்காக நாவலாசிரியர்களும், திரைப்பட இயக்குநர்களும் ஊதி ஊதிப் பெரிதாக்கிய கற்பனைகள்தாம். பெர்முடா முக்கோணம் என்று சொல்லும் கடல் பகுதியையும், ஜப்பானின் டிராகன் கடல் பகுதியையும் தினமும் ஏராளமான கப்பல்களும் படகுகளும் விமானங்களும் கடந்துகொண்டேதான் இருக்கின்றன. அப்படிப்

ஃப்ரீபோர்ட் கடற்கரை நகரம்

பார்த்தால், நிகழும் மர்ம விபத்துகளின் எண்ணிக்கை மிக மிகக் குறைவே. இதுவே நிதர்சனம் என்று வாதிடுபவர்களின் வார்த்தைகளிலும் நியாயம் இருக்கவே செய்கிறது.

இங்கே மாயமாகும் கப்பல்கள், விமானங்களின் எண்ணிக்கை மிக மிகக் குறைவே. மர்மமான முறையில் விபத்துகள் மிக அரிதாகவே நிகழ்கின்றன என்று பிரிட்டனின் கடல் காப்பீடு நிறுவனமான லாயிட்ஸ் ஆஃப் லண்டன் நிறுவனம் சொல்கிறது. அமெரிக்க கடலோரக் காவல்படையின் பதிவுகளும் அதை நிரூபிக்கின்றன. இந்த முக்கோணத்தின் எல்லைக்குள்தான் ஃப்ரீபோர்ட் கடற்கரை நகரம் அமைந்துள்ளது. அங்கே துறைமுகத்துக்கு தினமும் பெரியதும் சிறியதுமாக ஏராளமான கப்பல்கள் வந்து செல்கின்றன. வருடத்திற்கு சுமார் ஐம்பதாயிரம் விமானங்கள் வந்து செல்லும் விமான நிலையமும் அங்கே இயங்குகிறது. ஆண்டொன்றுக்கு சுமார் ஒரு மில்லியனுக்கும் அதிகமான சுற்றுலாப் பயணிகள் வந்து செல்கிறார்கள் என்பதும் பெர்முடா முக்கோண மர்மத்தை நீர்க்கச் செய்யும் தகவலே.

இருந்தாலும் மாயமாகிப் போன கப்பல்களுக்கும் விமானங ்களுக்கும் உயிர்களுக்கும் நீதி கிடைக்க வேண்டாமா. கடலுக்குள்ளும், கடல் மேலும் முக்கோண மர்மம் குறித்த தேடல்கள் தொடர்ந்து கொண்டே இருக்கின்றன.

17

பொம்மைத் தீவு

அவருக்கு நகர வாழ்க்கை பிடிக்கவில்லை. அவரது மனம் அமைதியைத் தேடியது. தனிமையை நாடியது. யாரும் இல்லாத தீவொன்று வேண்டும் என்று எண்ணம் அதைத்தேடியே ஓடியது. அப்படி ஒரு தீவுக்குச் சென்று மனித வாடையே இல்லாமல், சுத்தமான காற்றைச் சுவாசித்தபடி, பறவைகளோடும் தாவரங்களோடும் மீதி வாழ்க்கையை நிம்மதியாகக் கழிக்க வேண்டும் என்று விரும்பினார். பலரது மனத்திலும் உள்ள ஆசைதான். ஆனால், அவரால் அதை நிறைவேற்றிக் கொள்ள முடிந்தது.

அந்த மனிதனின் பெயர், டான் ஜூலியன் சண்டனா. மெக்ஸிகோவில் சென்ற நூற்றாண்டில் பிறந்தவர். உடலிலிருந்து இளமை முற்றிலும் உதிர்வதற்கு முன்பாகவே

டான் ஜூலியன் சண்டனா

சந்நியாசத்தை நாடினார். அவர் விரும்பியபடி தீவொன்றையும் கண்டுபிடித்தார். புகழ்பெற்ற மெக்ஸிகன் இயக்குநர் எமிலியோ எல் இண்டியோ ஃபெர்னாண்டஸ் என்பவர் 1943-ல் இயக்கிய María Candelaria என்ற திரைப்படத்தில் அந்தத் தீவு இடம் பெற்றிருந்தது. ரசிகர்கள் பலரையும் அந்தத் தீவு கவர்ந்தது. டான் ஜூலியன், அந்தத் தீவைத் தனதாக்கிக் கொண்டார்.

ஷோசிமில்மோ (Xochimilco), மெக்ஸிகோவில் இருக்கும் மிக நீண்ட கால்வாய். அந்தக் கால்வாயை ஒட்டி பல சுற்றுலாத் தளங்கள் அமைந்துள்ளன. ஏகப்பட்ட பேர் அதில் படகு ஓட்டி சம்பாதித்துக் கொண்டிருக்கிறார்கள். Chinampas என்ற பகுதியில் ஷோசிமில்கோ கால்வாய் ஒட்டி அல்லிக் கொடிகள் பரந்த நீர்ப்பரப்பின் ஊடே அமைந்திருந்தது ஜூலியனின் குடிபுகுந்த தீவு. அங்கே அவர் தனக்கென்று ஒரு வீடு கட்டிக் கொண்டார். நிலத்தில் காய்கறிகள் பயிரிட்டார். விளைந்த காய்கறிகளை விற்பதற்காக மட்டும் நகரத்துக்குச் சென்றார். காய்கறிகளை விற்றுவிட்டு, தனக்குத் தேவையான பொருள்களை வாங்கிக் கொண்டு தீவுக்குத் திரும்பிவிடுவார். வாங்கும் பட்டியலில் எப்போதும் புல்கே (Pulque) இருக்கும். மெக்ஸிகோ மண்ணின் மதுபானம் அது. தீவு, விவசாயம், காய்கறி விற்பனை, மது, தனிமை, ஓய்வு. ஜூலியன் நினைத்தது போலவே வாழ்க்கை ரம்மியமாகத்தான் இருந்தது, அந்தக் காட்சியைக் காணும் வரை.

1950-களில் ஒருநாள். ஜூலியன் அல்லிக் கொடிகள் படர்ந்த அந்த நீர்ப்பரப்பின் அருகில் சென்றார். அதில் ஏதோ ஒன்று வித்தியாசமாகப் புலப்பட்டது. கொஞ்சம் அருகில் சென்று உற்றுப் பார்த்தார். யாரோ நீரில் கிடப்பதுபோலத் தெரிந்தது. கரையோரமாகவே ஓடினார்.

அவர் கண்ணில் அந்தச் சிறுமி, அதேபோல மிதப்பது தெரிந்தது. அது மாயை என்று மனத்துக்குத் தெரிந்தாலும் உடல் சிலிர்த்தது. கண்களைத் துடைத்துக் கொண்டு பார்த்தார். சிறுமியின் உடல் இல்லை

தீவின் ஒரு பகுதி

பக்கத்தில் போய்ப் பார்த்தார். நீரில் கிடப்பது பருவ வயதுச் சிறுமி வயது என்று தெரிந்தது.

அல்லி பறிக்க வந்து, அலங்கோலமாகச் சிக்கிக் கொண்டவளா? இல்லை, அல்லிகளுக்கு மத்தியில் தன் உயிரை வெளியே வீசி எறிய வந்தவளா? அல்லது சல்லிப்பயல் எவனாவது இந்த அல்லியைக் கொன்று அள்ளி எடுத்துவந்து இங்கே தள்ளிச் சென்றுவிட்டானா? ஜூலியனுக்குப் புரியவில்லை. ஆனால், அவள் எப்போதோ இறந்துபோய்விட்டாள் என்பது மட்டும் தெரிந்தது.

அன்று இரவில் அவருக்குத் தூக்கம் வரவில்லை. புல்கே போதையையும் தாண்டி அவருக்குள் அல்லிக்கொடிகளின் மத்தியில் அந்தச் சிறுமி மிதந்து கொண்டிருந்தாள். அங்கே வந்து சிக்கியவள், உயிருக்குப் போராடி கத்தியிருப்பாளோ? அது தன் காதில் விழவில்லையோ? எனக்கு அவள் கூக்குரல் கேட்டிருந்தால் காப்பாற்றியிருக்கலாம் அல்லவா. ஓர் உயிர், அதுவும் இளம் உயிர் இப்படி அநியாயமாகப் பறிபோய்விட்டதே. ஜூலியன், தனிமையில் வாய்விட்டுப் புலம்பினார். அந்த இரவு நீண்டு கொண்டே போனது.

ஓரிரு நாள்கள் கடந்திருக்கும். ஜூலியன் அல்லிக் கொடிகள் படர்ந்த நீர்ப்பரப்புக்கு மீண்டும் சென்றபோது, அவர் கண்ணில் அந்தச் சிறுமி, அதேபோல மிதப்பது தெரிந்தது. அது

மாயை என்று மனத்துக்குத் தெரிந்தாலும் உடல் சிலிர்த்தது. கண்களைத் துடைத்துக் கொண்டு பார்த்தார். சிறுமியின் உடல் இல்லை. ஆனால், ஏதோ ஒன்று நீர்ப்பரப்பில் மிதந்தது. அருகில் ஓடிச்சென்று பார்த்தார். அது ஒரு பொம்மை.

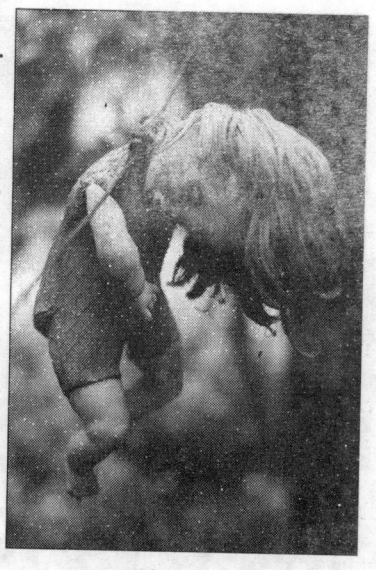

தூண்டிலை எடுத்து வீசினார். அந்த பொம்மையை நீரிலிருந்து மீட்டார். அழகான பொம்மை. முட்டைக்கண்களுடன், குவிந்த சிறிய உதடுகளுடன், சிவந்த கன்னங்களுடன், பட்டுப் போன்ற கூந்தலுடன் கூடிய பெண் குழந்தை பொம்மை. நிச்சயம், இந்த பொம்மை இறந்துபோன அந்தச் சிறுமிக்குரியதாகத்தான் இருக்க வேண்டும். எவ்வளவு ஆசையாக இந்த பொம்மையுடன் விளையாடி இருப்பாள்? ச்சே!

ஜூலியனுக்குள் துக்கம் பெருகியது. என்னால் அந்தச் சிறுமியைக் காப்பாற்ற முடிந்திருந்தால், இந்நேரம் அவளுக்கு இந்தப் பொம்மையைப் பரிசளித்திருக்கலாமே. அவரது கண்கள் கலங்கின. அந்தச் சிறுமியின் நினைவாக பொம்மை அங்கேயே இருக்கட்டும் என்று நினைத்தார். அந்தச் சிறுமிக்குத் தான் செய்யும் இறுதி மரியாதையாக அந்தப் பொம்மையை அருகிலிருந்த மரத்தில் கட்டித் தொங்கவிட்டார். ஜூலியன் விசும்பலுடன் கண்ணீரைத் துடைத்துக் கொண்டார். அந்த பொம்மையிலிருந்து நீர் சொட்டிக் கொண்டிருந்தது.

அடுத்தடுத்த இரவுகளில் ஜூலியனுக்கு நிம்மதியான தூக்கம் இல்லை. பூச்சிகளும் தவளைகளும் மட்டும் அபஸ்வரத்தோடு குரலெழுப்பும் அடர்த்தியான இருளில், தனிமையான சூழலில், ஜூலியனின் காதுகளுக்கு யாரோ பெருமூச்சு விடும் சத்தம் கேட்டது. பயத்தில் எழுந்து உட்கார்ந்தார். அவரைத் தவிர அங்கே சுற்றிலும் பல கிலோ மீட்டர்களுக்கு ஒற்றை மனிதன்கூட கிடையாது. எனில், இது யாருடைய மூச்சுச் சத்தமாக இருக்கும்?

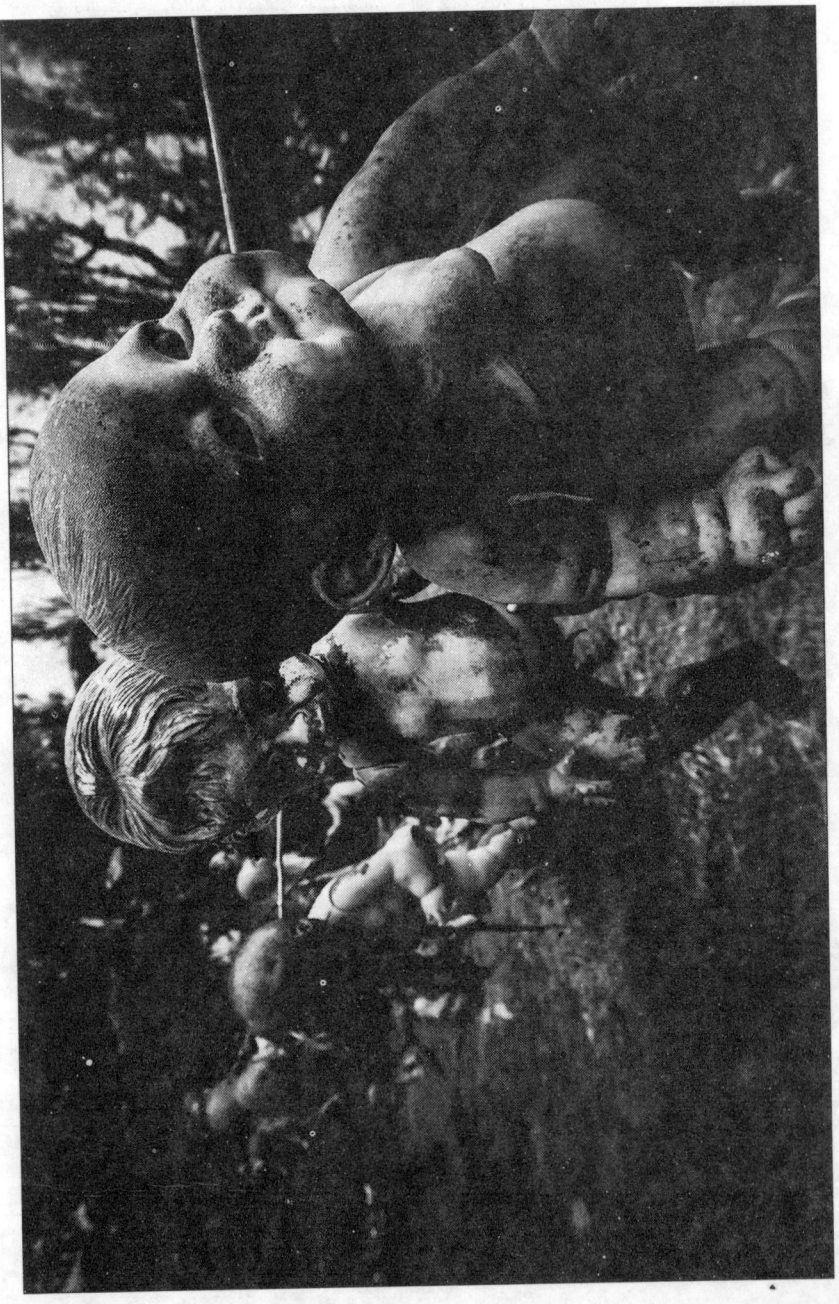

மீண்டும் மீண்டும் பெருமூச்சின் சத்தத்தை உணர்ந்தார். அவருக்கு மூச்சு நிற்பது போலானது.

தண்ணீர் குடித்துவிட்டு, ஆண்டவருக்கு ஸ்தோத்திரம் சொல்லிவிட்டு, போர்வையை முழுக்க இழுத்து மூடித்தூங்க முயற்சி செய்தார். கனவிலும் அந்தச் சிறுமி வருவாளோ என்ற பயத்தில் தூக்கம் வரவில்லை. ஆனால், வீட்டுக்கு வெளியே யாரோ நடந்துபோகும் சத்தம் கேட்டது. எச்சிலை விழுங்கிக் கொண்டார். நிலவொளி கசிந்த ஜன்னலுக்கு அந்தப்புறம் அரூபமான உருவம் நிழலாடுவதையும் உணர்ந்தார். உடல் நடுங்கத் தொடங்கியது. இரவுகள் அவருக்கு அச்சமூட்டுபவையாக மாறின.

இந்தத் தீவை விட்டுவிட்டுப் போய்விடலாமா? யோசித்தார். மீண்டும் நகர - நரக வாழ்க்கைக்குள் தன்னைத் திணித்துக் கொள்ள அவரது மனம் விரும்பவில்லை. ஆனால், அந்தச் சிறுமியின் இறப்புக்குப் பிறகு தனிமையின் நிம்மதியை அவர் இழந்திருந்தார். நிராசையோடு இறந்துபோனவர்களது ஆவி அதே இடத்தைச் சுற்றிச் சுற்றி வரும் என்பார்களே. அந்தச் சிறுமியின் ஆன்மாவும் இந்தத் தீவையும், அந்த அல்லிக் கொடிகளடர்ந்த நீர்ப்பரப்பையும் சுற்றிச் சுற்றி வருகிறதா?

ஜூலியன், அடுத்த முறை நகரத்துக்குப் போய்வரும்போது புதிய பொம்மை ஒன்றை வாங்கி வந்தார். அந்த பொம்மையையும் மரத்தில் கட்டித் தொங்கவிட்டார். அந்தச் சிறுமிக்காக. அமைதியிழந்த அவளது ஆன்மாவுக்காக. அன்றைக்கு இரவில் கொஞ்சம் அசந்து தூங்கினார். ‘அவள் இங்கேதான் இருக்கிறாள். இங்கேதான் திரிந்து கொண்டிருக் கிறாள். அவளை இந்தப் பொம்மைகளே சந்தோஷப்படுத்து கின்றன. அவளது ஆன்மாவை இந்தப் பொம்மைகளே ஆற்றுப் படுத்துகின்றன’ - என்பதாக ஜூலியன் புரிந்துகொண்டார்.

ஒவ்வொரு முறையும் நகரத்துக்குச் சென்று திரும்பும்போதும் கையில் புதிய பொம்மையுடன் வந்தார். அந்தத் தீவின் பல மரங்களில் பொம்மைகள் தொங்க ஆரம்பித்தன. நகரத்தில் ஜூலியனைச் சந்திக்கும் ஒரு சில நண்பர்கள், அவரது போக்கில் மாற்றத்தைக் கண்டார்கள். அவரது பேச்சில் வேறுபாட்டை உணர்ந்தார்கள். என்ன ஏது என்று விசாரித்தபோது, அந்தத் தீவின் பல்வேறு மரங்களில் பொம்மைகள் தொங்கிக்

கொண்டிருப்பதைப் பார்த்தார்கள். ஜூலியன் வசிக்கும் அந்தத் தீவுக்கு புதிய பெயர் ஒன்று உருவானது. Isla De Las Mulecas. பொம்மைகளின் தீவு என்று பொருள்.

ஒரு கட்டத்தில் அந்தத் தீவின் எல்லா இடங்களிலும், ஒவ்வொரு மரங்களிலுமே பொம்மைகள் தொங்கிக் கொண்டிருந்தன. அழுக்கும் சேறும் படிந்து, சிலந்தி வலையால் சுற்றப்பட்டு, கண்கள் பிடுங்கப்பட்டு, கையின்றி அல்லது கால் இன்றி அல்லது தலையின்றி, பிடுங்கப்பட்ட முடியுடன், உடைகள் கிழிந்து, அகோரமாக, அபாக்கியாமாக, அபுண்ணியமாக, அவலமாக, அவலட்சணமாக.

வருடங்கள் கடந்தன. பொம்மைத் தீவு, மர்மத் தீவு போலானது. காய்கறி விற்பதற்காகத் தீவை விட்டு வெளியே வருவதும், புதிய பொம்மையோடு தீவுக்குள் புகுவதுமாக ஜூலியனின் வாழ்க்கை தொடர்ந்தது. அந்தச் சிறுமியின் மரணத்தால்தான் ஜூலியன் இப்படி ஆகிவிட்டார் என்பதைச் சிலர் நம்பவில்லை. தன் தனிமையை யாரும் தொந்தரவு செய்யக்கூடாது, யாரும் தீவுக்குள் வரக்கூடாது என்பதற்காகவே ஜூலியன் சிறுமியின் மரணக்கதையைப் புனைந்துள்ளார். பொம்மைகளைத் தொங்க விட்டுள்ளார் என்றார்கள். சிறுமியைக் காப்பாற்ற முடியாத அதிர்ச்சியில்தான் ஜூலியனின் மனம் இப்படி பாதிக்கப்பட்டுவிட்டது என்று சிலர் சொன்னார்கள். அந்தச் சிறுமியின் ஆன்மாதான் ஜூலியனை இயக்குகிறது.

அதனால்தான் அவர் இப்படி பொம்மைகளோடு வாழ்ந்து கொண்டிருக்கிறார் என்று சிலர் நம்பினார்கள்.

2001. ஜூலியன் அந்தத் தீவுக்குக் குடிபுகுந்து கிட்டத்தட்ட ஐம்பது வருடங்கள் முடிந்திருந்தன. வழக்கமாகக் காய்கறி விற்க நகரத்துக்கு வருபவர் ஓரிரு நாள்கள் வரவில்லை. ரோஜெலியோ என்ற ஜூலியனின் உறவுக்கார இளைஞர், அவரைத் தேடி பொம்மைகள் தீவுக்குச் சென்றார். அவர் அங்கே ஜூலியனைக் கண்டார். அல்லிக்கொடிகள் நிரம்பிய நீர்ப்பரப்பில். ஆம், ஐம்பது ஆண்டுகளுக்கு முன்பு அந்தச் சிறுமி இறந்துகிடந்த அதே இடத்தில் ஜூலியனின் உயிரற்ற உடலும் மிதந்து கொண்டிருந்தது.

★

ஜூலியனின் மரணம், பொம்மைகள் தீவுக்கு மர்மமான புகழைக் கொடுத்தது. அச்சமூட்டும் ஆயிரக்கணக்கான பொம்மைகள் எங்கெங்கும் தொங்கும் அந்தத் தீவைப் பார்க்கப் பலரும் விரும்பினார்கள். பெரும்பாலானோர் பயந்து தயங்கினார்கள்.

ஜூலியன் வாழ்ந்த வீடு

பத்திரிகையாளர்களும், தொலைக்காட்சி கேமராக்களும் பொம்மைகள் தீவைச் சூழ்ந்தார்கள். அது குறித்த செய்திகள் உலகமெங்கும் பரவ ஆரம்பித்தது. அந்தத் தீவு மெக்ஸிகோவின் மர்மமான சுற்றுலாத் தளமாக மாறிப்போனது.

ரோஜெலியோதான், இப்போது அந்தத் தீவைப் பராமரித்து வருகிறார். 'அந்தச் சிறுமியின் ஆன்மா இன்னும் இங்கேயேதான் இருக்கிறது. அதனைச் சமாதானப்படுத்தவே ஜூலியன் இத்தனை பொம்மைகளை மாட்டி வைத்துள்ளார். இரவு நேரத்தில் நீங்கள் தங்கினால் அதனை உணரலாம்' என்று ரோஜெலியோ அழுத்தமாகச் சொல்கிறார். தீவுக்குள் காலடி எடுத்து வைக்கும் சுற்றுலாப் பயணிகளும் கையில் ஒரு பொம்மையுடன் தான் வருகிறார்கள். அதை மரத்தில் கட்டித் தொங்க விடுகிறார்கள். சிலர் பொம்மைகளின் நைந்த உடைகளை அகற்றிவிட்டு, புதிய உடை மாற்றி விடுகிறார்கள். ஜூலியன் நட்ட மரங்களில் எப்போதோ கட்டப்பட்ட பழைய பொம்மைகள், இப்போது அந்த மரங்கள் வளர வளர, அதன் பெரிய தண்டில் சிக்கி, சிதைந்து, பிதுங்கித் தொங்கும் குரூரக் காட்சியையும் அங்கே காணலாம். ஜூலியனின் காலத்துக்குப் பிறகும் அங்கே பொம்மைகள் சேர்ந்துகொண்டே போகின்றன.

ரோஜெலியோ

ஹாரர் திரைப்படங்களில் பேய் பொம்மைகள் பலவற்றையும் கண்டு பயந்திருக்கிறோம். அது செயற்கையாகத் திணிக்கப்பட்ட பயம். ஆனால், இந்த பொம்மைகள் தீவுக்குள் நுழைந்து திரும்பும்போது மனிதர்களுக்கும் உண்டாகும் அசல் அச்ச உணர்வை எந்த ஒரு கற்பனைப் பேயாலும் தர இயலாது என்பது உண்மை.

அந்த பொம்மைகளிடம் நான் உயிர்ப்பைக் கண்டேன். அவை சற்றே என்னை நோக்கிக் கழுத்தைத் திருப்பின. கண் சிமிட்டின. அந்த பொம்மைகள் மூச்சுவிடும் சத்தம் கேட்டபோது எனக்கு இதயத்துடிப்பே நின்றது போலாகிவிட்டது

'அந்த பொம்மைகளிடத்தில் நான் உயிர்ப்பைக் கண்டேன். அவை சற்றே என்னை நோக்கிக் கழுத்தைத் திருப்பின. கண் சிமிட்டின. அந்த பொம்மைகள் மூச்சுவிடும் சத்தம் கேட்டபோது எனக்கு இதயத்துடிப்பே நின்றது போலாகிவிட்டது. ஆம், அந்தச் சிறுமிதான் அத்தனை

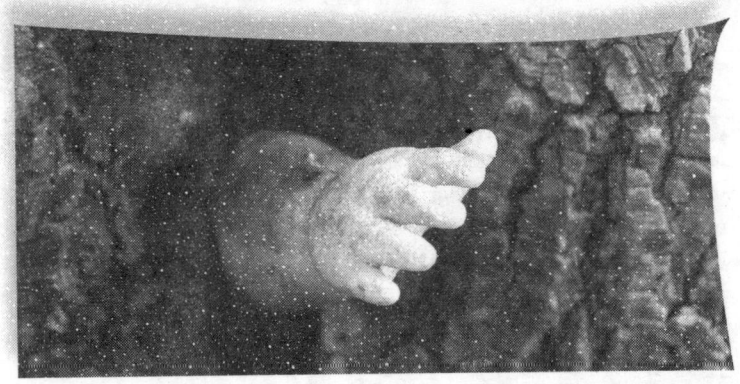

பொம்மைகளுக்குள்ளும் இருக்கிறாள்.' - இவை தீவை ஆராயச் சென்ற பலரது அனுபவங்களாக, நடுக்கமூட்டும் வார்த்தைகளாகப் பலமுறை வெளிப்பட்டிருக்கின்றன.

டான் ஜூலியனின் உடல் அதே தீவில்தான் புதைக்கப்பட்டிருக் கிறது. வெள்ளை நிறச் சிலுவை ஒன்றைத் தாங்கிய கல்லறை ஒன்றில் அவர் உறங்கிக் கொண்டிருக்கிறார். அந்தச் சிறுமி அங்கே இருக்கிறாளோ, இல்லையோ தெரியாது. அந்த ஆயிரக்கணக்கான அகோர பொம்மைகளோடு ஜூலியன் அங்கேதான் இருக்கிறார், நிச்சயமாக!

18

நிலவொளிக் கொலைகள்

வானின் கருமைக்கு வெள்ளையடிப்பதுபோல் நிலவு ஒளி சிந்திக் கொண்டிருந்தது. ஸ்டீவன்ஸன் தெருவில் நிலவிய நிசப்தத்தைக் கலைப்பதாக மெள்ள அந்த கார் ஊர்ந்து வந்தது. காரினுள், ஜிம்மி ஹோலிஸூம் (வயது 24), அவனது காதலி மேரி லேரியும் (வயது 19) பிரெஞ்சு முத்தம் பழகிக் கொண்டிருந்தனர். அவர்களது முத்த தவத்தைக் கலைக்கும்விதமாக எதிரில் வந்து பெரும் சத்தத்துடன் கீரிச்சிட்டு நின்றது இன்னொரு கார். தனது காரை அவசரமாக நிறுத்தினான் ஜிம்மி.

எதிர் காரிலிருந்து ஓர் உருவம் வேகமாக இறங்கியது. ஆறடிக்கும் அதிகமான உயரம். ஓரளவு பலமான உடற்கட்டு. உடலை முழுவதும் மறைப்பதாக உடை. முகத்தை முழுவதும் மூடியிருப்பதாக ஓர் உறை, அதில் கண்கள்

இருக்கும் பகுதிகளில் மட்டும் துளைகள். நெருங்கி வந்த அந்த உருவம், ஜிம்மியின் கார்க் கதவைத் திறந்து, அவனை வெளியில் இழுத்துப் போட்டது. தன் கையிலிருந்த ஒரு கம்பியால், ஜிம்மியின் தலையில் ஒரே அடி. கீழே விழுந்து துடித்தான். மேரி கதறிக் கொண்டு ஜிம்மியைத் தூக்க வந்தாள். ஒரே மிதி. தள்ளிப் போய் விழுந்தாள். ஜிம்மி மேலும் தாக்கப்பட்டு, நிலைகுலைந்து விழுந்தான். மேரி, அந்த உருவத்திடமிருந்து தப்பித்து ஓடினாள். துரத்திப் பிடித்த அந்த உருவம், துப்பாக்கி முனையில் அவளை பலவந்தமாக...

'காப்பாற்றுங்கள்... உதவி...' - தட்டுத் தடுமாறி சாலைக்கு ஓடிவந்த ஜிம்மி, எதிரில் வந்த இன்னொரு காரை மறித்தான். அந்தக் காரோட்டியும் ஜிம்மியும் சேர்ந்து மேரியைக் காப்பாற்றச் செல்வதற்குள், அந்த மர்ம உருவம் தான் வந்த காரில் ஏறி தப்பித்துப் போயிருந்தது. மேரி, கதறியபடி கிடந்தாள். இருவருக்குமே உயிருக்கு ஆபத்தில்லை. ஜிம்மியின் மண்டை ஓட்டில் இரண்டு கீறல்கள். உடலில் சில காயங்கள். சில காலம் மருத்துவமனையில் சிகிச்சை பெற்றார்கள்.

இச்சம்பவம் அமெரிக்காவின் டெக்ஸாஸுக்கும் அர்கான்ஸாஸுக்கும் இடையிலிருந்த டெக்ஸார்கானா நகரத்தின் ஒதுக்குப்புறத்தில், 1946, பிப்ரவரி 22-ல் நடந்தது. அத்தோடு முடிந்து விடவில்லை.

அதே வருடத்தின் மார்ச் 23. ஒளியை இருள் விழுங்க ஆரம்பித்த நேரம். கிழக்கில் நிலவு உதித்துக் கொண்டிருந்தது. டெக்ஸார்கானாவுக்கு வெளியே போவி கவுண்டிக்குச் செல்லும் சாலையில் அநாதையாக வந்து கொண்டிருந்த ஒரு கார் மறிக்கப்பட்டது. காரில் இருந்தவர்கள், ரிச்சர்ட் கிரிஃபின் (வயது 29), அவனது காதலி அன் முரே (வயது 19). இருவருமே மறுநாள் காலையில் அதே சாலையில், ஒதுக்குப்புறமாக நின்ற காரினுள் பிணமாகக் கிடந்தார்கள். இருவரது பின்னந்தலையிலும் குண்டு பாய்ந்திருந்தது. வெளியில் தரையில் உறைந்து கிடந்த ரத்தம், கொலை செய்யப்பட்டு, பின் காரினுள் கொண்டு வந்து கிடத்தப்பட்டிருப்பார்கள் என்று சொல்லியது. அந்தப் பெண்ணும் பலவந்தமாக...

இரவு நேரங்களில் தனிமையான சாலைகளில் கார்களின் போக்குவரத்து வெகுவாகக் குறைந்துபோனது. காதலர்கள் சந்திக்கும் இடங்கள் வெறிச்சோடின. பிரெஞ்சு முத்தங்கள் அநாதையாயின

முதல் சம்பவத்துக்கும் இரண்டாவது சம்பவத்துக்கும் தொடர்பிருக்குமோ என்ற கோணத்தில் போலீஸ் விசாரணையை ஆரம்பித்த வேளையில், மூன்றாவது சம்பவம் அதே வருடத்தின் ஏப்ரல் 14-ல் நிகழ்ந்தது. நார்த் பார்க் சாலையின் ஓர் ஓரத்தில் ஓர் இளைஞனின் பிணம் கண்டெடுக்கப்பட்டது. பால் மார்ட்டின் (வயது 16).

பால் மார்ட்டின்

பெட்டி ஜோ புக்கர்

உடலில் நான்கு இடங்களில் குண்டுகள் துளைத்திருந்தன. ரத்தம் ஆங்காங்கே தெறித்துக் கிடந்தது. போலீஸ் அப்பகுதியில் வேறு தடயங்களுக்காகத் தேடினார்கள். அங்கிருந்து ஒன்றரை மைல் தொலைவிலிருந்த ஸ்பிரிங் லேக் பார்க்கின் அருகில் மார்ட்டினுடைய கார் அநாதையாகக் கிடந்தது. காரில் யாராவது பெண் வந்திருக்கலாமல்லவா. தேடினார்கள். பகல் 11.30 மணியளவில் சில மரங்களுக்கிடையில் இரண்டு குண்டுகள் பாய்ந்த நிலையில் ஒரு பெண்ணின் உடல் கிடைத்தது. பாலியல் சித்ரவதைக்கு உட்படுத்தப்பட்டிருந்த அவள் பெயர் பெட்டி ஜோ புக்கர். மார்ட்டினின் காதலிதான்.

எல்லாம் ஒரே நபரால் நிகழ்த்தப்பட்ட சம்பவமே என்பது உறுதிபடுத்தப்பட்டது. யாருமில்லா சாலைகளில், காரில் தனியாகச் செல்லும் காதலர்கள் குறிவைத்துத் தாக்கப்படு கிறார்கள், கொல்லப்படுகிறார்கள். தன் இச்சைகளைத் தீர்த்துக் கொள்ள இளம் பெண்களைக் குறிவைக்கும் ஒரு கொடூரனின் செயல்தான் இது. அவன் மனநோயாளியாகக் கூட இருக்கலாம் என்று யூகங்கள் கிளம்பின. ஆனால், முகமூடி அணிந்த அதே மர்ம நபர்தான் நான்கு கொலைகளையும் செய்தானா என்று உறுதி செய்ய இரண்டாவது, மூன்றாவது சம்பவங்களுக்கு சாட்சிகள் யாருமில்லை.

டெக்ஸார்கானா மக்கள், பயத்தில் உறைந்துபோனார்கள். இரவு நேரங்களில் தனிமையான சாலைகளில் கார்களின் போக்குவரத்து வெகுவாகக் குறைந்துபோனது. காதலர்கள் சந்திக்கும் இடங்கள் வெறிச்சோடின. பிரெஞ்சு முத்தங்கள் அநாதையாயின. அந்தக் கொடூரனைப் பிடித்தே தீருவதென இளைஞர்கள், மாணவர்கள் குழுக்களாகப் பல இடங்களில் ரோந்து சென்றனர். வீடுகளில் மக்கள் ஆயுதங்களுடன் எந்நேரமும் தயாராக இருந்தனர். துப்பாக்கிகள், நிரப்பப்பட்ட தோட்டாக் களுடன் வயிறு புடைத்துக் கிடந்தன. டெக்ஸார்கானாவுக்கு அக்கம் பக்கத்து ஊர்களும் முன்னெச்சரிக்கை பூசிக் கொண்டன. அந்த ஏப்ரலில் கூடுதலாக எந்தச் சம்பவமும் நிகழவில்லை.

மே 3. டெக்ஸார்கானாவிலிருந்து பத்து மைல்கள் தொலைவிலுள்ள மில்லர் கவுண்டியின் ஒரு பண்ணை வீடு. அந்த இரவு நேரத்தில் முகமூடி அணிந்த மர்ம நபர் ஒருவன், வீட்டை நெருங்குவதை விர்ஜில் ஸ்டேக்ஸ் (வயது 36) ஜன்னல் வழியே பார்த்தார். அவர் சுதாரிப்பதற்குள் மர்ம நபர், தன் துப்பாக்கியால் சுட்டான்.

கண்ணாடியை உடைத்துக் கொண்டு முதல் தோட்டா, விர்ஜில் மேல் பாய்ந்தது. கூடவே அடுத்த தோட்டாவும்.

சத்தம் கேட்டு படுக்கையறையில் இருந்து ஓடி வந்த கேட்டி (வயது 35), தன் கணவர் ரத்த வெள்ளத்தில் இறந்து கிடப்பதைக் கண்டு பதறினாள். அவள் மர்ம நபரைப் பார்க்கக்கூட இல்லை; உடனடியாக போலீஸுக்குத் தகவல் சொல்ல போனை எடுத்து எண்ணைச் சுழற்றினாள். அப்போது அதே ஜன்னல் வழியாக மீண்டும் தோட்டாக்கள் பாய்ந்து வந்தன. ஒரு தோட்டா கேட்டியின் இடது காதுக்குக் கீழ் பாய்ந்தது. இன்னொன்று அவளது தாடையைக் காயப்படுத்தியது. போனை அப்படியே போட்டுவிட்டு, முகமெங்கும் ரத்தம் வழிய, வீட்டின் உள்புறம் வழியாகத் தப்பித்து வெளியே ஓடினாள். காப்பாற்றுங்கள் என்று அலறியபடிபக்கத்து வீட்டுக்குள் புகுந்தாள். சேறு படிந்த காலணித் தடங்களுடன் வீட்டுக்குள் கேட்டியைத் துரத்திய மர்ம நபர், அவள் அடுத்த வீட்டுக்குள் புகுந்ததும் வந்த வழியே திரும்பி ஓடிவிட்டான். துப்பாக்கி வெடிக்கும் சத்தம் கேட்டு அந்த இடத்துக்கு வந்த போலீஸாரால் அவனைப் பிடிக்க முடியவில்லை. காலணித் தடங்கள் கொஞ்ச தூரத்திலேயே காணாமல் போயிருந்தன. வேறெந்தத் தடயங்களும் சிக்கவில்லை.

இரண்டாவது, மூன்றாவது சம்பவங்களில் கொலையாளி பயன்படுத்தியது .32 ரக துப்பாக்கி எனவும், விர்ஜிலைக் கொல்லப் பயன்படுத்தியது .22 ரக துப்பாக்கி எனவும் கண்டு பிடிக்கப்பட்டது. கொலைகாரன், விர்ஜிலைச் சுட்டுக் கொன்ற பிறகு, அவரது மனைவியைச் சுடுவதற்காக அந்த ஜன்னல் அருகில் பொறுமையாகக் காத்திருந்தே சுட்டிருக்கிறான் என்று விசாரணையில் போலீஸார் சொன்னார்கள். அந்த ஜன்னல் அருகே ஒரு டார்ச் லைட் கண்டெடுக்கப்பட்டது. பல்வேறு இடங்களில் கொலையாளியின் கைரேகைகள் காணப்பட்டன. இவைபோக விர்ஜில் வீட்டில் பதிந்த கொலையாளியின் காலணித்தடங்களும், பிற கொலைகள் நடந்த இடங்களில் கிடைத்த காலணித் தடங்களும் ஒத்துப்போவதுபோலத் தெரிந்தன. 'எல்லா கொலைகளையும் செய்தது ஒருவனாகத்தான் இருக்கக் கூடும்' என்ற சந்தேகம் வலுப்பெற்றது.

அந்த கவுண்டியைச் சேர்ந்த ஷெரிஃப் (தலைவர்) W.E. டேவிஸ், அந்த டார்ச் லைட்டை முக்கியமான தடயமாகக் கருதினார்.

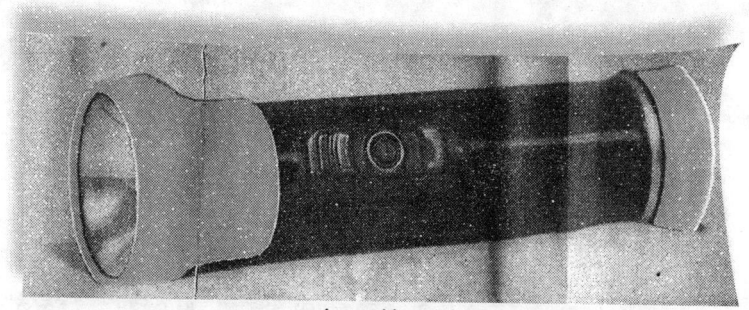

அந்த டார்ச் லைட்

இரண்டு பேட்டரிகள் போடக்கூடிய, குறிப்பிட்ட நிறுவனத்தின் தயாரிப்பான, சிவப்பு - கருப்பு நிறங்கள் கொண்ட அந்த ரக டார்ச் லைட்களை யாரெல்லாம் விற்கிறார்கள்? அவற்றை யாரெல்லாம் வாங்கியிருக்கிறார்கள்? இப்படியொரு கோணத்தில் அவரது விசாரணை நீண்டது.

★

முதல் சம்பவத்தில் உயிர் தப்பிப் பிழைத்த ஜிம்மி, மேரி மட்டுமே மர்ம நபரைக் குறித்த அடையாளங்களைச் சொல்பவர் களாக இருந்தார்கள். கேட்டி, அவனைச் சரியாகப் பார்க்க வில்லை. மற்ற எல்லோருமே கொல்லப்பட்டுவிட்டனர். தவிர, கொலையாளி தன் தலையை, முகத்தை முழுவதுமாக மறைக்கும் படி முகமூடி அணிந்திருந்தான் என்பதால், போலீஸாரால் 'உத்தேச உருவத்தைக்' கூட வரைய முடியவில்லை. பத்திரிகைகள் கொலையாளிக்கு The Texarkana Killer, The Phantom Slayer, The Moonlight Murderer என்று விதவிதமாக பெயர் வைத்து பரபரப்பைக் கூட்டின. கொலையாளியைக் கண்டுபிடித்துச் சொல்பவருக்கு $7025 வெகுமதி உண்டு என்று வானொலியில் அறிவிக்கப்பட்டது.

வீட்டில் ஆண் துணை இன்றி இருப்பதற்கே எல்லோரும் பயந்தனர். பலர் தங்களுடைய வீட்டின் ஜன்னல்களைத் திறக்க இயலாதபடி, ஆணிகளைக் கொண்டு அறைந்தனர். கணவன் வெளியூருக்குச் சென்றிருந்தால், மனைவியும் பிள்ளைகளும் ஹோட்டலில் சென்று தங்கிக் கொண்டனர். இரவு நேரத்தில் வீடுகளை இறுக்கப் பூட்டிக் கொண்டு கையில் ஆயுதங்களுடன் தூங்கும் அளவுக்கு மக்கள் அரண்டு போயிருந்தார்கள். சாலையில் பலரும் துப்பாக்கிகளுடன் திரிந்து கொண்டிருந்தார்கள்.

இரவு நேரங்களில் நகரத்தின் சாலைகளில் எதுவுமே நகரவில்லை.

நான்காவது சம்பவம் நடந்து, நான்கு நாள்கள் கழித்து டெக்ஸார்கானாவுக்கு வெளியே இருப்புப் பாதையில் ஓர் ஆணின் பிணம் கண்டெடுக்கப்பட்டது. 'கொலையாளி இவன்தான். ரயிலில் விழுந்து தற்கொலை செய்துகொண்டான்' என்று வதந்தி ஒன்று பரவியது. ஆனால், ரயிலில் அடிபட்டுச் செத்ததுபோல அந்த உடல் சிதையவில்லை. யாரோ தாக்கிக் கொன்றதுபோலத்தான் தெரிந்தது.

'இந்தக் கொலையையும் அந்த மர்ம முகமூடிக் கொலைகாரன் தான் செய்திருக்கக் கூடும்' என்று பத்திரிகைகள் முதல் பக்கச் செய்தி வெளியிட்டன. கொலை போலத் தெரியவில்லை. ரயிலில் இருந்து தவறி விழுந்து அந்த ஆள் இறந்திருக்கக்கூடும் என்று போலீஸார் தங்கள் சந்தேகத்தைத் தெரிவித்தனர்.

போலீஸார் 150 குழுக்களாகப் பிரிந்து குற்றவாளியைப் பிடிக்கும் தீவிர வேட்டையில் இறங்கியிருந்தனர். அடுத்த சில வாரங்களுக்குக் கொலைகள் எதுவும் நிகழவில்லை. எனவே சில காதலர்கள் அசட்டு தைரியத்துடன், யாருமில்லா சாலைகளில் தங்கள் காரை நிறுத்தி வைத்துவிட்டு, மறைத்து வைக்கப்பட்ட ஆயுதங்களுடன் கொலையாளிக்காகக் காத்திருந்தனர். அன்றைய தேதியில் அமெரிக்காவின் 'மிகவும் பாதுகாக்கப்பட்ட நகரமாக' டெக்ஸார்கானா மாறிப் போனது.

தடயங்கள் சேகரிக்கப்படுகின்றன

யூவல் ஸ்வின்னி

நடந்த எல்லா சம்பவங்களையும் ஒன்றிணைக்கும் விதமாக ஒரு சுவாரசியமான முடிச்சு கண்டு பிடிக்கப்பட்டது. அதாவது கொலையாளி எல்லா இடங்களுக்கும் காரில்தான் சென்றிருக்கிறான். ஒரே காரை அவன் உபயோகிக்கவில்லை என்பதை சம்பவம் நடந்த இடங்களில் கண்டறியப்பட்ட டயர் தடங்கள் சுட்டிக் காட்டின. அதேபோல நான்கு சம்பவங்களும் நடப்பதற்கு முன்பாக சுற்று வட்டாரத்தில் எங்கோ, யாருடைய காரோ திருட்டுப் போயிருப்பதும் கண்டு பிடிக்கப்பட்டது. டெக்ஸார்கானாவின் புகழ்பெற்ற கார் திருடனான யூவல் ஸ்வின்னி (வயது 29) மீது சந்தேக வெளிச்சம் பாய்ந்தது. ஏற்கெனவே யூவல் திருட்டு, கொள்ளை, வன்முறை என விதவிதமான வழக்குகளில் சிறை சென்ற பெருமைக்குரியவன். 1946 ஜூலையில் அவன் கைது செய்யப்பட்டான். அவனை விசாரித்ததில் உருப்படியான எந்தத் தகவலும் வெளிவரவில்லை.

அவனது மனைவியையும் போலீஸார் பிடித்து விசாரித்தார்கள். கார்களைத் திருடியது, கொலைகளைச் செய்தது யூவல்தான் என்று வாக்குமூலம் கொடுத்தாள். மேலும் தோண்டித் துருவி விசாரித்தபோது அவள் சொல்லும் தகவல்கள் எல்லாம் முன்னுக்குப் பின் முரணாகவே இருந்தன. மேலும் குழப்பத்தையே விளைவித்தன. யூவலைக் குற்றவாளி எனக் கோடிட்டுக் காட்டும் உருப்படியான தடயங்களும் கிடைக்கவில்லை. 1947-ல், கார் திருட்டு உள்ளிட்ட நிலுவையில் இருந்த சில வழக்குகளுக்காக யூவலுக்கு ஆயுள் தண்டனை வழங்கப்பட்டது. ஆனால், யூவல்தான் அந்த மர்ம முகமூடிக் கொலைகாரன் என்பது நிரூபிக்கப்படவில்லை. அதே சமயத்தில் யூவலின் கைதுக்குப் பிறகு நிலவொளியில் கொலைகள் எதுவும் நடக்கவும் இல்லை.

பெட்டி ஜோ புக்கர், பால் மார்ட்டினைக் கொன்றது நானேதான். விர்ஜிலைக் கொன்றதும், கேட்டைக் கொல்ல முயற்சி செய்ததும் நான்தான். யாருக்கும் இது தெரியாது

1973 வரை சிறை தண்டனையை அனுபவித்த யூவல், பின் விடுதலை செய்யப்பட்டான். டலாஸில் 1994-ல் அவன் இறந்து போனான் என்கிறது ஒரு தகவல். இடைப்பட்ட காலத்தில் கொலை யுண்ட உறவினர்களது வீடுகளுக்கு அநாமதேய போன் அழைப்புகள் வந்தன. அதில் அழுதபடி பேசியது ஒரு பெண் குரல். பேசிய விஷயம் இதுதான். 'யூவலின் மகள் நான். என் அப்பா செய்த கொலைகளுக்காக நான் மன்னிப்பு கேட்டுக் கொள் கிறேன்.' பேசியது யார் என்று எவராலும் கண்டுபிடிக்கவே முடிய வில்லை. தவிர, யூவலுக்கும் அவனது மனைவிக்கும் பெண் குழந்தையே கிடையாது.

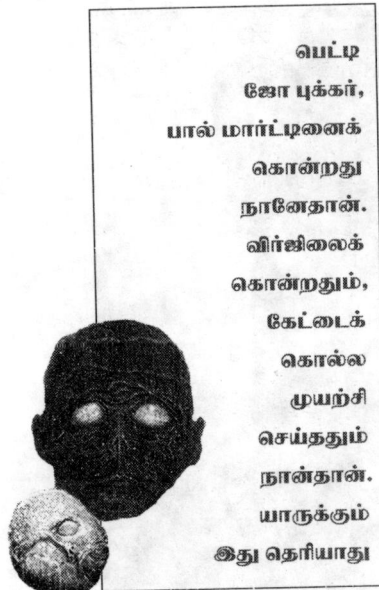

★

அடுத்த சில நாள்களில் H.B. டென்னிஸன் என்ற பதினெட்டு வயது கல்லூரி மாணவன், குழப்பம் விளைவிக்கும் விதத்தில் ஒரு கடிதத்தை எழுதி வைத்துவிட்டு, மெர்க்குரி சயனைடை உண்டு தற்கொலை செய்து கொண்டான்.

அந்தக் கடித்தத்தின் சாராம்சம் இதுதான். 'இது உங்களுக்கான என் இறுதி வார்த்தைகள்...' என்று ஆரம்பித்து தன் படிப்பில் இருந்த சங்கடங்களைச் சொல்லி, சிலருக்கு நன்றி தெரிவித்து விட்டு, ஒரு காதல் தோல்வி விஷயத்தைத் தூவிவிட்டு விஷயத்துக்கு வந்தான்.

'நான் ஏன் எனது வாழ்வை முடித்துக் கொள்ள வேண்டும்? எப்போது ஒருவன் இரண்டு இரட்டைக் கொலைகளைச் செய்திருக்கிறானோ, அப்போது அவன் தற்கொலை செய்து கொள்வதுதானே சரி. பெட்டி ஜோ புக்கர், பால் மார்ட்டினைக் கொன்றது நானேதான். விர்ஜிலைக் கொன்றதும், கேட்டைக் கொல்ல முயற்சி செய்ததும் நான்தான். யாருக்கும் இது தெரியாது.

H.B. டென்னிஸன்

என் அம்மா தூங்கும் நேரத்தில் இதெல்லாம் செய்தேன். யாராலும் கண்டுபிடிக்க முடியவில்லை. அந்தத் துப்பாக்கிகளை எல்லாம் பாகம் பாகமாகக் கழற்றி வேறு வேறு இடங்களில் மறைத்துவைத்து விட்டேன். அப்பாவிடம் சொல்லிவிடுங்கள். அவரது கார் எனக்கு இனி தேவையில்லை.'

டென்னிஸனின் கடிதமும் தற்கொலையும் பேரதிர்வுகளை உண்டாக்கியது. தனது கடிதத்தில் ஒப்புதல் வாக்குமூலம் ஒன்றைக் கொடுத்திருந்தாலும் அவன்தான் கொலைகளைச் செய்தான் என்று துல்லியமாக நிரூபிக்கும் ஆதாரங்கள் சிக்கவில்லை. பல விஷயங்கள் முரண்பட்டன. டென்னிஸனுக்குச் சரியாக துப்பாக்கி உபயோகிக்கத் தெரியாது என்று அவனுக்கு நெருங்கியவர்கள் சொன்னார்கள். டென்னிஸன் வீட்டிலிருந்த துப்பாக்கிகள் எதிலும் கொலையுண்டவர்களைத் துளைத்த தோட்டாக்கள் பொருந்திப் போகவில்லை. தவிர, படிப்பில் நாட்டமில்லை, அம்மாவின் அன்பு கிடைக்கவில்லை, காதல் சரியாக அமையவில்லை என்று சில காரணங்கள் டென்னிஸனின் மனத்தைப் பாதித்திருந்தாலும் அதற்காக சைக்கோ கொலைகாரனாக மாறிப்போகும் அளவுக்கு அவனது நடத்தை இருக்கவில்லை என்று நெருக்கமானவர்கள் தங்கள் எண்ணத்தைப் பகிர்ந்து கொண்டார்கள்.

குறிப்பாக விர்ஜிலைக் கொன்ற அந்த இரவில் டென்னிஸன் தன்னுடன் இருந்ததாக அவனது நெருங்கிய நண்பன்

ஜேம்ஸ் ஃப்ரீமேன் விசாரணையில் சொன்னான். நாங்கள் இருவரும்தான் அடுத்த நாள் அந்தக் கொலைச் செய்தியைக் கேட்டு அதிர்ச்சியுற்றோம் என்றான். எனில் ஃப்ரீமேனும் டென்னிஸனும் சேர்ந்துதான் அனைத்து கொலைகளையும் செய்திருக்கிறார்கள் என்று சிலர் சூட்டைக் கிளப்பினார்கள்.

ஆனால், எவராலும் எதையும் தெளிவாக நிரூபிக்க முடிய வில்லை. டெக்ஸார்கானாவின் முக்கியப் புள்ளி ஒருவர்தான் கொலைகளைச் செய்தவர் என்றொரு கோணத்திலும் செய்தி பரவி மறைந்தது. பலரையும் சந்தேகக் கணைகள் துளைத் தெடுத்தன. டெக்ஸாஸ் ரேஞ்சர்ஸ் அமைப்பின் தலைவரான கேப்டன் M.T. Gonzaullas, முப்பது வருடங்களுக்கும் மேலாக அந்தக் கொலைகாரனைத் தேடிக் கொண்டிருந்தார். ஆனால், அவருக்கும் விடை கிடைக்கவில்லை.

முகமூடிக்குள் தன் அத்தனை மர்மங்களையும் புதைத்து வைத்திருந்த அந்தக் கொலைகாரன், எப்போதோ இறந்து மண்ணோடு மண்ணாக மக்கிப் போயிருக்கலாம். ஆனால், யாரவன் என்ற கேள்வி மட்டும் இப்போதும் உயிரோடு திரிந்து கொண்டிருக்கிறது.

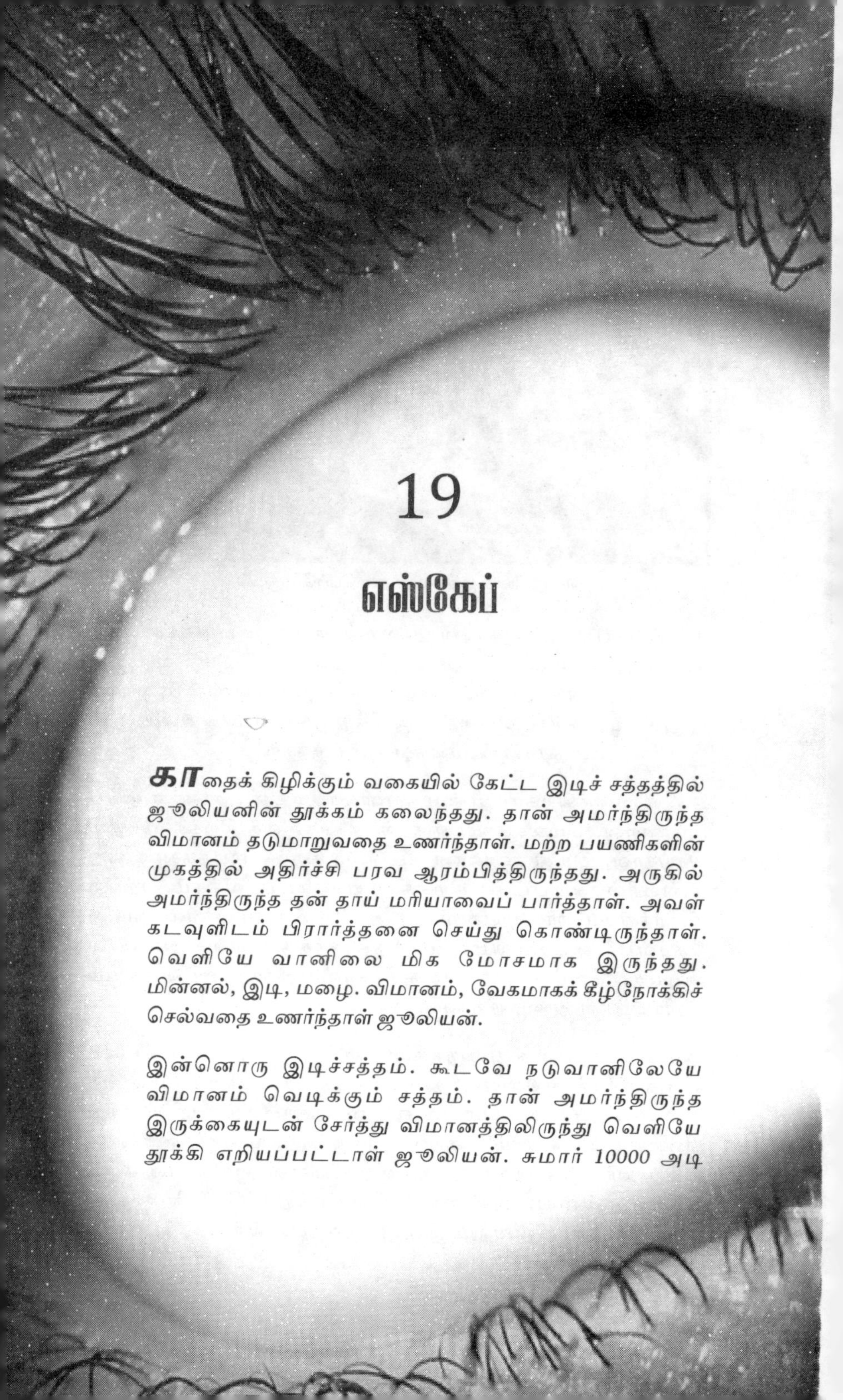

19
எஸ்கேப்

காதைக் கிழிக்கும் வகையில் கேட்ட இடிச் சத்தத்தில் ஜூலியனின் தூக்கம் கலைந்தது. தான் அமர்ந்திருந்த விமானம் தடுமாறுவதை உணர்ந்தாள். மற்ற பயணிகளின் முகத்தில் அதிர்ச்சி பரவ ஆரம்பித்திருந்தது. அருகில் அமர்ந்திருந்த தன் தாய் மரியாவைப் பார்த்தாள். அவள் கடவுளிடம் பிரார்த்தனை செய்து கொண்டிருந்தாள். வெளியே வானிலை மிக மோசமாக இருந்தது. மின்னல், இடி, மழை. விமானம், வேகமாகக் கீழ்நோக்கிச் செல்வதை உணர்ந்தாள் ஜூலியன்.

இன்னொரு இடிச்சத்தம். கூடவே நடுவானிலேயே விமானம் வெடிக்கும் சத்தம். தான் அமர்ந்திருந்த இருக்கையுடன் சேர்த்து விமானத்திலிருந்து வெளியே தூக்கி எறியப்பட்டாள் ஜூலியன். சுமார் 10000 அடி

சிறுமியாக ஜூலியன் தன் பெற்றோருடன்

உயரம். பல உயிர்களின் அலறல் அந்த மழைக்காட்டில் கரைந்து காணாமல் போனது. மரங்கள் மீது மோதி, விழுந்து, முட்டி, உருண்டு தரையை வந்தடைந்தது ஜூலியனின் இருக்கை. இறுக்கமான சீட் பெல்ட் அணிந்திருந்ததால் ஜூலியனும் இருக்கையோடுதான் பிணைக்கப்பட்டிருந்தாள்.

உயிர் இருக்கிறதா? மழைத்துளிகள் ஜூலியனை எழுப்ப முயன்றன. மெல்ல அசைந்தாள். கண்களைத் திறக்க முயற்சி செய்தாள். இடது கண்ணை மட்டுமே திறக்க முடிந்தது. வலது கண்ணில் அடிபட்டு, திறக்க இயலாதபடி வீக்கம். சற்றே நிமிர்ந்து உட்கார முயன்றாள். 'ஆ...' - உச்சபட்ச வலி. வலது தோள்பட்டை எலும்பு முறிந்திருந்தது. வலது கையில் ஆழமான வெட்டு. ரத்தம் கசிந்து கொண்டிருந்தது. உடலெங்கும் சிராய்ப்புகள். மழை நிற்கவில்லை.

'அம்மாவுக்கு என்ன ஆயிருக்கும்?' - சிரமப்பட்டு சீட் பெல்ட்டை விடுவித்தாள் ஜூலியன். தன் தாயைத் தேட வேண்டும் என்ற நினைப்பு அவளை மெள்ள எழ வைத்தது. தடுமாறி எழுந்து நின்றாள். வெளிச்சம் குறைவாக இருந்தது. மூக்குக் கண்ணாடி எங்கு விழுந்ததோ? தூரத்திலிருப்பவை ஜூலியனுக்குத் தெரியவில்லை. வலியைப் பொறுத்துக் கொண்டு நகர ஆரம்பித்தாள். மின்னலும் இடியும் குறையவில்லை.

ஹன்ஸ் - வில்ஹெல்ம் ஓர் உயிரியலாளர். பெருநாட்டின் புக்கல்பா நகரில் பணி நிமித்தமாக வசிப்பவர். அவரது மனைவியான மரியாவும் ஓர் உயிரியலாளர்தான். இருவருடைய மகள்தான் ஜூலியன் (Juliane Koepcke), வயது 17, பள்ளி இறுதி ஆண்டு மாணவி. மரியா, ஜூலியனுடன் பெருவின் தலைநகரான லிமாவில் வசித்து வந்தாள். கிறிஸ்துமஸை கணவருடன் சேர்ந்து கொண்டாடுவதற்காக மகளுடன் லிமாவிலிருந்து புக்கல்பாவுக்கு விமானம் ஏறினாள். 1971, டிசம்பர் 24. விபத்துக்குள்ளான அந்த விமானமான லேன்ஸா ஃப்ளைட் 508-ல் பயணிகள், விமானப் பணியாளர்களையும் சேர்த்து மொத்தம் 93 பேர் இருந்தனர்.

'நான் ஒருத்திதான் இந்தக் காட்டில் விழுந்து கிடக்கிறேனா?' - ஜூலியனுக்கு அழுகை அழுகையாக வந்தது. 'மாம்...' என்ற அவளது குரலுக்கு, வானிலிருந்து இடிதான் பதில் சொன்னது. வெடித்துச் சிதறிய விமானத்தின் பாகங்கள்கூட ஜூலியனின் கண்களுக்குத் தட்டுப்படவில்லை. காயங்களில் ரத்தம் உறைந்திருந்தது. மழை நின்றிருந்தது. இருள் சூழ்ந்திருந்தது. அந்நேரத்தில் இயேசுவும் பிறந்திருக்க வேண்டும். அந்த இருக்கையிலேயே வந்து அமர்ந்திருந்தாள் ஜூலியன். பசி, உயிரைத் தின்ன ஆரம்பித்தபோது உடலுடன் சேர்த்துக் கட்டியிருந்த கைப்பையை ஆராய்ந்தாள். ஒரு துண்டு கேக் கிடைத்தது. ஆனால் உண்ணத் தகுதியில்லாத நிலையில். வேறு வழியில்லை. ஹேப்பி கிறிஸ்துமஸ்!

லேன்ஸா ஃப்ளைட் 508

வெடித்த விமானத்தின் பாகங்களுடன் ஜூலியன்

அவள் மீண்டும் கண்விழித்தபோது, வெளிச்சம் நன்கு பரவி யிருந்தது. தூரத்தில் பாம்பு ஒன்று ஊர்ந்து சென்று கொண்டிருந்தது. அவள் பயப்படவில்லை. அவளது பெற்றோர் உயிரியலாளர்கள் அல்லவா. விலங்குகளைப் பற்றியும் தாவரங்களைப் பற்றியும் ஏகப்பட்ட விஷயங்களைக் கற்றுக் கொடுத்திருந்தார்கள். அவளுக்குக் கூட 'ஒரு விலங்கியலாளர்' ஆக வேண்டும் என்ற லட்சியம்தான் இருந்தது. தாயின் ஆசையும் அதுவே. 'அம்மா, என்னைத் தேடி வரவில்லையே? அவளுக்கு என்ன ஆகியிருக்கும்?'

இனியும் அந்த இடத்தில் இருந்து பிரயோசனமில்லை. காட்டி லிருந்து வெளியே சென்றே ஆக வேண்டும். மிகுந்த சிரமங் களுடன் நடக்க ஆரம்பித்தாள். அதுவரை அவள் காணாத உயிரினங்கள் தென்பட்டுக் கொண்டே இருந்தன. சற்றே பெரிய நீரோடை கண்ணில்பட்டது. தாகம் தீர்ந்தது. கூடவே தந்தை சொன்ன ஒரு விஷயமும் நினைவுக்கு வந்தது. 'உயரமான பகுதியிலிருந்து தாழ்வான பகுதியை நோக்கி நீரோட்டம் இருந்தால், அதைத் தொடர்ந்து செல்ல வேண்டும். அங்கே நிச்சயம் மனிதர்கள் வசிப்பார்கள்.'

ஜூலியன் நீரின் போக்கிலேயே நடக்க ஆரம்பித்தாள். விமானத்தி லிருந்து தன்னைப் போல் விழுந்து கிடக்கும் யாராவது கண்ணில்பட மாட்டார்களா? எல்லோரும் இறந்து போயிருப்பார்களா? ஒரு பிணம்கூட பார்வையில் படவில்லையே. குறைந்தபட்சம் வெடித்துச் சிதறிய விமானத்தின் பாகங்கள்கூட தென்படவில்லையே.

வலது கண் வீக்கம் குறையவில்லை. ஒற்றைக் கண் கொண்டு பார்ப்பதும் வேதனையைத் தந்தது. முட்டியளவு தண்ணீரில் நடந்து கொண்டிருந்தாள். நீருக்குள் பாம்புகளும் முதலைகளும் வந்து விடக் கூடாது என்பது மட்டுமே அப்போதைக்கு அவளுடைய பயம்.

விமானம் வெடிப்பது போலவும், என் அம்மா என்னை அழைப்பது போலவும், மற்ற பயணிகள் வானிலிருந்து கீழே விழுவது போலவும் கனவுகள் என்னைத் துரத்திக் கொண்டேதான் இருக்கின்றன

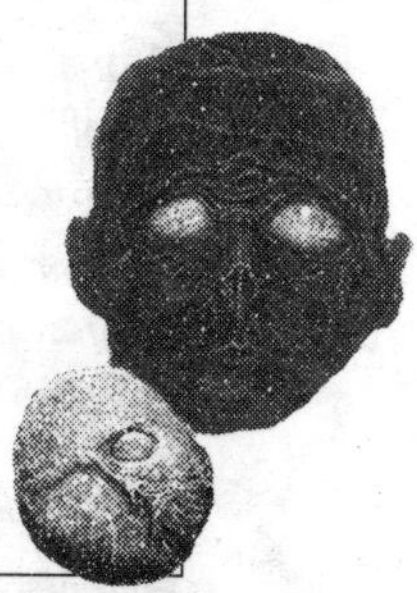

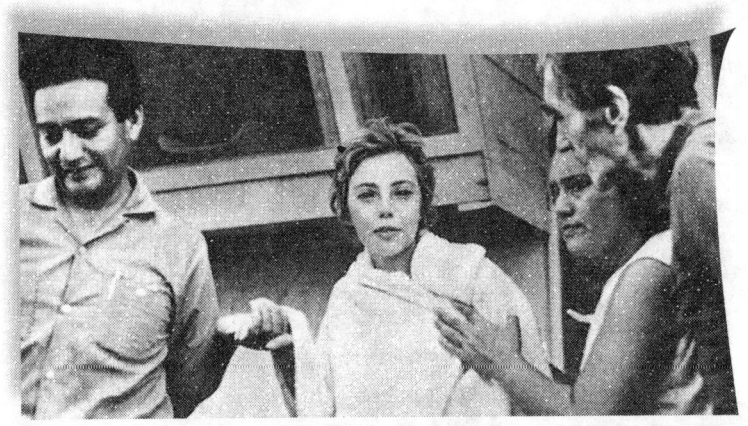

தப்பிப் பிழைத்த ஜூலியன்

அந்த நாள் கழிந்தது. மறுநாளும். அந்த வாரமும் கழிந்தது. உலகத்துக்குப் புத்தாண்டு பிறந்திருக்க வேண்டும். ஜூலியனுக்குத் தனிமை மட்டுமே துணைக்கு வந்து கொண்டிருந்தது. மனம் வெறுத்த நிலையில், நீரோடையின் திசையில் நடந்து கொண்டிருந்தாள். ம்ஹூம், கொஞ்சம் கொஞ்சமாக நகர்ந்து கொண்டிருந்தாள். கிடைத்ததைத் தின்றாள். ஓடைநீர் அவரது உயிரை நீட்டித்தது. 'இன்னும் எத்தனை நாளைக்கு இதே நிலைமை? நானும் செத்துப் போயிருக்கலாமோ?'

ஒன்பதாவது நாள். தூரத்தில் ஏதோ ஒரு குடிசை இருப்பது தெரிந்தது. சோர்ந்து கிடந்த தேகத்தில் உற்சாகம் பாய, ஜூலியன் வேகமாக அதை நோக்கி வேகமாக நடந்தாள். குடிசைக்குள் யாருமில்லை. உள்ளே உண்பதற்குச் சில பொருள்கள் கிடைத்தன. காத்திருந்தாள். சில மணி நேரங்களுக்குப் பிறகு ஒரு மரவெட்டி குடிசைக்குள் நுழைந்தார். ஜூலியனின் நிலையறிந்து அவள் காயங்களுக்குத் தன் வசமிருந்த மருந்துகளைப் போட்டார்.

மறுநாள், சிறிய படகு ஒன்றில் ஜூலியன், அவருடன் ஏழு மணி நேரம் பயணம் செய்து, டூர்னவிஸ்டா என்ற ஊரை அடைந்தாள். அங்கிருந்து ஒரு சிறு விமானம் மூலம் புக்கல்பாவுக்கு அழைத்துச் செல்லப்பட்டாள். அங்கே அவளைக் கண்டபோது அவளது தந்தை வெடித்து அழுதார். அது அதிர்ச்சியும் ஆனந்தமும் கலந்த கண்ணீர்.

அந்த விமான விபத்தில் அவளது தாய் உள்பட மற்ற 92 பேரும் இறந்து போயிருந்தார்கள். சுமார் 10000 அடி உயரத்திலிருந்து

கீழே விழுந்தும், பிழைத்த ஒரே ஆள், அதிசயப்பிறவி ஜூலியன் மட்டுமே. பின்னாளில் ஜூலியனை வைத்து ஆவணப்படங்கள் உருவாக்கப்பட்டன. அதில் ஜூலியன் வலியுடன் சொன்ன வார்த்தைகள் இவை.

'பல நாள்கள், பல வருடங்கள் நான் தூக்கத்திலிருந்து பதறியடித்து எழுந்திருக்கிறேன். விமானம் வெடிப்பது போலவும், என் அம்மா என்னை அழைப்பது போலவும், மற்ற பயணிகள் வானிலிருந்து கீழே விழுவது போலவும் கனவுகள் என்னைத் துரத்திக் கொண்டேதான் இருக்கின்றன. நான் எப்படிப் பிழைத்தேன் என்பது எனக்கே புரியாத விஷயம். நான் மட்டும் ஏன் பிழைத்தேன் என்ற கேள்விக்கும் எனக்கு விடை தெரியவில்லை.'

ஜூலியனுக்கு நடந்துபோலவே பஹியாவுக்கும் (Bahia Bakari) மோசமான அனுபவம் ஒன்று நேர்ந்தது. 2009-ல். நடுக்கடலில்.

விடுமுறைக்காலம். 13 வயதுச்சிறுமி பஹியா பகரியும், அவள்தாய் அஸிஸாவும் மடகாஸ்கருக்கு வடமேற்கில் அமைந்த தேசமான கொமொரோஸுக்குக் கிளம்பினார்கள். பஹியா பிரான்ஸில் பிறந்தவள் என்றாலும், அவளது பெரும்பாலான உறவினர்கள் கொமொரோஸில்தான் இருந்தார்கள்.

ஏமனியா ஃப்ளைட் 626

பாரிஸிலிருந்து ஏமனின் ஸனா நகரம் வரை ஒரு விமானம். அங்கிருந்து கொமொரோஸின் மொரொனி நகரத்துக்குச் செல்ல, ஏமனியா ஃப்ளைட் 626-ல் ஏறினார்கள். 142 பயணிகள், 11 பணியாளர்கள் என மொத்தம் 153 பேர். ஜூன் 30, அதிகாலை 2.30-க்கு அந்த விமானம் மொரொனியில் தரையிறங்க வேண்டும்.

அந்த நள்ளிரவில் விமானம் இந்தியப் பெருங்கடலின் மேல் நடுவானில் பறந்துகொண்டிருந்தபோது பெரும்பாலான பயணிகள் நல்ல உறக்கத்தில் இருந்தனர். பஹியாவுக்குத் தூக்கம் இல்லை. அஸிஸா, தன் மகளைத் திட்டினாள். 'சீட் பெல்ட் போட்டுக்கொள்!' அது பஹியாவுக்கு அசௌகரியமாக இருந்ததினால் அவள் போட்டுக்கொள்ளவில்லை.

விமானம், கொமொரோஸின் வட கடல் பகுதியில் பறந்தபடி கிராண்ட் கொமோர் என்ற தீவை நெருங்கிக் கொண்டிருந்தது. மொரொனி நகரத்தின் பிரின்ஸ் சையத் இப்ராஹிம் சர்வதேச விமான நிலையத்திலிருந்து ஏமனியா ஃப்ளைட் 626-க்கு சிக்னல் கிடைத்தது. ரன்வே 20-ல் இறங்கலாம் என்று தகவலும் வந்து சேர்ந்திருந்தது. மணி நள்ளிரவு இரண்டை நெருங்கிய நேரத்தில் விமானத்தின் இன்ஜினில் கோளாறு. அது சரிவர இயங்காமல் போக, விமானம் குலுங்கியது. அன்றைக்கு அந்தப் பிரதேசத்தில் வழக்கத்துக்கு மாறாக அதிகக் காற்றும் வீச... பெரும் ஆபத்து நேரப்போகிறது என்று பயணிகள் உணரும் முன்பே, அந்தக் கோரமான விபத்து சடுதியில் நேர்ந்தேவிட்டது.

பஹியா

பஹியாவின் தலை, விமானத்தின் ஜன்னலின் மீது மோதியது போலிருந்தது. அடுத்த நொடி அவள் விமானத்திலிருந்து தனியே தூக்கியெறியப்பட்டாள். அடுத்த சில நொடிகளில் நடுக்கடலில் மிதந்து கொண்டிருந்தாள். அவளது கைகள் விமானத்தின் உடைந்த பாகம் ஒன்றை இறுகப் பற்றிக் கொண்டிருந்தன.

அடர்ந்த இருள். சற்றே நினைவு திரும்பியபோது, பஹியாவுக்கு

ஒன்றும் புரியவில்லை. விமானம் விபத்துக்குள்ளாகி நடுக்கடலில் விழுந்ததை ஒருவாறு புரிந்து கொண்டாள். என் அம்மாவுக்கு என்னவாகியிருக்கும்? அவள் சீட் பெல்ட் அணிந்திருந்தாள். அதனால் பத்திரமாக எங்காவது தரையிறங்கியிருப்பாள் என்று தன்னைத்தானே சமாதானப்படுத்திக் கொண்டாள்.

அருகிலும் தொலைவிலும் யார், யாரோ பயத்தில் கத்திக் கொண்டும், வலியில் முனகிக் கொண்டும் இருந்தார்கள். 'காப்பாத்துங்க... யாராவது காப்பாத்துங்க...' தன்னைப்போல பலரும் கடலில் விழுந்து கிடக்கிறார்கள் என்று உணர்ந்தாள் பஹியா. அவளும் முடிந்த மட்டும் கத்தினாள். கொஞ்ச நேரத்தில் ஒவ்வொரு குரலாக அடங்கிப் போனது. அவளும்தான்.

பஹியாவுக்கு ஏதோ கொஞ்சம் நீச்சல் தெரியும். அதைக் கொண்டும், கையில் பற்றியிருந்த விமானத்தின் ஏதோ ஒரு பாகத்தின் பிடியை விடாமலும் சமாளித்தாள். கடல் நீரின் ஆட்டம் அதிகமாகத்தான் இருந்தது. குளிர் பஹியாவின் உடலைத் துளைத்தெடுத்தது. எங்கே, எந்தெந்த எலும்புகள் நொறுங்கி யிருக்கின்றன என்று பஹியாவால் உணர முடியவில்லை. அந்த அளவுக்குத் தேகமெங்கும் மரண வலி. கடல் நீருடன் சேர்ந்து ஏதோ ஒரு திரவமும் கொடூரமான சுவையுடன் அவளது வாய்க்குள் இறங்கியது. அது விமானத்தின் எரிபொருள். தொண்டையெல்லாம் வெந்து போன எரிச்சல். எது கிழக்கு என்று புரியவில்லை. விடியுமா என்றும் தெரியவில்லை. அந்த இரவு நீண்டு கொண்டே போனது. அப்போதே செத்துப்போய் விடலாம் என்று பஹியாவுக்குத் தோன்றியது.

விடியலின் ஒளி கொஞ்சம் கொஞ்சமாக உயிர் கொண்டபோது பஹியாவும் உயிருடன்தான் இருந்தாள். தான் மாபெரும் குப்பைத் தொட்டி ஒன்றின் மத்தியில் கிடப்பது போல உணர்ந்தாள். அவளைச் சுற்றி உடைந்த விமானத்தின் பாகங்கள், சில சடலங்கள். அழுவதற்குக்கூட திராணியில்லை. உயிரற்ற கண்களில் தொடு வானம் மட்டுமே தெரிந்தது. அந்த தொடுவானத்தின் எல்லையில் ஏதோ ஒன்று அசைவதை அவள் உணர்ந்தபோது, கண்களைச் சிமிட்டினாள்.

தூரத்தில் ஒரு கப்பல். பலம் கொண்ட மட்டும் கத்தினாள். இரக்க மற்ற காற்று அந்தக் குரலை, அவ்வளவு தூரத்துக்குக் கடத்திச் செல்லவில்லை. பஹியா தன் வாழ்வின் இறுதி நிமிடங்களில்

தான் இருக்கிறோம் என்பதை உணர்ந்தே கிடந்தாள். ஏதேதோ நினைவுகள் அவளுக்குள் அலையடித்தன. வெளியேயும் அலை அவளைப் புரட்டிக் கொண்டுதான் இருந்தது.

கொமொரோஸ் அரசிடம் கப்பலோ, பெரிய படகுகளோ இல்லை. 'ஐயா, விமானம் ஒன்று கிராண்ட் கொமோர் தீவிலிருந்து சற்று தள்ளி நடுக்கடலில் விழுந்து விட்டதாகத் தெரிகிறது. என்ன ஆனது என்று உடனே போய்ப் பார்க்க வேண்டும். யாராவது படகு தந்து உதவுங்கள்' என்று அது தனியார் படகு உரிமை யாளர்களிடம் கெஞ்சிக் கொண்டிருந்தது. ஒருவழியாக தனியார் பயணிகள் படகு ஒன்று, விபத்து நடந்த கடற்பகுதியைக் கண்டு பிடித்து வந்தபோது நேரம் சுமார் காலை 11 மணி. அதாவது விபத்து நடந்து ஏறத்தாழ ஒன்பது மணி நேரம் முடிந்திருந்தது.

> ***Aviation Safety Network*** **சொல்லும் தகவலின்படி, ஒரு விமானம் நொறுங்கி நடுக்கடலில் விழுந்தபின் உயிர் பிழைத்து வந்த ஒரே மனுஷி பஹியாதான். அவளை உலகம் 'இந்த நூற்றாண்டின் அதிசயச் சிறுமி' என்கிறது**

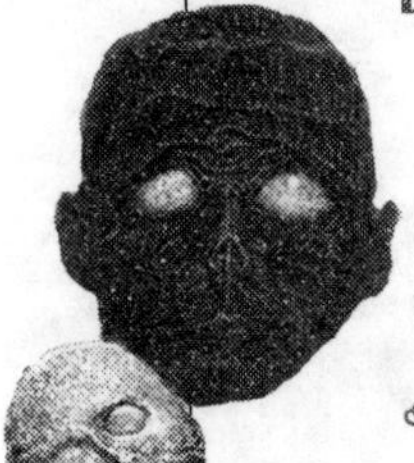

அந்தப் படகு பல சடலங்களைக் கடந்து வந்தது. யாரும் உயிருடன் இருக்க வாய்ப்பே இல்லை என்று அவர்களுக்குத் தோன்றியபோது, ஒரு சிறுமியின் உடலில் அசைவையும், கண்களில் உயிரையும் கண்டார்கள். படகு பஹியாவை நெருங்கியது. உயிர் காக்கும் நீர் மிதவையைத் தூக்கிக் கடலில் எறிந்தார்கள். அதைப் பற்றிக் கொள்ளும் அளவுக்குக்கூட அவள் உடலில் தெம்பு இல்லை. அவளது கைகள் மரத்துப் போயிருந்தன. படகின் ஒரு மாலுமியான லிபெளனா கடலுக்குள் குதித்தார். பஹியாவைக் காப்பாற்றிப் படகில் ஏற்றினார். அவளைப் போர்வை கொண்டு மூடினார்கள். சூடான பானம் பருகக் கொடுத்தார்கள்.

பஹியா, உயிருடன் கரை சேர்ந்தாள். அதே சமயம் பலரது உடல்களும் உயிரற்றுக் கரை ஒதுங்கின. அடுத்த நாளே பிரான்ஸ் அரசு, தனி ஜெட் விமானம் மூலம் பஹியாவை பாரிஸுக்கு அழைத்துச் சென்றது. அங்கே மூன்று வார தீவிர மருத்துவ சிகிச்சைக்குப் பிறகு பஹியா தன் எலும்பு முறிவுகளிலிருந்தும்,

உடல் காயங்களிலிருந்தும் மீண்டு வந்தாள். அவளது தாய் அஸிஸா உயிர் பிழைக்கவில்லை. அவளுடன் பயணம் செய்த 152 பேரும் உயிர் பிழைக்கவில்லை. தப்பிப் பிழைத்தத் தனியொருத்தி பஹியா மட்டுமே.

Aviation Safety Network சொல்லும் தகவலின்படி, ஒரு விமானம் நொறுங்கி நடுக்கடலில் விழுந்தபின் உயிர் பிழைத்து வந்த ஒரே மனுஷி பஹியாதான். அவளை உலகம் 'இந்த நூற்றாண்டின் அதிசயச் சிறுமி' என்கிறது. தன் வாழ்வின் கொடூரக் கணங்களைக் காட்சிப்படுத்தும் புத்தகம் ஒன்றை பஹியா எழுதியிருக்கிறாள். அதன் தலைப்பு, I'm Bahia, The Miracle Girl!

★

ஜூலியன் விழுந்தது சுமார் 10000 அடி என்றால், வெஸ்னா விழுந்தது சுமார் 33330 அடி உயரத்திலிருந்து. அவளது கதை அதைவிட மோசமானது. எதைவிடவும் மோசமானது.

வெஸ்னா வுலோவிக்

ஜாட் ஃப்ளைட் 367

வெஸ்னா வுலோவிக் (Vesna Vulović), செர்பியாவைச் சேர்ந்த 22 வயது விமானப் பணிப்பெண். 1972, ஜனவரி 26-ல் யுகோஸ்லோவிய விமானம் ஜாட் ஃப்ளைட் 367-ல் தன் பணிக்காக ஏறினாள். ஆனால், அன்றைக்கு அந்த விமானத்தில் ஏற வேண்டிய வெஸ்னா, வேறொரு பணிப்பெண். இருவருமே வெஸ்னா என்பதால் பணி அட்டவணையில் சிறு குழப்பம். வெஸ்னா வுலோவிக், தவறுதலாக அந்த விமானத்தில் ஏறி யிருந்தாள். அது அவளது அதிர்ஷ்டமா, துரதிருஷ்டமா என்பது விதிக்குக்கூட புரியாத விஷயம்தான். ஆனால், அப்போதைக்கு வெஸ்னா சந்தோஷமாகத்தான் இருந்தாள். ஏனெனில் விமானம் டென்மார்க் நோக்கி சென்று கொண்டிருந்தது. டென்மார்க்கில் ஷெரட்டன் நட்சத்திர ஹோட்டலில் தங்க வேண்டுமென்பது அவளது நீண்ட நாள் ஆசை.

நடுவானில் விமானத்தின் முன்பகுதியிலிருந்து வெடிச் சத்தம். Srbska - Kamenice என்ற செக்கோஸ்லோவாக்கியாவின் கிராமத்தின் அருகில் பனிபடர்ந்த மலைப்பகுதியில் விமானம் துண்டு துண்டாகச் சிதறி விழுந்தது. Ustashe என்ற யுகோஸ்லாவியா வுக்கு எதிரான குரோஷிய தீவிரவாத அமைப்பினர், விமானத்தில் குண்டு வைத்திருந்தனர். அந்தப் பகுதியில் இருந்த ஜெர்மானியர் ஒருவர் (Bruno Honke), வானிலிருந்து விமானம் துண்டு துண்டாக விழுவதைக் கண்டார். அந்த இடத்துக்கு ஓடினார். விமானச் சிதறல்களோடு இறந்த உடல்கள் கிடந்தன (மொத்தம் 28 பேர்).

வெஸ்னாவின் உடல் விமானத்துக்குள் பாதியாகவும், மீதி வெளியே நீட்டிக் கொண்டும் கிடக்க, அதில் சிறு அசைவு. அவள் உடல் மேல் ஓர் உடல் கிடந்தது. விமானத்தினுள் உணவுப்

மீண்ட வெஸ்னா

பொருள்களைக் கொண்டு செல்ல உதவும் தள்ளுவண்டியின் ஒரு பகுதி, வெஸ்னாவின் முதுகில் குத்தி, அவளைத் தாங்கிக் கொண்டிருந்தது.

அந்த ஜெர்மானியர், இரண்டாம் உலகப் போர் சமயத்தில் மருத்துவப் பணிகள் ஆற்றியவர் என்பதால், வெஸ்னாவுக்கு அவசர அவசரமாகச் சில முதலுதவிகளைச் செய்தார். அவள் அருகிலிருந்த மருத்துவமனைக்குக் கொண்டு செல்லப்பட்டாள். மண்டையோட்டில் விரிசல். முதுகெலும்புகள் சிலவும், இரண்டு கால் எலும்புகளும் நொறுங்கியிருந்தன. உடலெங்கும் ஏகப்பட்ட காயங்கள். வெஸ்னா 'கோமா' நிலையில் மூன்று நாள்களுக்குக் கிடந்தாள். சுவாசம் மட்டும் சீராக இருந்தது. பிழைப்பது கடினம் என்று எல்லோருமே நினைத்தார்கள். மூன்றாம் நாள் கண் விழித்தபோது, அருகிலிருந்த நர்ஸிடம் கேட்டாள். 'சிகரெட் கிடைக்குமா?'

வெஸ்னாவின் மார்புக்குக் கீழ் எல்லாம் செயலிழந்திருந்தன. அவளுக்கு பழைய நினைவுகள் அனைத்தும் மறந்து போயிருந்தன. ஒரு வாரத்துக்குப் பின் செய்தித்தாளில் அந்த விமான வெடிப்பை,

யாருக்கோ நிகழ்ந்ததுபோல படித்தாள். ஆனால், அவளது உடல்நிலையில் படிப்படியாக வேகமான முன்னேற்றம். பல அறுவை சிகிச்சைகள். எட்டு மாதங்களிலேயே நடக்கும் அளவுக்கு மீண்டாள். நினைவும் திரும்பியது.

சுமார் 33330 அடி உயரத்திலிருந்து, பாராசூட் இல்லாமல் விழுந்து உயிர் பிழைத்த பெண் என கின்னஸ், வெஸ்னாவுக்கு அங்கீகாரம் கொடுத்தது. அவள், மீண்டும் தன் விமான நிறுவனத்திலேயே, அலுவலக வேலையில் சேர்ந்தாள். தன்னம்பிக்கைத் திலகம், மிகவும் அதிர்ஷ்டகரமானவள் என்று அவளை மற்றவர்கள் புகழ்ந்தார்கள். வெஸ்னா, அமைதியாகத் தன் வாழ்க்கையைத் தொடர்ந்தாள்.

2009-ல் ஒரு புது சர்ச்சை கிளம்பியது. ஃப்ளைட் 367, அத்தனை உயரத்திலிருந்து வெடித்துக் கீழே விழவில்லை. மேகங்கள் அதிகம் இருந்ததால் உயரம் தவறாகக் கணிக்கப்பட்டுள்ளது என்று. அதனால், கின்னஸ் கொண்டாடிய வெஸ்னாவின் அபூர்வ சாதனையும் சர்ச்சைக்குரியதாகிப் போனது. அதற்கும் வெஸ்னா அமைதியாகப் பதில் சொன்னாள்.

'நான் சாதனை செய்தவள் என்றோ, அதிர்ஷ்டம் நிறைந்தவள் என்றோ ஒப்புக் கொள்ளவே மாட்டேன். எனக்கு அதிர்ஷ்டம் இருந்ததென்றால் அந்த விமானத்தில் சென்றிருக்கவே மாட்டேன். அந்த விபத்திலும் சிக்கியிருக்க மாட்டேன். என் பரிதாபமான நிலைமையை நினைத்து கவலைப்பட்டே என் பெற்றோர்கள் இறந்து போனார்களே, அதையும் அதிர்ஷ்டம் என்றா சொல்ல முடியும்?'

இயற்கையே அதிசயப்படும்படி அன்றைக்கு உயிர் பிழைத்த வெஸ்னா, 2016-ல் இயற்கை எய்தினாள்.

20
சப்பாத்தி

சௌகிதார் என்ற இந்திச் சொல்லுக்கு காவலாளி என்று அர்த்தம். ஊர்க்காவலர் என்று சொல்லலாம். முறுக்கு மீசை, முறுக்கேறிய கரங்கள், முண்டாசு ஏறிய தலை, மேல் சட்டை கிடையாது, பாய்ச்சிக் கட்டிய வேட்டி, உடலில் குறுக்காக அணியப்பட்ட தோல் பெல்ட்டில் தொங்கும் கூரிய வாள், அதுபோக சிறு கத்தி ஒன்று, கேடயம் ஒன்று. இதுதான் பிரிட்டிஷ் நம்மை ஆண்ட காலத்தில் இந்தியாவெங்கும் பணியாற்றிய காவலாளி களின் பொதுவான சித்திரம்.

அந்தக் காவலாளி அன்று இரவு கான்பூரிலிருந்து கிளம்பி னார். மறக்காமல் இரண்டு சப்பாத்திகளை எடுத்து மடித்து தன் தலைப்பாகையில் வைத்துக் கொண்டார். ஓட ஆரம்பித்தார். சீரான வேகத்தில் அமைந்த ஓட்டம். சில

மைல்களுக்கு ஒருமுறை சில நிமிடங்கள் மட்டும் ஓய்வு. மீண்டும் தொடர்ந்து ஓடினார். ஃபதேபூரை அடைந்தார். கிட்டத்தட்ட 80 மைல்கள். வழியில் தலைப்பாகையிலிருந்து சப்பாத்தியை எடுத்து பசிக்குச் சாப்பிட்டுக் கொண்டார் என்று நீங்களாகவே கற்பனை செய்து கொள்ள வேண்டாம். இரண்டு சப்பாத்திகளும் ஃபதேபூரைப் பத்திரமாக அடைந்தன. உடன் இது அன்றைய ஸ்கிவியா, ஸோமாட்டோவா என்றும் யோசிக்க வேண்டாம்.

அங்கே தன்னைப்போலவே இன்னொரு காவலாளியைச் சந்தித்த கான்பூர் காவலாளி தன் தலைப்பாகையில் இருந்த இரண்டு சப்பாத்திகளை எடுத்தார். அவர் கையில் கொடுத்தார். 'இதேபோல பத்து சப்பாத்திகளைத் தயாரித்துக் கொள். இரண்டு இரண்டு சப்பாத்திகளென சுற்று வட்டாரத்தில் இருக்கும் ஐந்து ஊர்களின் காவலாளிகளிடம் கொடுத்துவிடு. அவர்களையும் அதேபோலச் செய்யச் சொல்லி விடு. தாமதம் வேண்டாம்!'

கான்பூர் காவலாளி அங்கிருந்து கிளம்பினார். ஃபதேபூர் காவலாளி சப்பாத்தி தயாரிக்கத் தொடங்கினார். இந்தச் சப்பாத்திப் பரிமாற்றம், 1857-ன் ஜனவரி போல ஆரம்பமாகியிருக்கலாம் என்று கருதப்படுகிறது. அடுத்த ஒரு சில மாதங்களுக்கு இந்தியாவின் பல்வேறு இடங்களில், பல நூறு காவலாளிகள் தலைப்பாகையில் சப்பாத்தியைச் சுமந்தபடி இரவும் பகலும் ஓடிக் கொண்டிருந்தார்கள். காவலாளிகள் மட்டுமல்ல. அஞ்சல் சேவையில் பணியாற்றியவர்களும், இந்திய போலீஸ்காரர்களும்கூட இப்படி சப்பாத்தி ஓட்டம் நடத்திக் கொண்டிருந்தார்கள்.

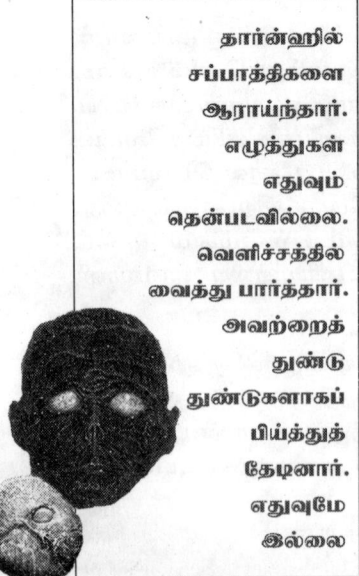

தார்ன்ஹில் சப்பாத்திகளை ஆராய்ந்தார். எழுத்துகள் எதுவும் தென்படவில்லை. வெளிச்சத்தில் வைத்து பார்த்தார். அவற்றைத் துண்டு துண்டுகளாகப் பிய்த்துத் தேடினார். எதுவுமே இல்லை

எதற்கு? இதே சந்தேகம்தான் பிரிட்டிஷாருக்கும் எழுந்தது. சந்தேகம் என்பதைவிட பயம் என்றே சொல்லலாம். அதை முதலில் வெளிப்படுத்தியவர், மதுராவில் மாஜிஸ்திரேட்டாகப் பணியாற்றிய மார்க் தார்ன்ஹில் என்ற பிரிட்டிஷ்காரர். 1857, பிப்ரவரியில் ஒருநாள் காலை தன் அலுவலகத்துக்கு வந்த தார்ன்ஹில், மேசையில் சில அழுக்கடைந்த

சப்பாத்திகள் கிடப்பதைக் கண்டார். இந்தியாவில் ஏழை மக்கள் உண்ணும் உணவு அது என்று அவருக்குத் தெரியும். அது ஏன் தன் மேசை மேல் கிடக்கிறது?

காவலாளி சித்திரம்

தன் அலுவலகப் பணியாளர்களிடம் விசாரித்தார். ஓர் இந்திய போலீஸ்காரர் வந்து போட்டுவிட்டுச் சென்றதாகச் சொன்னார்கள். அந்த போலீஸ்காரருக்கு, ஏதோ ஒரு கிராமத்தில் இருந்து வந்த காவலாளி சப்பாத்தியைக் கொடுத்திருக்கிறார். அந்தக் காவலாளிக்கு காட்டுக்குள் இருந்து ஓடி வந்த இன்னொரு காவலாளி சப்பாத்திகளைக் கொடுத்து பலரிடமும் கொடுக்கச் சொல்லியிருக்கிறார் என்று தார்ன்ஹில் விசாரித்ததில் புரிந்து கொண்டார். ஆனால், இதெல்லாம் எதற்கு என்பது அவருக்குப் புரியவில்லை. ஒருவேளை அந்தச் சப்பாத்திகளில் எதுவும் செய்தி எழுதப்பட்டுள்ளதா? எதுவும் ரகசியம் புதைக்கப் பட்டுள்ளதா?

தார்ன்ஹில் சப்பாத்திகளை ஆராய்ந்தார். எழுத்துகள் எதுவும் தென்படவில்லை. வெளிச்சத்தில் வைத்து பார்த்தார். அவற்றைத் துண்டு துண்டுகளாகப் பிய்த்துத் தேடினார். எதுவுமே இல்லை. சாதாரணமாக வீடுகளில் சுடப்படும் சப்பாத்திகள் போலத்தான் அவையும் இருந்தன. எனில், சப்பாத்தி பரிமாற்றம் என்பது குறியீடா? அதன்மூலம் இந்தியர்கள் ஏதாவது முக்கியமான செய்தியைப் பரப்புகிறார்களா? பிரிட்டிஷ் அரசுக்கு எதிராக பெரும் சதித்திட்டம் தீட்டுகிறார்களா? என்னதான் நடக்கிறது இங்கே?

1857, மார்ச் *5* அன்று சாகரைச் சேர்ந்த கமிஷனரான மேஜர் W.C. Erskine என்பவர், பிரிட்டிஷ் இந்தியாவின் வடமேற்கு மாகாணங்களின் செயலாளரான C.B. Thornhill என்பவருக்கு எழுதிய கடிதம், பிரிட்டிஷாரின் அப்போதைய மனநிலையைப் பிரதிபலிக்கிறது.

> வட மேற்கு மாகாணங்களில், காவலாளிகள் ஊர் விட்டு ஊர் சென்று சப்பாத்திகளைக் கொடுத்துக் கொள்கிறார்கள். அதன் மூலம் ஏதோ செய்தியைப் பரிமாறிக் கொள்கிறார்கள். நான்

இந்தியச் சிப்பாய்கள்

இதுபோன்ற சம்பவத்தை என் கட்டுப்பாட்டின் கீழ் வரும் நர்சிங்பூரில்தான் முதலில் கேள்விப்பட்டேன். துணை கமிஷனர் மூலம் விசாரித்தபோது, இப்படி சப்பாத்திகளைக் கொடுத்துக் கொள்வதில் எந்தவிதமான உள்நோக்கமும் இல்லை என்று பலரும் சொல்லியிருக்கிறார்கள். இப்படி ஒரு கிராமத்திலிருந்து இன்னொரு கிராமத்திற்கு சப்பாத்தியைக் கொடுப்பதன் மூலம் மழை பொய்த்துப் போவதைத் தடுக்கலாம். கொடிய நோய்கள் அண்டாமலும் தடுக்கலாம் என்பது மக்களின் நம்பிக்கையாக இருக்கிறது.

சாயத்தொழிலாளர்கள் இதுபோன்ற ஒரு வழக்கத்தைக் கொண்டிருக்கிறார்கள் என்றும், தங்கள் தொழில் சிறக்க இது போன்ற பரிகாரங்களை மேற்கொள்கிறார்கள் என்றும் சிலர் சொல்கிறார்கள். இந்த சப்பாத்திகள் அனுப்பும் வழக்கம் சிந்தியாக்களிடமிருந்தோ, போபாலிருந்தோ தொடங்கியிருக்கலாம் என்று நினைக்கிறேன்.

பல காவலாளிகள், துணை கமிஷனர்களுக்கும் சப்பாத்திகளைக் கொண்டு வந்து கொடுத்திருக்கிறார்கள். எனவே, இதில்

மேற்கொண்டு விசாரணை நடத்தத் தேவையிருக்கிறது. கூடுதல் தகவல்கள் அறிந்தால் நான் உடனே அரசுக்குத் தெரியப்படுத்துகிறேன். இந்த விஷயத்தில் எந்தவித அச்சுறுத்தல்களும் இல்லை என்றே நம்புகிறேன்.

மேற்கு வங்கத்தின் ஸ்ரீராம்பூரில் பதிப்பிக்கப்பட்ட The Friends of India, *1857*, மார்ச் 5 இதழில் ஒரு செய்தி வந்திருந்தது. பிரிட்டிஷார் இந்தச் சப்பாத்திகளால் மிகவும் குழம்பிப் போயிருக்கிறார்கள். இந்தப் பகுதியில் இருக்கும் ஒவ்வொரு போலீஸ் ஸ்டேஷனுக்கும் சப்பாத்திகள் அனுப்பப்பட்டிருப்பதால் பிரிட்டிஷார் பதட்டமடைந்திருக்கிறார்கள் என்று அந்தச் செய்தி நிலைமையை விவரித்தது.

1857, மார்ச்சில் பிரிட்டிஷ் ராணுவத்தில் மருத்துவராக இருந்த கில்பெர்ட் ஹாடோ, பிரிட்டனில் இருந்த தன் சகோதரிக்கு எழுதிய கடிதத்திலும் சப்பாத்திதான் பாடுபொருளாக இருந்தது.

‘இப்போது இந்தியா முழுவதும் மிகவும் மர்மமான காரியம் ஒன்று நிகழ்ந்து கொண்டிருக்கிறது. யாருக்கும் அதற்கான அர்த்தம் தெரியவில்லை. எங்கிருந்து இது ஆரம்பிக்கப்பட்டது, என்ன காரணத்துக்காக இது நடக்கிறது, இது மத நம்பிக்கை சார்ந்த சடங்கா, இல்லை ஏதாவது ரகசிய அமைப்புகள் நடத்தும் காரியமா என்பதெல்லாம் குறித்து எதுவும் புரியவில்லை. இந்தியாவின் செய்தித்தாள்களில் எல்லாம் இந்தச் செய்திதான் நிறைந்திருக்கிறது. இந்த மர்ம விவகாரத்துக்கு சப்பாத்தி இயக்கம் என்று பெயர்.’

இப்படி சப்பாத்தி கொண்டு செல்லும் காவலாளிகள் பலர் கைது செய்யப்பட்டார்கள். விசாரிக்கப்பட்டார்கள். அவர்களில் பெரும்பான்மையானோரது பதில், ‘எங்களுக்குத் தெரியாது. சப்பாத்தியைக் கொடுக்கச் சொன்னார்கள். கொடுக்கிறோம்’ என்பதாகத்தான் இருந்தது. ‘இது பிரிட்டிஷ் அரசின் கட்டளை என்று நினைத்துதான் நாங்கள் சப்பாத்தியை விநியோகித்துக் கொண்டிருக்கிறோம்’ என்றே சில காவலாளிகள் சொல்ல, பிரிட்டிஷார் அதிர்ந்து நின்றார்கள்.

காவலாளிகளைத் தடுத்து சப்பாத்திகளைப் பறிமுதல் செய்வதன் மூலமாகவும், அவர்களைக் கைது செய்வதன் மூலமாகவும் இந்த இயக்கத்தை முடக்கலாம் என்று நினைத்த பிரிட்டிஷாரால் அது முடியவில்லை. ஏனென்றால், சுமார் தொன்னூறாயிரம்

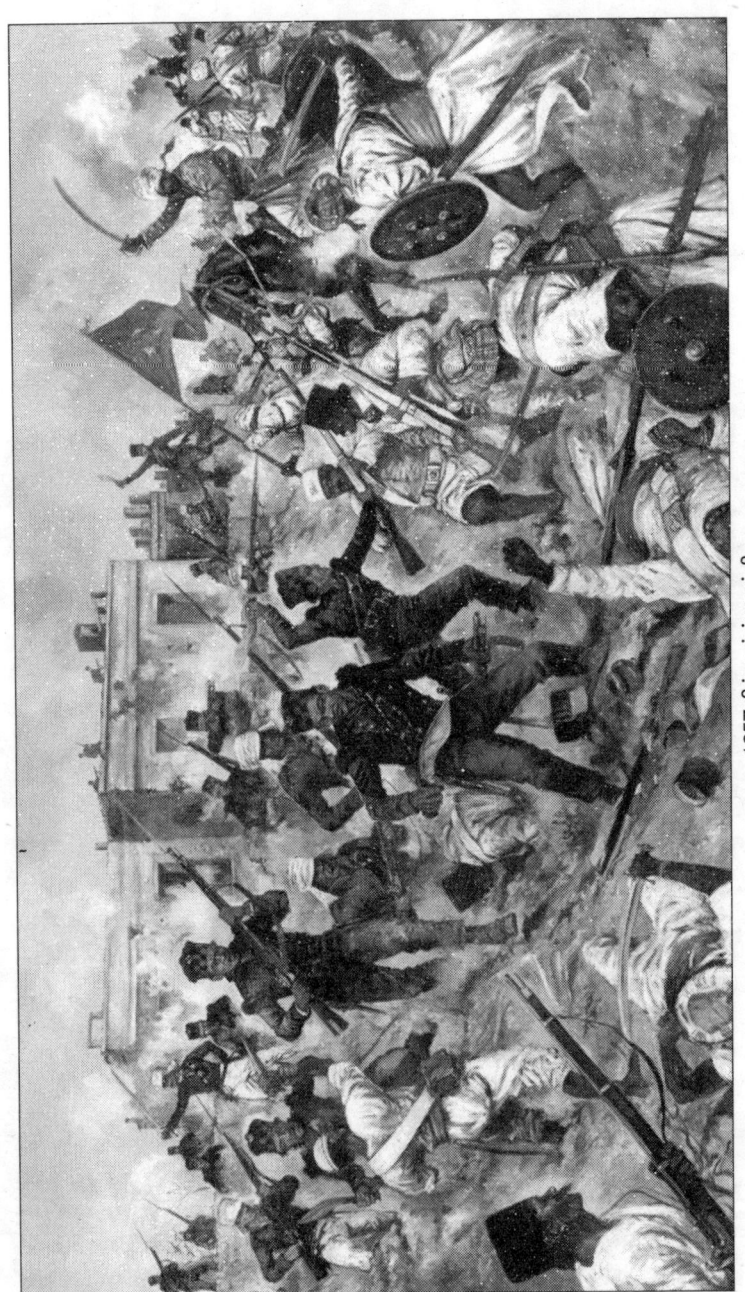

1857 சிப்பாய்ப் புரட்சி

இந்திய போலீஸ்காரர்களும் சப்பாத்தி இயக்கத்தில் பங்கெடுத்திருந்தார்கள்.

உத்தரப்பிரதேசத்தின் ஃபருகாபாத்திலிருந்து, ஹரியானாவின் குர்கான் வரையில் இடைப்பட்ட கிராமங்கள் எங்கெங்கும் சப்பாத்திகள் கடும் வேகத்தில் பரவியிருந்தன. இன்னொரு பக்கம் உத்தரப்பிரதேசத்தின் ரோஹில்கண்ட் வழியாக டெல்லி, ஆக்ரா வரைக்கும் சப்பாத்தி இயக்கம் சரசரவெனப் பரவியது. தெற்கில் நர்மதை நதிக்கரையோரம் பல கிராமங்களிலிருந்து வடக்கில் நேபாளத்தின் எல்லை வரை சப்பாத்திகள் நகர்ந்து கொண்டே இருந்தன. சிலரை விசாரித்தபோது மேற்கே கல்கத்தாவிலிருந்து சப்பாத்திகள் வருகின்றன என்றார்கள். சிலர் மத்தியில் இந்தூரிலிருந்து வருகிறது என்றார்கள். சிலர் அவாத்திலிருந்து என்றார்கள். யாருக்கும் தொடக்கம் எது, முடிவு எதுவென்று புரியவில்லை. ஆனால், சப்பாத்திகள் கொண்டு செல்லப்படும் வேகமானது இந்தியாவில் இயங்கிக் கொண்டிருந்த பிரிட்டிஷ் அஞ்சல் சேவையின் வேகத்தைவிட அதிகமாக இருந்ததைக் கண்டு வெள்ளையர்கள் வெலவெலத்துதான் போனார்கள். ஒரே இரவில் நூறு முதல் நூற்றைம்பது மைல்கள் தொலைவுக்கு தொடர் ஓட்டமாக சப்பாத்திகள் பரவிக் கொண்டிருந்தன.

பிரிட்டிஷாருக்கு பிராந்திய மொழிகளும் தெரியாது என்பதால் அவர்களுக்கு உள்ளுக்குள் உதறலெடுத்தது. ஒவ்வொரு பிராந்தியத்திலும் சப்பாத்திகள் பரவுகின்றன. அதன் மூலம் ஏதோ செய்தி சொல்லப்படுகிறது. இந்தியாவில் வாழும் பிரிட்டிஷாரின் தலைகளை எண்ணினால் ஒரு லட்சம் தேறும். ஆனால், தேசத்தின் மக்கள் தொகையோ பல கோடி. எல்லோரும் ஒற்றுமையுடன் திரண்டெழத் திட்டம் தீட்டுகிறார்களா? கொஞ்ச காலத்துக்கு முன்புகூட மெட்ராஸ் மாகாணத்தில் பிராந்திய மொழியில் இப்படி ஒரு செய்தி பரப்பப்பட்டதாமே? 'வெள்ளையனுக்கு எதிராகத் திரள்வோம். அவர்களை

இந்திய மக்களின் பொதுவான உணவாக சப்பாத்தி மாற வேண்டும் என்று பிரிட்டிஷார் வற்புறுத்துகிறார்கள். இதன் மூலம் 'ஒரே மதம், ஒரே உணவு' என்று மறைமுகமாகக் கிறித்துவ மதத்தைப் புகுத்துகின்றனர்

இந்தியாவிலிருந்தே அடித்து விரட்டுவோம்' என்று. அதேபோல இங்கே சப்பாத்திகள் மூலம் சங்கேத மொழியில் உணர்வைத் தட்டியெழுப்புகிறார்களா?

சப்பாத்தி என்ற சாத்வீக ஆயுதம், பிரிட்டிஷாரின் தைரியத்தை, பலத்தை, மன அமைதியை அசைத்துப் பார்த்தது. உயிரற்ற சப்பாத்தியால் அவர்கள் உளவியல் ரீதியாகப் பாதிக்கப் பட்டிருந்தார்கள். எப்போது வேண்டுமானாலும் அவர்களுக்கு எதிராகப் புரட்சி வெடிக்கலாம் என்பதுதான் அன்றைய சூழலாகவும் இருந்தது.

பிரிட்டிஷ் கிழக்கிந்திய கம்பெனியின் ராணுவத்தில் இருந்தவர்கள் பெரும்பாலும் இந்தியர்களே. 1806-ல் வேலூரில் ஆங்கிலேயர் களுக்கு எதிராக இந்து மற்றும் இஸ்லாமிய சிப்பாய்கள் புதிய சீருடை விதிமுறைகளுக்கு எதிராகக் கிளர்ந்தெழுந்தது முதல் சிப்பாய்ப் புரட்சி. இந்தியாவின் வளங்கள் சுரண்டப்படுதல், இந்திய மக்களின் நலனைப் புறந்தள்ளிவிட்டு, கிழக்கிந்திய கம்பெனியின் நலனை மட்டும் கருத்தில் கொண்டு செயல் படுத்தப்பட்ட தொழில் வளர்ச்சித் திட்டங்கள், அதனால் இந்திய மக்கள் எதிர்கொண்ட பொருளாதார வீழ்ச்சி, இந்திய மன்னர்களிடையே வெறுப்புணர்வை உண்டாக்கியிருந்த பிரிட்டிஷாரின் துணை ராணுவப்படைத் திட்டம் - இப்படி இன்னும் பல காரணங்களால் 1857 தொடக்கம் முதலே எப்போது வேண்டுமானாலும், எங்கிருந்து வேண்டுமானாலும் எரிமலை வெடிக்கலாம் என்றே பிரிட்டிஷாருக்குத் தோன்றியது.

அப்போது என்ஃபீல்ட் வகைத் துப்பாக்கிகள் அறிமுகம். அதற்கான தோட்டாக்களின் உறையை வீரர்கள் பல்லால் கடித்தே அகற்ற வேண்டும் என்ற உயரதிகாரிகளின் உத்தரவு. ஆனால், அந்த உறைகள் மாடு மற்றும் பன்றிக் கொழுப்பினால் ஆனவை என்ற தகவல் பரவ, மார்ச் 29-ல் பாரக்பூரில் மங்கல் பாண்டே என்ற ராணுவ வீரர், தனது உயரதிகாரியைச் சுட்டுக் கொன்றது. பின் மே 10-ல் மீரட்டில் ஏற்பட்ட சிப்பாய்கள் கிளர்ச்சி. இந்தியாவின் பல பகுதிகளுக்கு வெகுவேகமாகப் பரவி, லட்சக் கணக்கான உயிர்களைக் குடித்து, ஜூன் 20-ல் குவாலியர் நகரில் தோல்வியடைந்தது வரை.

இதையெல்லாம் சேர்த்து வைத்து ஒரே நேர்க்கோட்டில் சில வரலாற்றாளர்கள் பார்க்கிறார்கள். ஆம், சிப்பாய்ப் புரட்சிக்கான

சிப்பாய்ப் புரட்சிக்குப் பின் லக்னோவில் ஒரு காட்சி

ஆயத்த நடவடிக்கைதான் சப்பாத்தி இயக்கம் என்பது அவர்களது கருத்து. சப்பாத்திகள் மட்டுமல்ல. சில இடங்களில் சப்பாத்தி யுடன் வெள்ளாட்டுக் கறி பரப்பப்பட்டிருக்கிறது. சில இடங் களில் தாமரைகள் தொடர் ஓட்டத்தில் பரப்பப்பட்டிருக்கின்றன. ஒருவருக்கொருவர் தாமரைகளைக் கொடுக்கும்போது, Sab lal ho gaya hai என்று செய்தி சொல்லியிருக்கிறார்கள். எல்லாம் சிவப்பாக மாறிவிடும் என்று அதற்குப் பொருள்.

பிண்டாரிகள். முகலாயர் ஆட்சியில் பணியாற்றிய வீரம் செறிந்த குதிரைப்படையினர். முகலாயர்களின் வீழ்ச்சியில் இவர்கள் தனித்தனி குழுக்களாகப் பிரிந்து வழிப்பறி கொள்ளையர்களாக மிரட்ட ஆரம்பித்தார்கள். குறிப்பாக மத்திய இந்தியாவில் இவர்கள் அதிகம் இயங்கினார்கள். 1818-ல் மத்திய இந்தியாவில் ஒரு கிராமத்திலிருந்து இன்னொரு கிராமத்துக்குத் தேங்காய்கள் வேகவேகமாகப் பரப்பட்டன. அதற்குப் பொருள் பிண்டாரிகள் கொள்ளையடிக்க வருகிறார்கள். ஜாக்கிரதையாக இருங்கள். பிண்டாரிகளுக்குப் பயந்து சில கிராமங்களில் மக்கள் தங்கள் வீடுகளுக்குத் தாங்களே தீவைத்துக் கொண்ட சம்பவங்களும் இருக்கின்றன.

1818-ல் நடந்ததுபோல இப்போது சப்பாத்திகள் பரப்பப்படுவதன் பின்னாலும் ஏதாவது பொருள் இருக்கிறதா என்று பிரிட்டிஷார் குழம்பிப் போனார்கள். கம்பெனி ராணுவத்துக்கு எதிராக நடந்த சில

பிண்டாரிகள்

போர்களிலும், சிப்பாய்ப் புரட்சியிலும் பலசாலிகளான பிண்டாரிகளுக்கும் பெரும் பங்கு இருந்தது. சமஸ்தானங்களின் மன்னர்கள், தங்கள் படைகளில் அதிகச் சம்பளத்துக்கு பிண்டாரிகளை வைத்துக் கொண்டார்கள். 1857-க்குப் பின் பிரிட்டிஷார், பிண்டாரிகளை முற்றிலுமாக ஒழித்துக் கட்டியது வரலாறு.

சிப்பாய்ப் புரட்சியின் விளைவாக எழுந்த அரசியலால் தனது ஜான்சி ராஜ்ஜியத்தைத் தக்கவைத்துக் கொள்ள, பிரிட்டிஷாருக்கு எதிராகக் களமிறங்கியிருந்தார் ராணி லட்சுமி பாய். அவருக்குத் துணையாகத் தோள் கொடுத்து நின்றவர் தாந்தியா தோபே. இவர்களது படை வீரர்களுக்கும் உதவும் பொருட்டுதான், பல்வேறு கிராமங்களிலிருந்தும் மக்கள் சப்பாத்திகளை அனுப்பி வைத்தனர் என்று ஒரு தகவல் உண்டு. சப்பாத்திகளைப் பல முனைகளுக்கும் அனுப்பி, அதைக் குறியீடாகக் கொண்டு போர் செய்திகளைப் பரப்பி, பிரிட்டிஷாரை மிரளச் செய்தது தாந்தியா தோபேவின் கொரில்லா போர் உத்திகளுள் ஒன்றுதான் என்று சிலர் பதிவு செய்துள்ளனர். ஆனால், ஜான்சி ராணிக்கும், கிழக்கிந்திய கம்பெனி படைகளுக்குமான மோதல் 1858-ல் நடந்தது என்பதையும் இங்கே கவனத்தில் கொள்ள வேண்டும்.

இந்தச் சப்பாத்தியில் பெரும் ரகசியம் எல்லாம் ஏதுமில்லை. அப்போது பல பகுதிகளில் காலராவால் மக்கள் பாதிக்கப்பட்டிருந்தனர். உணவின்றித் தவித்துக் கொண்டிருந்தனர். அதனால் அவர்களுக்கு உணவு அளிக்கும்விதமாக பல்வேறு பகுதிகளிலிருந்து சப்பாத்திகள் அனுப்பி வைக்கப்பட்டன. ஆனால், 1857-ல் காலரா பரவியது என்பதற்கான பிரிட்டிஷ் அரசின் அதிகாரபூர்வப் பதிவு எதுவும் கிடையாது.

ராணி லட்சுமி பாய்

சப்பாத்தி இயக்கம் குறித்து கடைசி முகலாய மன்னரான பகதூர் ஷாவின் டெல்லி அவையிலும் விசாரணை ஒன்று நடைபெற்றிருக்கிறது. 'இந்துக்களிடமோ, இஸ்லாமியர்கள் மத்தியிலோ இப்படி சப்பாத்திகளைப் பரிமாறிக் கொள்ளும் சடங்குகள் எதுவும் இருக்கிறதா?' என்று அங்கே கேள்வி எழுப்பப் பட்டிருக்கிறது. அதற்கு 'இல்லை' என்றே பதில் வந்திருக்கிறது.

தவிர, முற்றிலும் மாறுபட்ட கோணம் ஒன்று அங்கே விவாதிக்கப் பட்டிருக்கிறது. கம்பெனியினரே ரகசியமாகக் கட்டளையிட்டு இந்தியா முழுக்க சப்பாத்தியை அனுப்பி வைக்கின்றனர். உலகம் முழுக்க கிறித்தவர்களின் பொது உணவாக ரொட்டி இருப்பதுபோல, இந்திய மக்களின் பொதுவான உணவாக சப்பாத்தி மாற வேண்டும் என்று பிரிட்டிஷார் வற்புறுத்து கிறார்கள். இதன் மூலம் 'ஒரே மதம், ஒரே உணவு' என்று மறைமுகமாகக் கிறித்துவ மதத்தைப் புகுத்துகின்றனர்.

மேற்சொன்ன கோணத்துக்கு நேரெதிர் கோணமும் டெல்லி அவையில் பேசப்பட்டது. கிறித்துவ மதத்தைத் திணிப்பதற்கு பிரிட்டிஷார் முயல்கிறார்கள். அதை எதிர்க்கும்விதமாகவும்,

முகலாய மன்னர் பகதூர் ஷா

மக்களிடையே விழிப்புணர்வை உண்டாக்கும் விதமாகவும் நம் உணவான சப்பாத்தியை எங்கெங்கும் பரப்ப வேண்டும் என்பதே அது.

இப்படி பல கோணங்களில் விவாதங்கள் நடந்த பிறகு, ஏதோ பெரும் ஆபத்து வரப்போகிறது என்பதை எச்சரிக்கவே சப்பாத்திகள் பரப்படுகின்றன என்ற முடிவுக்கு பகதூர் ஷா வந்திருக்கிறார். அங்கே அரசருக்கு மருத்துவராகப் பணியாற்றிய ஹக்கிம் அஹ்ஷனுல்லா கான், தன் புத்தகம் ஒன்றில், 'யாருக்கும் என்ன நடக்கிறது என்று புரியவில்லை. ஷா உள்பட எல்லோரும் இதை ஆச்சரியத்துடன் தான் நோக்கினார்கள்' என்று குறிப்பிட்டிருக்கிறார்.

இன்னொரு வதந்தியும் பரவியது. சப்பாத்தியைக் காவலாளிகள் மூலம் பரப்புவது பிரிட்டிஷாரே. அந்தச் சப்பாத்தியின் மாவில் பசுவின் ரத்தமும், பன்றியின் கொழுப்பும் கலக்கப்பட்டுள்ளது. அந்தச் சப்பாத்தியை யாரோ ஒருவர் உண்டது மற்றவருக்குத் தெரிந்தால், அவர் தீட்டுப்பட்டவராகக் கருதப்படுவார். புனிதத்தைக் கெடுத்துவிட்டதாக அவரை மதத்திலிருந்தும் சாதியிலிருந்துமே ஒதுக்கி விடுவார்கள். அப்படி நிராதரவாக நிற்கும் ஒதுக்கப்பட்டவர்களை அரவணைத்து கிறித்துவர்களாக மதம் மாற்றம் செய்வதே பிரிட்டிஷாரின் நோக்கம்.

இதேபோன்ற ஒரு வதந்தி, *1806*-லேயே மெட்ராஸ் மாகாணத்தில் பரவியிருக்கிறது. கம்பெனியார் புதிதாக விளைவிக்கப்பட்ட உப்பை இரண்டு குவியல்களாகப் பிரித்தனர். ஒன்றில் பசுவின் ரத்தத்தையும், இன்னொன்றில் பன்றியின் ரத்தத்தையும் தெளித்து இந்துக்கள் மத்தியிலும், இஸ்லாமியர்கள் மத்தியிலும் பரப்பினர். அப்படிப் புனிதத்தைச் சீர்குலைப்பதன் மூலம் எல்லோரையும் ஒரே மதத்தின் கீழ், அதாவது கிறித்துவ மதத்தின்கீழ் கொண்டு வரத் திட்டமிட்டனர் என்று பிரிட்டிஷ் ராணுவ அதிகாரியாகவும் வரலாற்றாளராகவும் இருந்த ஜான் வில்லியம் கேய் பதிவு செய்திருக்கிறார்.

சப்பாத்திகள் பரவியதற்கும், சிப்பாய்ப் புரட்சிக்கும் எந்தவொரு ஆதாரபூர்வமான சம்பந்தமும் இல்லை. சப்பாத்திகள்

பரவியதற்குப் பிறகு, சிப்பாய்ப் புரட்சி நடந்தது தற்செயல் நிகழ்வுதான் என்று சில வரலாற்றாளர்கள் சொல்கிறார்கள். சம காலத்தில் வாழும் வரலாற்றாசிரியரும், பிரிட்டிஷ் இந்தியா குறித்த வரலாற்றுப் பதிவுகளை மேற்கொண்டு வரும் கிம் வாக்னெர், சப்பாத்தி இயக்கம் என்பதையே மறுக்கிறார். அப்போது சப்பாத்திகள் பரவியதில் எந்த ஓர் ஒழுங்கும் இல்லை. அவை அங்கொன்றும் இங்கொன்றுமாக பரவியிருக்கின்றன. கான்பூருக்கும் ஃபதேபூருக்கும் இடையே சப்பாத்திகள் கொண்டு செல்லப்பட்டதுதான் பெரும்பாலான செய்தித்தாள்களில் இடம்பெற்றிருக்கின்றன. தவிர, இந்தச் சப்பாத்திகள் வழக்கமான வணிகத்தடங்களிலும் பயணத் தடங்களிலும்தான் பரப்பப்பட்டிருக்கின்றன. இயல்புக்கு மாறான, சந்தேகத்துக்குரிய தடங்களில் பரப்பப்படவில்லை. அந்தச் சப்பாத்திகள் மக்களுக்கு எந்தச் செய்தியையும் சொல்லவில்லை. எனவே இந்த சப்பாத்தி இயக்கம் என்ற ஒன்றே பொய்யானது என்கிறார் கிம்.

ஜான் வில்லியம் கேய்

பிள்ளையார் பால் குடித்தார், நல்லதங்காளின் சாபம் - ஆண்கள், சகோதரிகளுக்குப் பச்சை சேலை வாங்கித் தர வேண்டும் என்றெல்லாம் நம் காலத்தில் வதந்திகள் பரவுகிறதல்லவா. அதுபோல, 1857-ல் ஏதோ நடக்கவிருக்கும் தீய செயலைத் தடுக்க கடவுள் விஷ்ணுவின் பெயரைச் சொல்லி சப்பாத்திகளை ஊர் ஊராகக் கொடுத்தனுப்ப வேண்டும் என்று ஒரு செய்தி பரவியது. அதன் விளைவாக சப்பாத்தியும் பரவியது. இப்படி ஓர் எளிய தியரியும் சொல்லப்படுகிறது.

இருக்கட்டும். பிரிட்டிஷாரை பீதியாக்கிய, ஆங்கிலேயர்களை அச்சுறுத்திய, வெள்ளையர்களை வெளுக்கிப் போகச்செய்த, பரங்கியருக்குப் பயத்தைக் காட்டிய, கும்பெனியாருக்கு குபீர்

என வியர்க்கச் செய்த (அடுக்குமொழி போதும்.) இந்தச் சப்பாத்தி இயக்கத்தை ஆரம்பித்து வைத்த நல்லவர் யார்? இதற்கான முதல் சப்பாத்தி எங்கே, யாரால் சுடப்பட்டது? அடுத்த ஊருக்கு ஓடிச்சென்று சப்பாத்தியைக் கொடுத்த அந்த நம்பர் ஒன் காவலாளி யார்? அந்த ஊர் எது? இதன் உண்மையான நோக்கம் தான் என்ன? நோக்கம் நிறைவேறியதா? இல்லை, இவை அனைத்தும் காக்கை உட்கார பனைமரமே சரிந்த வரலாற்று நிகழ்வா?

    விடை கிடைத்தால் வெளிச்சத்தின் நிறம் கருப்பு பாகம் 3-ல் பகிர்ந்து கொள்கிறேன்.

பின்னிணைப்பு

உதவிய புத்தகங்கள்

Great Mysteries of the 20th Century : Reader's Digest

The World's Last Mysteries : Reader's Digest

Mysteries of the Unexplained : Reader's Digest

100 Strangest Mysteries : Matt Lamy : Metro Books

Unsolved Mysteries : George P McCallum – Nelson

The Journey of Survivors: 70,000-Year History of Indian Sub-Continent : Subhrashis Adhikari : Partridge Publishing, 2016.

History Of The Indian Mutiny Of 1857-8 – Vol. VI - Colonel George Bruce Malleson Pickle Partners Publishing, 2014.

The history of the Indian mutiny by Ball, Charles - London Printing and Publishing Company, 1800.

1857 The Uprising - Gautam Gupta - Publications Division Ministry of Information & Broadcasting, 2016.

Mysteries in History: World History By Wendy Conklin. Teacher Created Resources, Inc. 2005

கட்டுரைகள்

The Mysterious and Creepy Island of Dolls : by Brent Swancer, July 1, 2014.

A Male Reincarnates as a Woman, Retains Male Traits & Becomes a Lesbian - The Children's Past Life Story of a Japanese Soldier | Ma Tin Aung Myo - Understanding Homosexuality & Gender Identity Issues through Reincarnation & The Case of Sasha Fleischman: A Male Teen whose Skirt was set on Fire. From: Cases of the Reincarnation Type, Volume IV, Thailand and Burma, by Ian Stevenson, MD. Article by: Walter Semkiw, MD

Missing for 30 years: What happened to the Jules Rimet trophy? by Sam Rowe - 6 December 2013.

Are the Lost Peking Man Fossils Buried Under a Parking Lot in China? Authors & Affiliations: Lee R. Berger, Wu Liu, Xiujie Wu - Institute for Human Evolution, PalaeoSciences Centre, School of GeoSciences, University of the Witwatersrand, Johannesburg, South Africa. Institute for Vertebrate Paleontology and Paleoanthropology, Beijing, China

The Case of Shanti Devi by Dr. K.S. Rawat.

ஆவணப்படங்கள்

Shergar: The Mystery Of A £10m Horse - BBC Stories

The Amber Room - Nazi Gold - Discovery Channel

Isalnd of the Dolls (Isla De Las Munecas) Mexico's Most Haunted Places : Fearless & Far

The Strange Case Of Peking Man (Evolution Documentary) | Timeline

The Odd Vanishing of Amelia Earhart - BuzzFeed Unsolved - True Crimes

World of Mysteries - In Search of Amelia Earhart : Naked Science

Soccer Stories - Mysteries of the Rimet Trophy - Sport AVG

World of Mysteries - Bermuda Triangle - Naked Science

The Devil's Sea: Beyond the Bermuda Triangle | MagellanTV

Wings of Hope : Juliane Koepcke by Werner Herzog, ZDF 1998

Real Ghost Stories: The Curse of Doll Island - Great Big Story

Mystery Of Island Of The Dolls | Isla De Las Muñecas : Facts Studio

இணைய தளங்கள்

www.ambermuseum.ru/en/home/about_amber/amber_room

www.smithsonianmag.com/history/a-brief-history-of-the-amber-room-160940121/

www.independent.co.uk/news/world/europe/amber-room-nazis-russian-catherine-palace-st-petersburg-tsar-second-world-war-stolen-treasure-a8008526.html

en.wikipedia.org/wiki/Amber_Room

www.historywiz.com/historymakers/earhart.htm

www.history.com/topics/exploration/amelia-earhart

en.wikipedia.org/wiki/Amelia_Earhart

ta.wikipedia.org/s/6c9

www.express.co.uk/news/science/723457/Bermuda-triangle-mystery-microburst-uss-cyclops

www.thebetterindia.com/59404/chapati-movement-india-revolt/

www.smithsonianmag.com/history/pass-it-on-the-secret-that-preceded-the-indian-rebellion-of-1857-105066360/

www.scoopwhoop.com/The-Mysterious-Chapati-Movement-Of-1857/#.3kopay1xr

daily.social/secret-chapati-movement-1857/
edtimes.in/the-chapati-movement-of-1857-watch-how-the-innocent-roti-terrified-the-british/
en.wikipedia.org/wiki/Chapati_Movement
www.thehindu.com/thehindu/mp/2004/07/26/stories/2004072600390200.htm
ta.wikipedia.org/s/4qss
www.odditycentral.com/news/the-unsolved-mystery-of-chinas-dwarf-village.html
www.panarmenian.net/eng/details/239409/
theinsiderstory.com/mystery-still-unsolved-dwarf-village-china/
factslegend.org/the-mysterious-chinese-village-of-dwarfs/
en.wikipedia.org/wiki/Vesna_Vulovi%C4%87
www.damninteresting.com/vesnas-fall/
en.wikipedia.org/wiki/Juliane_Koepcke
www.thevintagenews.com/2018/06/25/juliane-koepcke/
en.wikipedia.org/wiki/LANSA_Flight_508
www.theaustralian.com.au/news/world/airbus-crash-girl-bahia-bakari-tells-story-of-miraculous-survival/news-story/5b5af19cd586404f663365af23c87dfa
en.wikipedia.org/wiki/Bahia_Bakari
en.wikipedia.org/wiki/Yemenia_Flight_626
elwood5566.net/2011/05/16/five-boys-meet-death-where-the-dragon-dwells/
koreajoongangdaily.joins.com/news/article/article.aspx?aid=1911052
koreajoongangdaily.joins.com/news/article/article.aspx?aid=1909041
koreajoongangdaily.joins.com/news/article/article.aspx?aid=1911103
koreajoongangdaily.joins.com/news/article/article.aspx?aid=1909669
koreajoongangdaily.joins.com/news/article/article.aspx?aid=1909554
koreajoongangdaily.joins.com/news/article/article.aspx?aid=1909088
koreajoongangdaily.joins.com/news/article/article.aspx?aid=1909295
koreajoongangdaily.joins.com/news/article/article.aspx?aid=1909089
bizarreandgrotesque.com/2015/08/19/the-frog-boys/
english.chosun.com/site/data/html_dir/2002/11/12/2002111261033.html
defrostingcoldcases.com/remembering-the-frog-boys/
https://www.dailymail.co.uk/news/article-3185228/Enter-Mexico-s-haunted-Island-Dolls-dare-Thousands-creepy-toys-hang-trees-quell-tormented-screams-ghost-little-girl-drowned-there.html

http://www.isladelasmunecas.com/
en.wikipedia.org/wiki/The_Island_of_the_Dolls
https://mysteriousfacts.com/island-of-dolls-in-mexico/
en.wikipedia.org/wiki/Theft_of_the_Jules_Rimet_Trophy
www.theguardian.com/football/2014/jun/13/world-cup-mystery-what-happened-jules-rimet-trophy
www.mirror.co.uk/news/uk-news/world-cup-heist-solved-52-12586650
www.espn.com/30for30/film?page=mysteriesoftherimettrophy
www.ozy.com/flashback/how-brazil-saved-the-world-cup-from-wwiis-aftermath/32028
www.julienslive.com/view-auctions/catalog/id/178/lot/76795
www.mirror.co.uk/news/world-news/peles-world-cup-trophy-sells-8153187
www.radionz.co.nz/news/world/346382/mystery-of-missing-pm-continues-to-baffle-australia
www.smithsonianmag.com/history/the-prime-minister-who-disappeared-15319213/
www.telegraph.co.uk/news/worldnews/australiaandthepacific/australia/1497532/Mystery-of-missing-PM-finally-solved.html
en.wikipedia.org/wiki/Disappearance_of_Harold_Holt
edition.cnn.com/2017/12/16/asia/australia-harold-holt-missing-anniversary-intl/index.html
www.telegraph.co.uk/news/worldnews/australiaandthepacific/australia/1497532/Mystery-of-missing-PM-finally-solved.html
www.thesubeditor.com/news/special-article/6190-the-gallon-rip-current.html
en.wikipedia.org/wiki/Harold_Holt
unsolvedmysteriesindia.blogspot.com/2015/01/om-banna-bullet-banna.html
en.wikipedia.org/wiki/Om_Banna
www.livemint.com/Sundayapp/niCdFu2tCrx37m8rMzWO7K/Bullet-Baba-The-patron-saint-of-NH65.html
www.motoroids.com/features/the-bike-that-gets-worshipped-story-of-om-banna-the-bullet-baba/
www.lifedeathprizes.com/amazing-stuff/om-banna-mysterious-motorbike-god-43847#v7p5Ybmj6txCKWMP.99
mysterioustrip.com/bullet-baba-om-banna-motorcycle/
www.newscientist.com/article/mg21328502-500-lost-treasures-peking-mans-bones/

www.realclearscience.com/quick_and_clear_science/2018/02/05/the_mysterious_peking_man_goes_to_the_dentist.html

www.telegraph.co.uk/news/world/china-watch/culture/mystery-of-the-missing-bones/

en.wikipedia.org/wiki/Piltdown_Man

www.smithsonianmag.com/science-nature/mystery-of-the-lost-peking-man-fossils-solved-166415409/

io9.gizmodo.com/5980372/the-bizarre-disappearance-of-the-peking-man-fossil

en.wikipedia.org/wiki/Peking_Man

www.irishcentral.com/roots/history/mystery-of-the-champion-racehorse-shergar-kidnapped-in-ireland-never-found

www.telegraph.co.uk/news/uknews/1576718/The-truth-about-Shergar-racehorse-kidnapping.html

https://en.wikipedia.org/wiki/Shergar

www.belfasttelegraph.co.uk/life/features/the-search-for-the-last-resting-place-of-shergar-36969847.html

www.bbc.com/news/magazine-21316921

https://en.wikipedia.org/wiki/Authaal

www.sportingintelligence.com/2011/06/04/shergar-kidnapped-by-the-ira-killed-buried-in-a-bog-in-north-county-leitrim-040601/

www.mirror.co.uk/news/uk-news/what-happened-to-shergar-1593917

en.wikipedia.org/wiki/Disappearance_of_Dorothy_Arnold

www.historicmysteries.com/dorothy-arnold/

en.wikipedia.org/wiki/Ina_Benita

en.wikipedia.org/wiki/Disappearance_of_Asha_Degree

www.bustle.com/p/7-people-who-mysteriously-vanished-into-thin-air-67961

www.news.com.au/lifestyle/health/soul/luke-ruehlman-two-i-was-a-woman-called-pam-in-a-past-life/news-story/1cfccabc24a565ea6c12b8652d01614f

wtvr.com/2015/02/09/past-life-proof-luke/

mysteriousuniverse.org/2018/03/death-and-rebirth-the-mysterious-case-of-the-pollock-twins/

en.wikipedia.org/wiki/Shanti_Devi

www.bustle.com/p/are-past-lives-real-these-7-stories-of-alleged-past-life-experiences-from-history-are-chilling-2894272

en.wikipedia.org/wiki/Ian_Stevenson

exemplore.com/paranormal/The-Reincarnation-Of-Anne-Frank-Barbro-Karlen-The-Amazing-Story-Of-Past-Life-Memories

www.news.com.au/lifestyle/health/jim-b-tucker-tells-stories-of-children-who-believe-they-are-reincarnated-in-new-book-return-to-life/news-story/51ec884c1bffe3a57ec7114e075bda70

en.wikipedia.org/wiki/Reincarnation

wallstreetinsanity.com/3-year-old-claims-to-remember-who-killed-him-in-past-life-leads-police-to-body/

www.rabbimaller.com/reincarnation/evidence-for-reincarnation

www.near-death.com/reincarnation/history/church-history.html#a06

wol.jw.org/ta/wol/d/r122/lp-tl/2005321

tamilbtg.com/rebirth-from-greek-to-gandhi/

en.wikipedia.org/wiki/Jim_B._Tucker

kuriakon00.tripod.com/reincarnation/reincarnation_story10.html

psi-encyclopedia.spr.ac.uk/articles/ma-tin-aung-myo

www.theepochtimes.com/boy-is-his-own-grandfather_347716.html

ta.wikipedia.org/s/2sj8

www.the13thfloor.tv/2016/05/18/the-strange-salish-sea-foot-mystery/

www.theguardian.com/world/2016/feb/23/british-columbia-canada-human-feet-mystery

en.wikipedia.org/wiki/Salish_Sea_human_foot_discoveries

sites.gsu.edu/amenblog/theories-and-speculation/